Ingenieurwissenschaftliche Bibliothek
Engineering Science Library

Herausgeber/Editors: István Szabó, Wolfgang Zander, Berlin

Peter Haupt

Viskoelastizität und Plastizität

Thermomechanisch konsistente Materialgleichungen

Springer-Verlag Berlin Heidelberg GmbH

Dr.-Ing. PETER HAUPT
Privatdozent am 1. Institut für Mechanik
der Technischen Universität Berlin

Mit 9 Abbildungen

ISBN 978-3-540-07730-5   ISBN 978-3-662-13379-8 (eBook)
DOI 10.1007/978-3-662-13379-8

Library of Congress Cataloging in Publication Data
Haupt, Peter, 1938 · Viskoelastizität und Plastizität. (Ingenieurwissenschaftliche Bibliothek) Bibliography: p.
Includes index. 1. Viscoelasticity. 2. Plasticity. I. Title. TA 418.2.H38   620.1'123   76-18679.

VORWORT

Jede Berechnung eines mechanischen oder thermomechanischen Systems setzt eine Entscheidung voraus, die die mathematische Struktur der resultierenden Gleichungen nachhaltig beeinflußt: Man muß dem System individuelle Eigenschaften zuordnen, das heißt, man muß Materialgleichungen aufstellen. Durch Einsetzen der Materialgleichungen in die allgemeinen Bilanzrelationen entstehen Gleichungssysteme (mathematische Modelle), aus denen man qualitative und quantitative Folgerungen ziehen kann. Diese Folgerungen können mit dem experimentell beobachtbaren Verhalten eines vorgestellten realen Systems mehr oder weniger gut übereinstimmen. Der Grad der Übereinstimmung hängt im Einzelfall davon ab, welche individuellen Systemeigenschaften der Konstruktion des mathematischen Modells zugrundegelegt wurden.

Die einfachsten Materialgleichungen ergeben sich aus der Definition des elastischen Körpers, das heißt, aus der Annahme, daß der gegenwärtige Deformationszustand die Spannungen eindeutig bestimmt. Für hinreichend kleine Deformationen läuft diese Annahme auf das Hooke sche Gesetz hinaus: Die Spannungen hängen linear von den Verzerrungen ab. Bei großen Deformationen ist jede Materialgleichung nichtlinear: Man hat geometrische und physikalische Nichtlinearitäten zu berücksichtigen. Die Materialgleichungen der Elastizitätstheorie erweisen sich in vielen für die Praxis wichtigen Fällen als unrealistisch, und man kennt eine Reihe unterschiedlicher Konzepte, die eine Beschreibung nichtelastischer Materialeigenschaften ermöglichen.

Dieses Buch befaßt sich mit einem allgemeinen Ansatz, der den materiellen Körpern ein Erinnerungsvermögen an ihre thermomechanische Vorgeschichte zuordnet. Aus der mathematischen Formulierung und Ausarbeitung eines derartigen Ansatzes ergeben sich systematische Verfahren zur Darstellung viskoelastischer und plastischer Materialeigenschaften.

iv

Die Theorie der Stoffe mit Gedächtnis wird in diesem Buch unter dem folgenden Gesichtspunkt dargestellt: Das Ziel ist die Bereitstellung systematischer Methoden zur Formulierung
von Materialgleichungen, die sowohl physikalisch konsistent als auch praktisch anwendbar sind. Zur physikalischen Konsistenz ist sicherzustellen, daß die Stoffgleichungen mit
den allgemeinen Prinzipien der Kontinuumsmechanik und -thermodynamik verträglich sind.
Um eine Materialgleichung bei der Bearbeitung konkreter Ingenieuraufgaben anwenden zu
können, ist es vor allem notwendig, daß die Parameter, die diese Gleichung enthält und
die die Materialeigenschaften im engeren Sinne repräsentieren, durch technisch realisierbare Versuche experimentell bestimmt werden können.

Das bedeutet, daß eine Materialgleichung genügend speziell sein muß, so daß die Stoffeigenschaften durch möglichst wenige Parameter dargestellt werden. Auf der anderen Seite
sollen die Materialgleichungen jedoch mindestens so allgemein sein, daß sie alle Effekte
wiedergeben, die von der Theorie beschrieben werden sollen. Dies sind zwei konträre
Gesichtspunkte, und es zeigt sich, daß eine allgemeine Theorie der Materialeigenschaften
auch von praktischem Nutzen sein kann: Die Theorie liefert zunächst allgemeine Aussagen
darüber, wie eine Materialgleichung formal überhaupt aussehen kann, wenn sie physikalisch konsistent sein soll; darüberhinaus enthält die Theorie konkrete Richtlinien, aus der
allgemeinsten Form der Materialgleichung systematisch diejenige Materialgleichung heraus-
zuspezialisieren, die im Hinblick auf einen vorgestellten praktischen Anwendungszweck
optimal ist.

Die vorliegende Arbeit wurde von der Deutschen Forschungsgemeinschaft (DFG) unter-
stützt: Das Buch entstand während eines Habilitandenstipendiums, für das ich der DFG
hiermit danken möchte. Der Entstehungsprozeß dieser Arbeit wurde durch Herrn
Prof. H.J. Weinitschke, Ph.D., gefördert. Wertvolle Verbesserungsvorschläge verdanke ich
ferner Herrn Prof. Dr. rer. nat. W. Muschik.

Abschließend danke ich dem Herausgeber der "Ingenieurwissenschaftlichen Bibliothek"
und dem Springer-Verlag für den Entschluß, die Arbeit zu veröffentlichen.

Berlin, im Oktober 1976   Peter Haupt

INHALT

BEZEICHNUNGEN

$\mathbb{R}$	Menge der reellen Zahlen
$\mathbb{R}^+ := \{\alpha \mid \alpha \geq 0\}$	Menge der positiven reellen Zahlen
$(\mathcal{V}, \cdot)$	Vektorraum mit Skalarprodukt
$\mathcal{V}^n$	n – dimensionaler Vektorraum
$(\mathcal{H}, <>)$	unendlichdimensionaler (vollständiger) Vektorraum mit Skalarprodukt (Hilbertraum)
$\mathrm{Lin}(\mathcal{V}_1, \mathcal{V}_2)$	Menge der linearen Abbildungen von $\mathcal{V}_1$ nach $\mathcal{V}_2$ ($\mathcal{V}_1, \mathcal{V}_2$ beliebige Vektorräume)
$\mathrm{Lin}(\mathcal{V})$	Menge der linearen Abbildungen von $\mathcal{V}$ nach $\mathcal{V}$
$\mathrm{Lin} := \mathrm{Lin}(\mathcal{V}^3)$	Tensoren zweiter Stufe: Menge der linearen Abbildungen von $\mathcal{V}^3$ nach $\mathcal{V}^3$
$\mathcal{V}^3 \mathrel{\hat{=}} \{\underline{a}, \underline{b}, \underline{x}, \underline{A}, \underline{B}, \underline{X}, \ldots\}$	Bezeichnungen für Vektoren der Dimension 3
$\mathrm{Lin} \mathrel{\hat{=}} \{A, B, C, \ldots\}$ $\underline{v} \longmapsto A\underline{v}$	Bezeichnungen für Tensoren zweiter Stufe
$\underline{1} \in \mathrm{Lin}$	Einheitstensor zweiter Stufe
$A \longmapsto A^T$	Transposition
$A \longmapsto \mathrm{Sp}\,A$	Spur
$(A, B) \longmapsto A \cdot B := \mathrm{Sp}\,(AB^T)$	Skalarprodukt zweier Tensoren
$A \longmapsto |A| := \sqrt{A \cdot A}$	Betrag eines Tensors

$\mathrm{Lin}^+ := \left\{\, T \mid \det T > 0 \,\right\}$ Menge der Tensoren zweiter Stufe mit positiver Determinante

$\mathrm{Sym} := \left\{\, S \mid S = S^T \,\right\}$ Menge der symmetrischen Tensoren

$\mathrm{Unim} := \left\{\, H \mid \det H = \pm 1 \,\right\}$ Menge der unimodularen Tensoren

$\mathrm{Orth} := \left\{\, Q \mid Q Q^T = \underline{1} \,\right\}$ Menge der orthogonalen Tensoren

$\mathrm{Lin}(\mathrm{Lin}),\ \mathrm{Lin}(\mathrm{Sym}) \ \hat{=}\ \left\{\, \mathbb{A},\, \mathbb{B},\, \mathbb{C},\, \ldots \,\right\}$

$S \longmapsto \mathbb{A}[S]$ Bezeichnungen für Tensoren vierter Stufe

$\mathbb{E} \ \epsilon \ \mathrm{Lin}(\mathrm{Lin})$ Einheitstensor vierter Stufe

$(A, B) \longmapsto A \otimes B$ Tensorprodukt

$\mathcal{V}^n \ \hat{=}\ \left\{\, \Lambda,\, \Gamma,\, \ldots \,\right\}$ Bezeichnungen für Vektoren der Dimension n

$\mathrm{Lin}(\mathcal{V}^n) \ \hat{=}\ \left\{\, \mathbf{A},\, \mathbf{B},\, \mathbf{C},\, \ldots \,\right\}$

$\Gamma \longmapsto \mathbf{A}\Gamma$ Bezeichnungen für lineare Abbildungen von $\mathcal{V}^n$ nach $\mathcal{V}^n$

$\mathrm{Lin}(\mathcal{H}) \ \hat{=}\ \left\{\, \mathcal{O\!l},\, \mathcal{L},\, \ldots \,\right\}$

$\Gamma(\cdot) \longmapsto \mathcal{O\!l}\,\Gamma(\cdot)$ Bezeichnungen für lineare Abbildungen von $\mathcal{H}$ nach $\mathcal{H}$

<u>EINLEITUNG</u>

Die Idee, den materiellen Körpern ein Erinnerungsvermögen an ihre thermomechanische Vorgeschichte zuzuschreiben, hat sich im Zusammenhang mit der Beschreibung nichtelastischer
Materialeigenschaften als sehr fruchtbar erwiesen. Die vorliegende Arbeit ist ein Versuch,
diesen Ansatz in Grundzügen und Konsequenzen darzustellen und zu interpretieren. Diese
Interpretation verfolgt das Ziel, einige allgemeine Ergebnisse der Rationalen Mechanik
und Thermodynamik einer praktischen Anwendung innerhalb des Ingenieurwesens näherzu-
bringen.

Es gibt eine Reihe von Aufgabenstellungen aus der Maschinen – bzw. Bautechnik, die mit
den herkömmlichen Mitteln der Technischen Mechanik nicht in befriedigender Weise
gelöst werden können. Dazu gehören insbesondere diejenigen Probleme, die mit großen
Verformungen und nichtelastischem Materialverhalten (Werkstoffdämpfung, Plastizität)
zusammenhängen:

(1) <u>BAUSTATIK: Analytische Berechnung des Tragverhaltens von</u>

<u>Elastomerlagern</u>

Im Bauwesen werden zur Herstellung von Lagern kautschukartige Werkstoffe (Elastomere)
verwendet [1, 126, 127]. Das Deformationsverhalten dieser Lager ist dadurch gekennzeichnet, daß die entstehenden Verzerrungen nicht mehr als "klein" angesehen
werden können. Bei einer Beschreibung der elastischen Eigenschaften dieser Lager muß
man daher geometrische und physikalische Nichtlinearitäten berücksichtigen.

Darüberhinaus ist eine Erfassung des (inelastischen) "Setzens" der Lager von Interesse:
Dieser Vorgang kann sich sowohl aus viskoelastischen als auch aus plastischen Deforma-
tionsanteilen zusammensetzen.

2

(2) <u>SCHWINGUNGSTECHNIK : Analytische Berechnung der Steifigkeits-
und Dämpfungseigenschaften von Gummi - Metall - Verbindungen</u>

Zur Lösung der verschiedensten Aufgaben auf dem Gebiet der Schwingungs-
dämpfung und -isolation verwendet man sog. "Gummi-Metall-Verbindungen"
(Gummifedern) [2,3].

Diese Konstruktionselemente zeigen (außer großen Deformationen) ein Dämp-
fungsverhalten, das man nicht mehr mit dem Ansatz einer geschwindigkeits-
proportionalen Dämpfungskraft beschreiben kann [4-7]. (Man spricht auch
von frequenzabhängiger oder "struktureller" Dämpfung [8].) Die viskoelastischen
Eigenschaften der Gummi-Metall-Verbindungen sind stark temperaturabhängig.

(3) <u>UMFORMTECHNIK : Analytische Berechnung von großen inhomogenen
plastischen Deformationen in Metallen.</u>

Das spanlose Umformen von Metallen [9] (Schmieden, Kalt- und Warmpressen,
Ziehen, Walzen etc.) erfordert die technologische Beherrschung großer plasti-
scher Deformationen. Zur Konstruktion und Gestaltung von Werkzeugen der
Umformtechnik gibt es vor allem empirische oder halbempirische Verfahren [10].
Diese Verfahren könnten durch theoretische Methoden in nützlicher Weise er-
gänzt werden.

Die Schwierigkeiten, vor denen man bei der mathematischen Behandlung derartiger
Praxis-Aufgaben steht, entstehen nicht erst bei der numerischen Lösung komplizierter
Randwertaufgaben; sie treten schon bei der FORMULIERUNG der Gleichungen auf,
die ein gegebenes Problem mathematisch beschreiben sollen: Die mathematische Beschreibung eines praktischen Problems setzt eine Entscheidung darüber voraus, welche
MATERIALEIGENSCHAFTEN dem gegebenen System zugeordnet werden sollen. Materialeigenschaften werden mathematisch durch MATERIALGLEICHUNGEN festgelegt. Die
Struktur des MATHEMATISCHEN ERSATZMODELLS mit dem man ein gegebenes System
beschreiben will, hängt in wesentlichem Maße von den Stoffeigenschaften ab.

Eine Materialgleichung sollte einerseits hinreichend ALLGEMEIN sein, so daß alle
Effekte wiedergegeben werden die man beschreiben will, und andererseits genügend
SPEZIELL, so daß alle Kenngrößen (Materialkonstanten) die die Stoffeigenschaften im

einzelnen repräsentieren, durch möglichst wenige technisch realisierbare Experimente
bestimmbar sind.

Jede Materialgleichung muß in ihrer mathematischen Form unabhängig sein vom Bezugssystem; sie muß ferner mit den universalen Bilanzrelationen der Thermomechanik
verträglich sein. Die Frage, ob diese notwendigen Forderungen in bezug auf die
physikalische und mathematische Konsistens von Materialgleichungen auch hinreichend sind; konnte bisher nur in speziellen Fällen geklärt werden (vgl. [11, Sect. 20,
51 – 53], [114]).

Im Hinblick auf eine optimale Erfüllung der theoretischen und praktischen Anforderungen
an die Materialbeschreibung ist es zweckmäßig, von einer möglichst allgemeinen Theorie
auszugehen, aus der man systematisch speziellere Theorien ableiten kann, die dem jeweils vorgestellten praktischen Zweck optimal angepaßt sind.

Die Untersuchungen dieser Arbeit beziehen sich auf spezielle Materialgleichungen der
(Thermo-) Viskoelastizität und -plastizität; im einzelnen geht es um

- die systematische Begründung der Stoffgleichungen aus den allgemeinen
  Prinzipien der Rationalen Mechanik und Thermodynamik,

- die Verträglichkeit der Materialgleichungen mit dem Dissipationspostulat
  (2.Hauptsatz),

- die Diskussion der physikalischen Aussagen einzelner Materialgleichungen
  anhand von exakten Lösungen; diese Diskussion dient dem Zweck,

- Möglichkeiten zur experimentellen Beherrschung der Stoffgleichungen
  (praktische Ermittlung von Materialkenngrößen) sicherzustellen.

Die numerische Lösung von Randwertaufgaben ist nicht Gegenstand dieser Arbeit; hierzu sei lediglich hingewiesen auf die zusammenfassende Darstellung von ODEN [12].
Diese Darstellung gibt einen Einblick in die Formulierung finiter Verfahren bei sehr
allgemeinen thermomechanischen Materialeigenschaften; jedoch liegen über die konkrete Anwendung dieser Verfahren noch nicht viele Erfahrungen vor.

4

Die einfachsten Materialgleichungen ergeben sich aus der Definition des elastischen
Körpers: Ein materieller Körper heißt ELASTISCH, wenn die SPANNUNGEN durch die
MOMENTANEN VERZERRUNGEN eindeutig bestimmt sind.

Das Modell des elastischen Körpers erweist sich in vielen Fällen als unrealistisch:
Zur Beschreibung nichtelastischer Materialeigenschaften kann man in diesen Fällen von
einem allgemeinen Ansatz ausgehen, der dem materiellen Körper ein Erinnerungsvermögen
unterstellt; das ist die Definition des " EINFACHEN MATERIALS " ("simple material" [11,
Sect. 28, 29]): Der momentane Spannungszustand hängt ab von der gesamten vergangenen
Verzerrungsgeschichte.

Hier kann man zwei alternative Möglichkeiten verfolgen: Man kann einem materiellen
System entweder ein NACHLASSENDES GEDÄCHTNIS oder ein PERFEKTES GEDÄCHTNIS
unterstellen.

- Die erste Möglichkeit ist bekannt unter dem Stichwort FADING MEMORY [11,
  Sect. 38 ff.]: Man nimmt an, daß die Spannungen von den vergangenen Defor-
  mationsereignissen um so weniger beeinflußt werden, je weiter diese zeitlich
  zurückliegen. Aus einem derartigen Ansatz resultieren alle bekannten Formen der
  VISKOELASTIZITÄT und THERMOVISKOELASTIZITÄT.

- Bei der mathematischen Beschreibung PLASTISCHER Materialeigenschaften ist
  man auf die zweite Alternative angewiesen: man muß dem materiellen Körper
  ein PERFEKTES GEDÄCHTNIS zuordnen.

Materialien mit nachlassendem Gedächtnis: Viskoelastizität

VISKOELASTISCHE SYSTEME zeigen ein typisches Verhalten, das gekennzeichnet ist
durch die Phänomene RELAXATION, KRIECHEN, FREQUENZABHÄNGIGE STEIFIGKEITS-
und DÄMPFUNGSEIGENSCHAFTEN sowie durch HYSTERESEEFFEKTE, die von der Deformationsgeschwindigkeit abhängen. Alle diese Effekte lassen sich schon innerhalb

der (mechanischen Theorie der) linearen Viskoelastizität beschreiben (s. [13], [14], [8]). Umfassende Darstellungen der linearen Viskoelastizitätstheorie geben GURTIN und STERNBERG [15] sowie LEITMAN und FISHER [16].

Nichtlineare Stoffgleichungen vom KRIECHTYP (der Verzerrungstensor ist ein Funktional der Geschichte des Spannungstensors) sind z.B. von WARD und ONAT [17], LAI und FINDLEY [18] sowie NOLTE und FINDLEY [19] vorgeschlagen und diskutiert worden (s. auch [14]). Diese Materialgleichungen besitzen den Vorteil, daß sie mit Hilfe von Kriechversuchen experimentell auswertbar sind; jedoch ist, anders als in der linearen Theorie [15], eine explizite Auflösung nach dem Spannungstensor im allgemeinen nicht möglich. Im Hinblick auf die Formulierung von Randwertaufgaben (die eine solche Auflösung verlangt) sind daher Materialgleichungen vom RELAXATIONS-TYP (der Spannungstensor ist ein Funktional der Verzerrungsgeschichte) wichtiger. Hier kann man im wesentlichen zwei übliche Wege unterscheiden: Die eine Methode [20-22] geht aus von der von GREEN und RIVLIN [23] vorgeschlagenen Darstellung des Stoffunktionals als Polynom n-ten Grades (in der Deformationsgeschichte); der zweite Weg besteht in der Darstellung der Stoffgleichung als ein lineares Funktional der Deformationsgeschichte, in das der gegenwärtige Deformationszustand als Parameter eingeht [24-28].

Alle speziellen Materialgleichungen vom Integraltyp (Relaxationstyp) und Differentialtyp (s. auch [29]) lassen sich als Sonderfälle bzw. als asymptotische Darstellungen der allgemeinen Theorie der einfachen Stoffe mit schwindendem Gedächtnis interpretieren. Diese Theorie wurde von COLEMAN und NOLL [30] mathematisch formuliert und physikalisch interpretiert [31] und bildet eine allgemeine Ausgangsbasis für die systematische Konstruktion von speziellen mechanischen Materialgleichungen der Viskoelastizität, die die allgemeine Materialgleichung asymptotisch approximieren (vgl. [7]).

Die Erfahrung zeigt, daß viskose Systemeigenschaften stark von der Temperatur abhängen [32]. Zur Berücksichtigung dieser Effekte genügt es nicht, die Temperatur einfach als Parameter in die mechanische Systembeschreibung einzuführen: Messungen von TAUCHERT und AFZAL [33,34] zeigen beispielsweise, daß infolge der inneren Reibung (Dissipation) eine KOPPLUNG zwischen DEFORMATION und TEMPERATURFELD entsteht, die weit stärker ist als der aus der Elastizitätstheorie bekannte THERMOELASTISCHE EFFEKT (s. dazu BIOT [35], ERBE [36], GAMER [37,38]).

Eine korrekte Berücksichtigung dieser Kopplung erfordert zusätzlich die Erfüllung der Hauptsätze der Thermodynamik sowie einen umfangreicheren Satz von Materialgleichungen. Ein in diesem Sinne vollständiges Gleichungssystem der linearen Thermoviskoelastizität (kleiner Deformationen) geben CHRISTENSEN und NAGHDI [39].

Da sich diese Arbeit schwerpunktmäßig auf Anwendungsmöglichkeiten konzentriert, soll die theoretische Diskussion um eine mathematisch schlüssige oder physikalisch motivierte Definition der Grundbegriffe der Thermodynamik hier nicht wiedergegeben werden (s. dazu z.B. MEIXNER [40] und TRUESDELL [41,42]).

Zur Formulierung thermomechanischer Stofftheorien werden in der Literatur im wesentlichen zwei alternative Prozeduren angewandt: Die Theorie der Zustandsvariablen ("Thermodynamik der irreversiblen Prozesse") bzw. die Theorie der Stoffe mit Gedächtnis ("Rationale Thermodynamik"):

- Die THERMODYNAMIK DER IRREVERSIBLEN PROZESSE ist im Hinblick auf die Thermoviskoelastizität von BIOT [43, 35], ERINGEN [44], SCHAPERY [45], MEIXNER [46, 47], VALANIS [48, 49] und LUBLINER [50] formuliert worden. (Allgemeine zusammenfassende Darstellungen der irreversiblen Thermodynamik geben MEIXNER und REIK [51] sowie DE GROOT und MAZUR [52].)

  Die abhängigen thermodynmischen Variablen sind Funktionen des thermodynamischen "Zustandes", der durch die gegenwärtige Verzerrung und Temperatur sowie ferner durch zusätzliche Parameter ("internal variables", "hidden coordinates") dargestellt wird. Für die inneren Variablen benötigt man im allgemeinen eine zusätzliche konstitutive Gleichung in Form eines Differentialgleichungssystems [45, 48, 49, 50].

  Bei der Auswertung der thermodynamischen Gleichungen wird meistens das ONSAGER sche Reziprozitätsprinzip benutzt (vgl. [44-46]), das jedoch, wie VALANIS [53] zeigt, nicht notwendigerweise vorausgesetzt werden muß. Die resultierenden Stofftheorien können LINEAR sein [44, 45, 46] oder NICHTLINEAR [48, 50].

- Eine allgemeine THERMODYNAMIK für STOFFE MIT GEDÄCHTNIS ist 1964 von COLEMAN [54, 55] vorgeschlagen und in den folgenden Jahren weiterentwickelt worden [56] (s. auch I. MÜLLER [58 - 60], TRUESDELL [42]. DAY [61], PERZYNA [62], GURTIN [63], MUSCHIK [64] u. a.).

Die Kontinuumsthermodynamik die von diesen Autoren entwickelt und diskutiert wird, verzichtet auf die Definition von inneren Zustandsvariablen und setzt statt dessen voraus, daß die abhängigen Variablen FUNKTIONALE der thermokinematischen Prozeßgeschichte sind. Für diese Funktionale werden dann gewisse Differenzierbarkeitseigenschaften vorausgesetzt, was physikalisch mit einer "fading memory" - Annahme gleichbedeutend ist. Die Auswertung des Dissipationspostulates liefert dann jeweils einschränkende Bedingungen für die Stoffunktionale.

Die Form einer thermomechanischen Stofftheorie hängt in entscheidendem Maß davon ab, wie der ZWEITE HAUPTSATZ der Thermodynamik ("Prinzip der Irreversibilität") mathematisch formuliert wird. Die in der Rationalen Thermodynamik meistens zugrundegelegte Formulierung in Form der CLAUSIUS - DUHEM - Ungleichung ist relativ speziell insofern, als die Entropieproduktion infolge Wärmezufuhr in einer speziellen durch die klassische Thermostatik motivierten Form angesetzt wird (nämlich als Quotient Wärme/Temperatur). Allgemeinere Ansätze hierzu hat I. MÜLLER [58, 60, (Kapitel 4)] vorgeschlagen, indem er für diese Entropieproduktion eine zusätzliche konstitutive Gleichung einführt. MÜLLER untersucht die allgemeinere Form der CLAUSIUS -DUHEM - Ungleichung im Hinblick auf viskose Flüssigkeiten vom Geschwindigkeitstyp, thermoelastische Festkörper [60], sowie Materialien mit fading memory [58].

Eine andere Formulierung des Zweiten Hauptsatzes verwendet VALANIS [65], der das Axiom von CARATHÉODORY [66] auf die Theorie der inneren Variablen zu übertragen versucht (vgl. TROSTEL [67]).

Verschiedene Formulierungen des Dissipationspostulates werden von DAY [61] dargestellt und verglichen.

Eine Untersuchung des Einflusses der verschiedenen Formulierungen des Zweiten Hauptsatzes auf die konkrete Form der jeweiligen entsprechenden Materialtheorie ist nicht Gegenstand dieser Arbeit.

Fast alle Arbeiten, die sich mit speziellen Theorien der Thermoviskoelastizität befassen, betrachten THERMORHEOLOGISCH EINFACHE STOFFE. (Ausnahme: [39]) Es handelt sich dabei um einen speziellen Ansatz, der die Temperaturabhängigkeit der mechanischen Systemeigenschaften durch sehr wenige zusätzliche Informationen erfaßt, nämlich durch ein skalarwertiges Funktional der Temperaturgeschichte. Durch dieses Funktional wird eine Transformation des Zeitmaßstabes definiert, die thermische Materialeigenschaften in der folgenden Weise kennzeichnet: Stoffgleichungen werden bezüglich der transformierten "Pseudo-Zeit" formuliert; dadurch geht die Temperaturgeschichte nicht EXPLIZIT in diese Materialgleichungen ein: sie wird lediglich IMPLIZIT über die Zeittransformation berücksichtigt (s. Kap. 3). Die physikalische Bedeutung dieses Ansatzes ergibt sich aus der Tatsachte, daß er für eine Reihe von Stoffen (insbesondere für ELASTOMERE) experimetell gut bestätigt wird (s. [14, Kap. 3, 5, 7] , [79]).

Mit der physikalischen Motivation und Ausarbeitung des Ansatzes für thermorheologisch einfache Systeme haben sich viele Autoren beschäftigt. Genannt seien im Hinblick auf die LINEARE Thermoviskoelastizität SCHWARZL und STAVERMAN [68], MORLAND und LEE [69], MUKI und STERNBERG [70], SCHAPERY [45], TAYLOR, PISTER und GOUDREAU [71] sowie COST [72]. In einem Teil dieser Arbeiten findet man auch Ansätze zu speziellen Lösungen, ferner in [73-77].

NICHTLINEARE Theorien thermorheologisch einfacher Systeme entwickeln VALANIS [48] , LIANIS [78] sowie CROCHET und NAGHDI [115 - 119]; über experimentelle Untersuchungen zur nichtlinearen Thermoviskoelastizität berichten MC GUIRT und LIANIS [79].

LIANIS [78] definiert die Klasse der thermorheologisch einfachen Stoffe ganz allgemein als Sonderfall innerhalb der Klasse der thermodynamisch einfachen Stoffe mit fading memory (vgl. [72]). Er untersucht Möglichkeiten zur Approximation des Energiefunktionals und deutet eine Formulierung der Finiten Linearen Thermovisko-elastizität an (vgl. [31]), ohne jedoch die Frage nach etwaigen einschränkenden Bedingungen für die Materialfunktionen zu untersuchen.

CROCHET und NAGHDI gehen ebenfalls von der allgemeinen Theorie der thermo-dynamisch einfachen Stoffe mit fading memory aus (s. [115, 116, 119]). Als Trans-formation des Zeitmaßstabes postulieren diese Autoren ein allgemeines Funktional der Temperaturgeschichte, das alle bekannten Zeittransformationen als Sonderfälle enthält. Im Unterschied zu den übrigen hier zitierten Arbeiten über thermorheo-logisch einfache Stoffe ist die Theorie von CROCHET und NAGHDI ferner dadurch gekennzeichnet, daß die Temperaturgeschichte nicht ausschließlich implizit, sondern auch explizit in den Materialgleichungen auftritt (s. [116, Gl. (4.1)]). Die Autoren zerlegen die Deformation in einen "isothermen" Anteil und einen "thermischen An-teil" ("thermal strain") [116, 119]. Der thermische Anteil beschreibt dabei den Verzerrungszustand, der sich lokal bei verschwindenden Spannungen und verän-derlicher Temperatur einstellen würde. Der thermische Verzerrungsanteil ist inner-halb der allgemeinen Theorie von CROCHET und NAGHDI ein Funktional der Temperaturgeschichte.

Innerhalb der Finiten Linearen Thermoviskoelastizität, die in [115, 116] diskutiert wird, zeigen die Autoren, daß sich dieses Funktional auf eine tensorwertige Funktion der Temperatur reduzieren läßt [116, Gl. (5.35)].

Ein Teil der vorliegenden Arbeit beschäftigt sich damit, die Finite Lineare Thermo-viskoelastizität als ASYMPTOTISCHE APPROXIMATION eines allgemeineren Material-verhaltens ausführlicher zu untersuchen als das in den bisherigen Arbeiten zu diesem Thema der Fall ist. Ein Ziel ist dabei insbesondere die Herleitung von einschränkenden Bedingungen für die Materialfunktionen, die zur Erfüllung der Dissipationsungleichung hinreichend und in gewisser Weise auch notwendig sind. Solche Restriktionen sind auch von praktischem Interesse, weil es bei speziellen Anwendungen nützlich ist, von REDUZIERTEN FORMEN der Materialgleichungen ausgehen zu können, deren thermo-mechanische Konsistenz identisch garantiert ist.

Die physikalische Bedeutung der COLEMAN schen Arbeiten [54,55] liegt darin, daß sie einen allgemeinen Rahmen bilden, der praktisch alle speziellen Theorien der Thermoviskoelastizität umfaßt. Damit ist die Frage nach der technisch – physikalischen Anwendbarkeit der allgemeinen Theorie jedoch noch nicht zufriedenstellend beantwortet: Es entsteht die Aufgabe, die mathematische Form der allgemeinen Funktionale konkret festzulegen, das heißt, unter Verwendung systematischer Methoden speziellere Materialgleichungen zu konstruieren, die den wichtigsten theoretischen und praktischen Anforderungen genügen.

Die mathematische Kontinuumsthermodynamik ist seit 1964 erheblich weiterentwickelt worden. Die wichtigsten Arbeiten beziehen sich auf allgemeinere Formulierungen der fading memory – Hypothese [80 – 82, 63, 56], auf alternative Vorschläge zur Theorie des "fading memory" [83, 84] sowie auf den axiomatischen Aufbau der Thermomechanik insgesamt [85, 86, 57].

Diese (und andere) Arbeiten geben zum Teil erhebliche mathematische Verallgemeinerungen der "älteren" Theorien der Rationalen Thermodynamik, jedoch erscheint gegenwärtig die Frage noch ungeklärt, ob und in welcher Weise diese Arbeiten im Hinblick auf technische Anwendungen neue physikalische Aspekte enthalten.

Daher wird in dieser Arbeit die Theorie der einfachen Stoffe in der in [54,55] dargestellten Form als theoretische Grundlage herangezogen.

Materialien mit perfektem Gedächtnis: Plastizität

Ein PLASTISCHES Materialverhalten ist durch die folgenden Phänomene gekennzeichnet:

- Bleibende ("PLASTISCHE") Verformungen, die nach Wegnahme der äußeren Belastung zeitunabhängig übrig bleiben,

- VERFESTIGUNGSEFFEKTE, die bei erneuter Belastung auftreten,

-   QUERVERFESTIGUNGSEFFEKTE, wenn die erneute Belastung eine
    andere Beanspruchungsart darstellt, und schließlich

-   HYSTERESEEFFEKTE, die von der Deformationsgeschwindigkeit
    nicht abhängen.

Während ein viskoelastisches Verhalten durch die Theorie der einfachen Stoffe mit schwindendem Gedächtnis gut beschrieben werden kann, ist dies bei plastischen Systemeigenschaften offensichtlich nicht möglich : Die Erfahrung zeigt, daß plastische Erscheinungen mit der fading memory - Hypothese in einer der üblichen Formulierungen nicht verträglich sein können, weil sie aus einem permanenten Gedächtnis des Systems resultieren.

In diesem Zusammenhang ist die Theorie der HYPOELASTIZITÄT erwähnenswert [11, Sect. 99 ff.]. In dieser Theorie werden spezielle einfache Stoffe definiert, die ein permanentes Gedächtnis besitzen und plastische Effekte zeigen. Die Materialgleichungen der Hypoelastizität sind invariant gegenüber Transformationen des Zeitmaßstabes ("rate-independent"; s. auch [87]); sie haben die Form einer gewöhnlichen Differentialgleichung: Die zeitliche Änderung des Spannungstensors ist eine Funktion des Spannungstensors selbst und des Verzerrungsgeschwindigkeitstensors. Der praktische Nachteil der Hypoelastizität besteht darin, daß es im allgemeinen nicht möglich ist, dieses Differentialgleichungssystem geschlossen zu lösen, d.h., den Spannungstensor explizit als Funktional der Deformationsgeschichte darzustellen.

Dies motiviert die Einführung einer speziellen Variante der Theorie der einfachen Stoffe, die dadurch gekennzeichnet ist, daß die Deformationsgeschichte nicht als Funktion der vergangenen Zeit dargestellt wird, sondern als Funktion des zurückgelegten "Deformationsweges", bzw. als Funktion der im 6-dimensionalen Raum der Verzerrungstensoren zurückgelegten Bogenlänge. (Diese "Bogenlängen - Beschreibung" wurde von PIPKIN und RIVLIN [88] vorgeschlagen und von OWEN und WILLIAMS [87] untersucht).

Der Spannungstensor ist in der Bogenlängen-Beschreibung formal ein Funktional der Verzerrungsgeschichte.

Die Verwendung einer verallgemeinerten Form der Bogenlängenbeschreibung zur Darstellung plastischer Materialeigenschaften ist von VALANIS [89, 90] vorgeschlagen
und diskutiert worden; die Verallgemeinerung besteht im Prinzip darin, daß die Bogenlänge mit Hilfe eines Metriktensors gebildet wird, der selbst eine Materialeigenschaft ist.

VALANIS diskutiert die physikalischen Aussagen dieser ENDOCHRONEN PLASTIZITÄTS-
THEORIE für kleine isotherme Deformationen und zeigt, daß sich das experimentell fest-
gestellte plastische Verhalten zum Beispiel von Metallen mit nicht ausgeprägter Streckgrenze (Kupfer, Aluminium etc.) qualitativ und quantitativ gut beschreiben läßt [90,91].

Die praktische Bedeutung des VALANIS schen Vorschlags besteht darin, daß er
prinzipiell eine Beschreibung plastischer Materialeigenschaften innerhalb der Theorie
der thermodynamisch einfachen Stoffe ermöglicht. Man erhält eine Plastizitätstheorie
großer Deformationen, in der der Spannungstensor explizit ein Funktional der Deformationsgeschichte ist; dadurch wird die Formulierung allgemeiner für die technische
Anwendung interessanter Randwertaufgaben erst ermöglicht.

Eine Diskussion der Theorie von VALANIS und ihre Erweiterung auf große und nichtiso-
therme Deformationen gehört daher unmittelbar zu einer Untersuchung der Frage nach der
physikalischen Bedeutung der allgemeinen Theorie der einfachen Stoffe.

<u>INHALTSANGABE</u>

<u>Kapitel 1</u> enthält eine Zusammenstellung der universalen Grundbegriffe und -prinzipien der Mechanik und Thermodynamik. Die Darstellung folgt der in der Rationalen Mechanik üblichen Termonologie (s. TRUESDELL und NOLL [11], TRUESDELL [92, 42], LEIGH [93], NOLL [85, 86] etc.).

Die Darstellung ist nicht (im mathematischen Sinn) axiomatisch (s. dazu NOLL [85, 86]), sondern es wird ein mehr anschaulicher Enblick in die Methode der Rationalen Mechanik angestrebt.

Die GRUNDBEGRIFFE werden als ABBILDUNGEN erklärt, deren DEFINITIONSBEREICH die Menge der MATERIELLEN KÖRPER ist. Die Definition der Grundbegriffe wird durch BILANZRELATIONEN vervollständigt.

Als PRINZIP DER IRREVERSIBILITÄT (Zweiter Hauptsatz der Thermodynamik) wird insbesondere die CLAUSIUS-DUHEM Ungleichung in der TRUESDELL-TOUPIN - Form [94, Sect. 258] zugrundegelegt.

Möglichkeiten zur Beschreibung von STOFFEIGENSCHAFTEN werden in <u>Kapitel 2</u> angegeben; man verwendet Materialgleichungen (Stoffunktionale), materielle Symmetrieeigenschaften (Isotropiegruppen) und Innere Zwangsbedingungen.

Die Definition des thermodynamisch einfachen Materials liefert einen Satz thermomechanischer MATERIALGLEICHUNGEN, von dem alle weiteren Betrachtungen ausgehen. Die Hypothese, daß bei manchen Materialien das Gedächtnis an hinreichend weit zurückliegende Deformations- und Temperaturereignisse verblaßt ("FADING MEMORY"), er-

14

scheint physikalisch einleuchtend; die mathematische Formulierung dieser Annahme wird
von COLEMAN und NOLL [30,31] und COLEMAN [54] übernommen. Die Auswertung
der CLAUSIUS-DUHEM Ungleichung liefert Relationen für die Stoffunktionale (Satz von
COLEMAN); diese Relationen bilden den allgemeinen Rahmen für alle speziellen Theorien
der Thermoviskoelastizität. Die physikalisch wichtigsten Folgerungen aus dem
COLEMAN schen Satz sind:

- die Minimumeigenschaft der Freien Energie,

- die innere Dissipationsungleichung,

- die Wärmeleitungsgleichung und -ungleichung sowie

- der Relaxationssatz.

Aus dem Retardierunssatz von COLEMAN und NOLL [30, Satz 1] ergibt sich für hinreichend langsam verlaufende thermodynamische Prozesse eine Einbettung der klassischen
Gleichgewichtsthermodynamik in die allgemeine Theorie [54, § 10].

Bei der Beschreibung der MATERIELLEN SYMMETRIEEIGENSCHAFTEN nach NOLL [11,
Sect. 31,85] ergibt sich, daß man die folgende für hyperelastische Stoffe geltende Aussage auch auf die allgemeine Theorie der Materialien mit Gedächtnis übertragen kann:
Die Isotropiegruppen für Freie Energie, Entropie und Spannungstensor sind bei Festkörpern
identisch.

Das Kapitel schließt mit einer Darstellung der Theorie der INNEREN ZWANGSBEDIN-
GUNGEN, die in den wesentlichen Punkten NOLL [11, Sect. 30], GREEN, NAGHDI
und TRAPP [95] sowie TRAPP [96] folgt.

Die allgemeine Theorie der THERMORHEOLOGISCH EINFACHEN STOFFE, die in
Kapitel 3 wiedergegeben wird, ist dadurch gekennzeichnet, daß die TEMPERATURGE-
SCHICHTE in den Materialgleichungen nicht explizit auftritt, sondern IMPLIZIT durch
eine ZEITTRANSFORMATION berücksichtigt wird, die ein Funktional der Temperaturgeschichte ist. In den wesentlichen Punkten folgt die Darstellung LIANIS [78], wobei die
Auswertung der CLAUSIUS-DUHEM Ungleichung anders durchgeführt wird als in der Ori-
ginalarbeit.

Bei der physikalischen Interpretation des Retardierungstheorems von COLEMAN und NOLL ist bemerkenswert, daß lediglich der Deformationsprozeß hinreichend langsam ablaufen muß, während die Temperatur sich beliebig ändern kann. Dies gilt auch für alle asymptotischen Approximationen des Energiefunktionals innerhalb der Theorie der thermorheologisch einfachen Stoffe.

Kapitel 4 beschäftigt sich mit der physikalischen Motivation und der Herleitung ASYMPTOTISCHER APPROXIMATIONEN des Energiefunktionals. Diese Approximationen sind für hinreichend langsame oder "kleine" Verzerrungs- und Temperaturgeschichten beliebig genau. Die einfachste Approximation ist eine QUADRATISCHE FORM der Prozeßgeschichte. Alle weiteren Überlegungen gehen von der Annahme aus, daß die linearen Operatoren, die im Zusammenhang mit den Materialgleichungen der Thermoviskoelastizität auftreten, HILBERT – SCHMIDT Operatoren sind [124, Kap. XI.6]. Damit wird die Quadratische Form dann als Doppelintegral dargestellt, und es ergeben sich verschiedene Formen der FINITEN LINEAREN THERMOVISKOELASTIZITÄT. Fordert man insbesondere für die Entropie und den Spannungstensor lineare Funktionale der Verzerrungs- und Temperaturgeschichte, so muß der Gedächtnisanteil der Freien Energie unabhängig sein vom gegenwärtigen Verzerrungs- und Temperaturzustand. Die daraus resultierende besonders einfache Form der Materialtheorie wird als " Thermodynamisch Konsistente " Finite Lineare Viskoelastizität bezeichnet.

Kapitel 5 bringt einige Sätze über definite Quadratische Formen. Die physikalische Bedeutung dieser Sätze besteht darin, daß sie für die MATERIALFUNKTIONEN, die im Energiefunktional vorkommen, EINSCHRÄNKENDE BEDINGUNGEN liefern. Diese Bedingungen garantieren die Minimumeigenschaft der Freien Energie sowie die (positive) Definitheit der Dissipationsleistung; die Bedingungen sind für die identische Erfüllung der CLAUSIUS – DUHEM Ungleichung notwendig und hinreichend.

Zur Verwirklichung dieser einschränkenden Bedingungen durch Materialfunktionen vom EXPONENTIALTYP werden verschiedene Möglichkeiten diskutiert:
Zunächst ergeben sich Materialfunktionen, die physikalisch die Stoffeigenschaften viskoelastischer Medien mit KONTINUIERLICHEM RELAXATIONSSPEKTRUM repräsentieren. Die Integrale, die in den Materialfunktionen auftreten, kann man durch NÄHERUNGSSUMMEN approximieren. Dadurch werden dann Materialien mit DISKRETEN RELAXATIONSSPEKTREN erklärt.

Die Anwendung der Ergebnisse auf thermodynamisch einfache und thermorheologisch einfache Stoffe sowie auf isotrope Stoffe, liefert verschiedene REDUZIERTE FORMEN der Finiten Linearen Thermoviskoelastizität : Die darin auftretenden MATERIALPARA-METER unterliegen (im Hinblick auf die Erfüllung der CLAUSIUS -DUHEM Ungleichung) keiner weiteren Einschränkung.

Die Tatsache, daß die Zahl der Materialfunktionen in der Finiten Linearen Viskoelastizität im Hinblick auf praktische Anwendungen immer noch wesentlich zu groß ist, motiviert die Konstruktion von noch spezielleren asymptotischen Approximationen des Energiefunktionals. Zu diesem Zweck bringt Kapitel 6 APPROXIMATIONEN ERSTER und ZWEITER ORDNUNG, die die allgemeinen Stoffgleichungen für hinreichend langsame UND kleine Deformationen und Temperaturänderungen beliebig genau annähern. Diese Approximationen sind andererseits jedoch auch OBJEKTIV, das heißt, sie sind auch für beliebige thermodynamische Prozesse (große Deformationen) physikalisch sinnvoll; man kann sie daher auch als DEFINITIONSGLEICHUNGEN auffassen, durch die spezielle IDEALE viskoelastische Materialien erklärt werden.

Die Zahl der Funktionen und Parameter, die zur Kennzeichnung der Materialeigenschaften notwendig sind, wird dadurch stark eingeschränkt; dies gilt insbesondere für die "Thermodynamisch Konsistente Finite Lineare Viskoelastizität " sowie auch für ISOTROPE und INKOMPRESSIBLE Stoffe.

Die praktische Bedeutung der HOMOGENEN DEFORMATIONEN wird in Kapitel 7 hervorgehoben: Sie können zur experimentellen Bestimmung von Materialfunktionen herangezogen werden.

Während die homogenen Deformationen als EXAKTE LÖSUNGEN innerhalb der Mechanik der homogenen einfachen Stoffe mathematisch trivial sind, erfordert die zusätzliche Berücksichtigung der ENERGIEBILANZ (1. Hauptsatz) innerhalb der thermomechanischen Theorie die Lösung einer im allgemeinen nichtlinearen INTEGRO-DIFFERENTIALGLEICHUNG.

Für THERMORHEOLOGISCH EINFACHE STOFFE OHNE THERMOELASTISCHE KOPPLUNG ist es möglich, beliebig viele homogene Deformationen zu konstruieren, die

EXAKTE LÖSUNGEN des Ersten Hauptsatzes sind. Diese spezielle Theorie gewinnt dadurch eine zusätzliche physikalische Bedeutung.

Eine Beschreibung PLASTISCHER MATERIALEIGENSCHAFTEN ist innerhalb der mechanischen Theorie der einfachen Stoffe nur dann möglich, wenn man darauf verzichtet, dem Material eine fading memory-Annahme zuzuordnen. In diesem Zusammenhang ist die Theorie der HYPOELASTIZITÄT [11, Sect. 99 ff.] und der GESCHWINDIGKEITSUNAB-HÄNGIGEN STOFFE ("rate-independent materials" [87]) zu nennen sowie auch die Theorie der Stoffe mit ELASTISCHEM BEREICH [97-99].

Eine andere Möglichkeit untersucht <u>Kapitel 8</u>. Diese Möglichkeit geht aus von der BOGENLÄNGENBESCHREIBUNG der Deformationsgeschichte [87]. Ausgangspunkt für die allgemeine Definition eines ENDOCHRON - PLASTISCHEN MATERIALS ist eine TRANSFORMATION des Zeitmaßstabes, wobei die transformierte Zeit eine (monoton steigende) Funktion der VERALLGEMEINERTEN BOGENLÄNGE ist. Der Spannungstensor ist in diesem "Pseudo-Zeitbereich" formal ein Funktional der Deformationsgeschichte. Diese Definition ist die Verallgemeinerung eines Vorschlages von VALANIS [89, 90].

Die Diskussion spezieller Beispiele zeigt die physikalische Bedeutung dieses Ansatzes in bezug auf die quantitative Beschreibung von (großen) PLASTISCHEN DEFORMATIONEN, von VERFESTIGUNGSEFFEKTEN und QUERVERFESTIGUNGSEFFEKTEN. Die formale APPROXIMATION der allgemeinen Materialgleichung durch ein lineares Funktional (FINITE LINEARE PLASTIZITÄT) steht selbstverständlich in keinem Zusammenhang mit der physikalischen Vorstellung eines " schwindenden Gedächtnisses " (vgl. [87]).

Die Relation dieser endochronen Plastizität zur Elastizität besitzt insofern eine gewisse physikalische Bedeutung, als sie für die Aufstellung spezieller Materialgleichungen der Plastizität physikalisch plausible Richtlinien liefern kann. Dies wird für ISOTROPE und speziell auch für INKOMPRESSIBLE Stoffe ausgenutzt. Daraus ergibt sich dann die Definition eines plastischen " MOONEY-RIVLIN-Materials ".

Die für alle inkompressiblen isotropen einfachen Stoffe geltenden " 5 Familien UNIVERSALER DEFORMATIONEN " lassen sich direkt auf die endochrone Plastizität übertragen.

Von technischem Interesse ist dabei insbesondere die spezielle Universale Deformation
" Torsion und Zug eines kreiszylindrischen Stabes ".

Eine Möglichkeit, durch Verallgemeinerung der bisherigen Ergebnisse eine ENDOCHRO-
NE THERMOPLASTIZITÄT zu konstruieren, untersucht Kapitel 9. Der zugrundegelegte
spezielle Ansatz erscheint geeignet zur Beschreibung der TEMPERATURABHÄNGIGKEIT
der PROPORTIONALITÄTSGRENZE sowie des PLASTISCHEN ANTEILS der Deformation.
Er beschreibt ferner eine temperaturabhängige RELAXATION der SPANNUNGEN, die
aus früheren Deformationen bei niedrigerer Temperatur herrühren ("Spannungsfreiglühen ").

Eine allgemeine thermodynamisch konsistente endochrone Plastizitätstheorie läßt sich
formulieren, wenn man die Freie Energie im Pseudo-Zeitbereich formal als Funktional
der thermokinematischen Prozeßgeschichte ansetzt. Man erhält aus dem Energiefunktional dann Materialgleichungen für den Spannungstensor, die Entropie und die Dissipationsleistung. Diese Materialgleichungen ähneln formal den entsprechenden Gleichungen der Thermoviskoelastizität; die allgemeine Form der Materialgleichungen
ist hinreichend für die identische Erfüllung der CLAUSIUS - DUHEM Ungleichung.

1. ALLGEMEINE PRINZIPIEN DER MECHANIK UND THERMODYNAMIK

Die Kontinuumsmechanik und -thermodynamik enthält

- UNIVERSALE AUSSAGEN, die für alle materiellen Körper gelten   sowie

- INDIVIDUELLE AUSSAGEN, die die Eigenschaften der einzelnen materiellen
  Körper beschreiben.

Die universalen Aussagen oder die ALLGEMEINEN PRINZIPIEN betreffen alle materiellen Körper gemeinsam; sie beziehen sich auf die GRUNDBEGRIFFE der Thermomechanik
und auf die BILANZRELATIONEN, die die Definition der Grundbegriffe vervollständigen.
Die allgemeinen Prinzipien präzisieren intuitive Vorstellungen über die Bewegung und
Energie der materiellen Körper. Diese Vorstellungen laufen darauf hinaus, daß KRAFT
und WÄRME in gewisser Weise den BEWEGUNGS- und ENERGIEZUSTAND eines Körpers
verändern.

Die Beschreibung der INDIVIDUELLEN EIGENSCHAFTEN drückt die Erfahrung aus,
daß äußerlich gleiche Körper unter denselben Bedingungen im allgemeinen ein völlig
verschiedenes Verhalten zeigen.
Materialeigenschaften sowie eingeschränkte Bewegungsmöglichkeiten ("Zwangsbedingungen") werden dem einzelnen materiellen Körper individuell zugeordnet.

Erst aus der KOMBINATION von allgemeinen Aussagen und Stoffeigenschaften ergeben sich MATHEMATISCHE MODELLE, deren Eigenschaften mit dem EXPERIMENTELL
beobachtbaren Verhalten REALER SYSTEME vergleichbar sind.

Der zentrale Grundbegriff der Thermomechanik ist der Begriff des materiellen Körpers:

<u>Definition 1.1</u>

(1) Ein MATERIELLER KÖRPER $\mathcal{B} = \{P\}$ ist eine Menge, die sich BIJEKTIV auf
Bereiche des dreidimensionalen Euklidischen Raumes abbilden läßt; jede Abbildung $\varkappa : \mathcal{B} \rightarrow \mathcal{V}^3$ heißt KONFIGURATION.
Sind $\varkappa_1 , \varkappa_2$ zwei Konfigurationen, so ist die Abbildung $\varkappa_2 \circ \varkappa_1^{-1} : \mathcal{V}^3 \longrightarrow \mathcal{V}^3$
stetig differenzierbar.

(2) Die Gesamtheit $\mathcal{W} = \{\mathcal{B}\}$ der materiellen Körper bildet ein Mengensystem, auf
dem Abbildungen erklärt werden können. Von diesen Abbildungen wird angenommen,
daß sie als INTEGRALE über DICHTEFUNKTIONEN darstellbar sind. Auf diese Weise
sind diese Dichtefunktionen dann auf dem einzelnen materiellen Körper selbst definiert.

(Für die Anschauung genügt es, sich die Menge $\mathcal{W}$ so vorzustellen: Man denkt sich aus
den materiellen Körpern durch "beliebiges" Zerschneiden und Zusammenfügen Teil-
und Vereinigungsmengen gebildet; diese sollen selbst wieder materielle Körper sein.
In diesem Sinne kann man $\mathcal{W}$ auch als die Gesamtheit aller denkbaren materiellen Körper
bezeichnen. Eine genauere Präzisierung erfordert die Anwendung der Ergebnisse der Maß-
theorie.)

1.1 <u>Bewegung</u>

<u>Definition 1.2</u>

Eine kontinuierliche Folge von Konfigurationen mit der Zeit t als Parameter,

$$\chi : \mathcal{B} \times \mathbb{R} \rightarrow \mathcal{V}^3$$
$$(P, t) \longmapsto \underline{x} = \chi (P, t) \tag{1.1}$$

heißt BEWEGUNG (Bild 1.1).

Durch die Wahl eines BEZUGSSYSTEMS, bestehend aus einem BEZUGSPUNKT 0 und
einer ORTHONORMALBASIS $\{\underline{b}_i\}_{i=1,2,3}$, entspricht dem ORTSVEKTOR $\underline{x}$ einein-

Bezugskonfiguration : $\underline{X} = R(P)$
$R[\mathcal{B}] , V(\mathcal{B})$
$\partial R[\mathcal{B}] , A(\mathcal{B})$
R
Materieller Körper: $\mathcal{B} = \{P\}$
$\chi_R = \chi \circ R^{-1}$
χ
Momentankonfiguration : $\underline{x} = \chi(P,t) = \chi_R(\underline{X},t)$
$\chi[\mathcal{B},t] , v(\mathcal{B},t)$
$\partial\chi[\mathcal{B},t] , a(\mathcal{B},t)$
Bezugssystem : $\left(0, \{\underline{b}_i\}_{i=1,2,3} \right)$
Beobachter :
$\mathcal{R}$

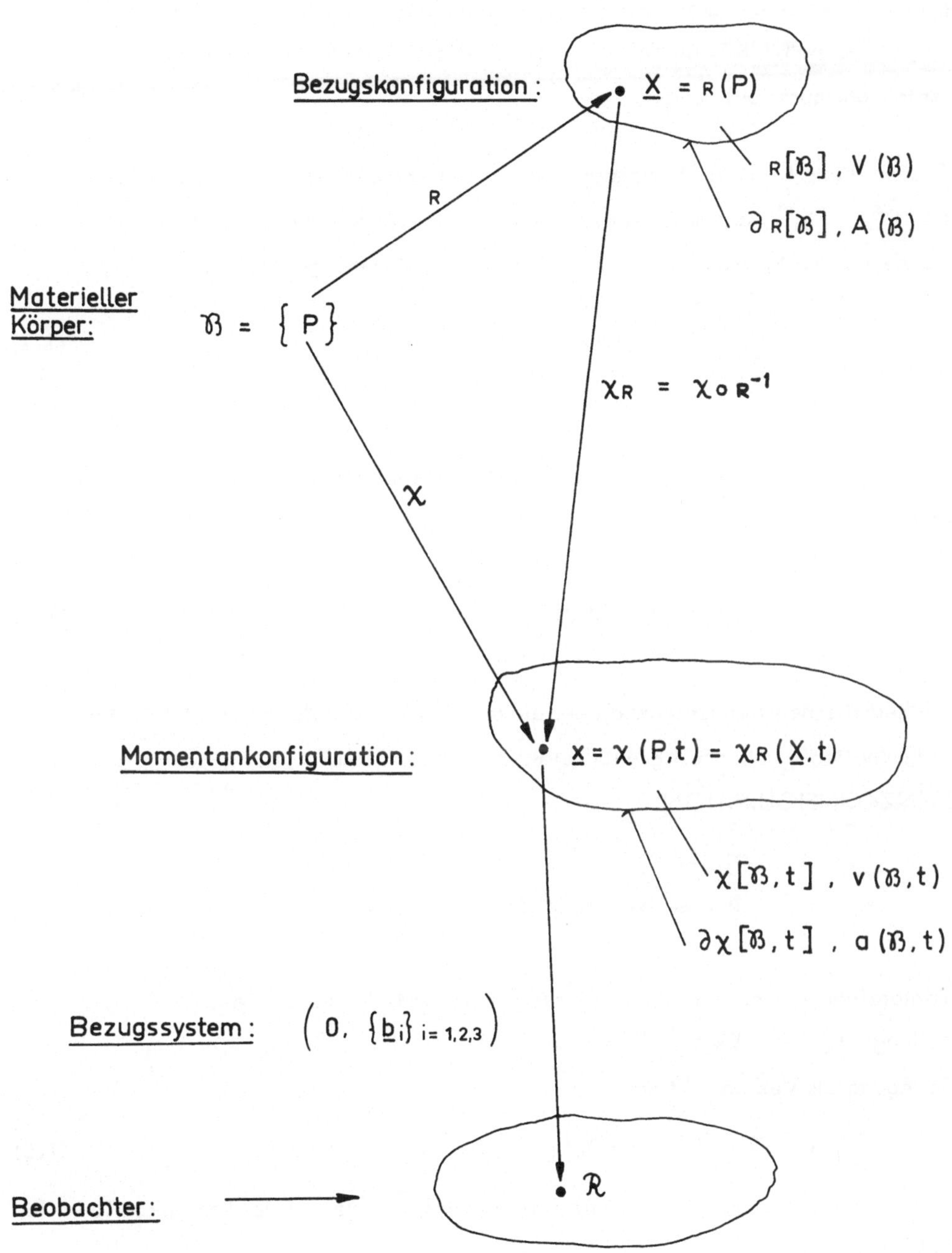

Bild 1.1

deutig ein Punkt $\mathcal{R}$ des dreidimensionalen Raumes der physikalischen Anschauung.
$\mathcal{R}$ ist der RAUMPUNKT, an dem sich der der Körperpunkt P zur Zeit t (in der
Momentankonfiguration) befindet.

Die Beschreibung (1.1) der Bewegung hängt daher von der Wahl des Bezugssystems
ab: Ist $(0^*, \{\underline{b}_i^*\})$ ein anderes Bezugssystem, so gilt zwischen den Ortsvektoren, die
jeweils demselben Raumpunkt zugeordnet sind, die Beziehung [11, Gl. (17.1)]

$$\underline{x}^* = Q(t)\underline{x} + \underline{c}(t) \tag{1.2}$$

(mit $Q \in \text{Orth}^+$).

Für die Darstellung der Bewegung in den verschiedenen Bezugssystemen ergibt sich daraus der Zusammenhang

$$\chi^*(P, t) = Q(t)\chi(P, t) + \underline{c}(t) . \tag{1.3}$$

Zur mathematischen Kennzeichnung der einzelnen Punkte P des materiellen Körpers
dient die (beliebig, aber fest gewählte) BEZUGSKONFIGURATION, oder
REFERENZKONFIGURATION,

$$\begin{aligned}
R : \quad & \mathcal{B} \longrightarrow \mathcal{V}^3 \\
& P \longmapsto \underline{X} = R(P)
\end{aligned} \tag{1.4}$$

Die Hintereinanderschaltung der Abbildungen R^{-1} und χ liefert die
Darstellung $\chi_R := \chi \circ R^{-1} : \mathcal{V}^3 \times \mathbb{R} \longrightarrow \mathcal{V}^3$
der Bewegung als Vektorfunktion:

$$\underline{x} = \chi_R(\underline{X}, t) := \chi(R^{-1}(\underline{X}), t) \tag{1.5}$$

ist der momentane Ortsvektor des materiellen Punktes P, dem in der Bezugskonfiguration
der Vektor $\underline{X}$ zugeordnet ist.

Die Vektorfunktion χ_R hängt außer vom Bezugssystem (s. (1.2)) auch von der Wahl der
Bezugskonfiguration ab: Sind $R, \hat{R}$ zwei Bezugskonfigurationen und

$$\lambda = \hat{R} \circ R^{-1} : \underline{X} \longmapsto \underline{\hat{X}} = \lambda(\underline{X}) := \hat{R}(R^{-1}(\underline{X})),$$

so gilt die Identität

$$X_R(\underline{X},t) \;=\; X_{\hat{R}}\,(\,\lambda(\underline{X}),t).$$ (1.6)

Die Darstellung (1.5) der Bewegung ermöglicht die Anwendung der Differential- und Integralrechnung auf den materiellen Körper. Die Funktion X_R ist gemäß Definition 1.1 nach $\underline{X}$ stetig differenzierbar; man setzt ferner meistens zweimalige (stetige) Differenzierbarkeit nach t voraus.)

Die Bilder $R\,[\mathcal{B}]$ bzw. $X\,[\mathcal{B},t\,]$ des Körpers in der Bezugs- bzw. Momentankonfiguration sind jeweils abgeschlossene Bereiche des $\mathcal{V}^3$; jeder dieser Bereiche besitzt ein VOLUMEN $V\,(\mathcal{B})$ bzw. $v\,(\mathcal{B},t\,)$ und eine RANDFLÄCHE $\partial R\,[\mathcal{B}]$ bzw. $\partial X\,[\mathcal{B},t\,]$ mit einem FLÄCHENINHALT $A\,(\mathcal{B})$ bzw. $a\,(\mathcal{B},t\,)$.

(Von einem Beobachter, der die wirkliche Bewegung eines Körpers sieht, wird dasjenige Raumgebiet wahrgenommen, das durch das Bezugssystem mit dem Bereich der Momentankonfiguration verknüpft ist; s. Bild 1.1.)

Auf einem materiellen Körper sei eine Abbildung

$$\begin{aligned} f \;:\; \mathcal{B} &\longrightarrow \mathcal{M}\\ P &\longmapsto w = f\,(P) \end{aligned}$$

definiert. (Der Wertebereich $\mathcal{M}$ sei eine beliebige Menge.)

Man kann dann, je nach Zweckmäßigkeit, den materiellen Punkt P entweder durch den entsprechenden Vektor $\underline{X}$ der Bezugskonfiguration ausdrücken, oder durch den Ortsvektor $\underline{x}$ der Momentankonfiguration.

Dadurch entsteht die Funktion

$$\hat{f}\,(\underline{X}) \;:=\; f\,(R^{-1}(\underline{X})\,)\;,$$ (1.7)

bzw. (t fest !)

$$\overline{f}\,(\underline{x}) \;:=\; f\,(X^{-1}(\underline{x}\,,t))$$ (1.8)

Die Abbildung $\hat{f}:\mathcal{V}^3 \longrightarrow W$ heißt MATERIELLE DARSTELLUNG der Abbildung f; $\overline{f}$ heißt RÄUMLICHE DARSTELLUNG von f.

Durch Differentiation der Bewegung χ_R nach $\underline{X}$ entsteht der DEFORMATIONS-
GRADIENT

$$F(\underline{X}, t) := \text{Grad } \chi_R(\underline{X}, t) \ . \tag{1.9}$$

Jedem materiellen Punkt $P \in \mathcal{B}$ ist ein Deformationsgradient zugeordnet :

$$F(\cdot, \cdot): \quad (P, t) \longmapsto F(P, t) \quad \in \quad \text{Lin}^+$$

Der Deformationsgradient hängt sowohl von der Wahl des Bezugssystems ab als auch von
Wahl der Bezugskonfiguration:

Gleichung (1.3) liefert

$$F^*(\underline{X}, t) = Q(t) \ F(\underline{X}, t) \ ; \tag{1.10}$$

aus (1.6) folgt mit $\Lambda := \text{Grad } \lambda(\underline{X})$

$$F(\underline{X}, t) = \hat{F}(\hat{\underline{X}}, t)\Lambda \tag{1.11}$$

(s. Bild 1.2).

Der Deformationsgradient gibt einen vollständigen Überblick über die LOKALEN
EIGENSCHAFTEN der Bewegung:

- Ist $d\underline{X}$ bzw. $d\underline{x}$ MATERIELLES LINIENELEMENT (Tangentenvektor an eine
materielle Linie) in der Bezugs- bzw. Momentankonfiguration, so gilt

$$d\underline{x} = F \, d\underline{X} \ . \tag{1.12}$$

- Ist $d\underline{A}$ bzw. $d\underline{a}$ MATERIELLES FLÄCHENELEMENT (Vektorprodukt zweier
Tagentenvektoren), so gilt

$$d\underline{a} = (\det F) \, (F^T)^{-1} \, d\underline{A} \ . \tag{1.13}$$

- Für ein MATERIELLES VOLUMENELEMENT dV bzw. dv (Spatprodukt dreier
Tangentenvektoren) hat man die Relation

$$dv = (\det F) \, dV \ . \tag{1.14}$$

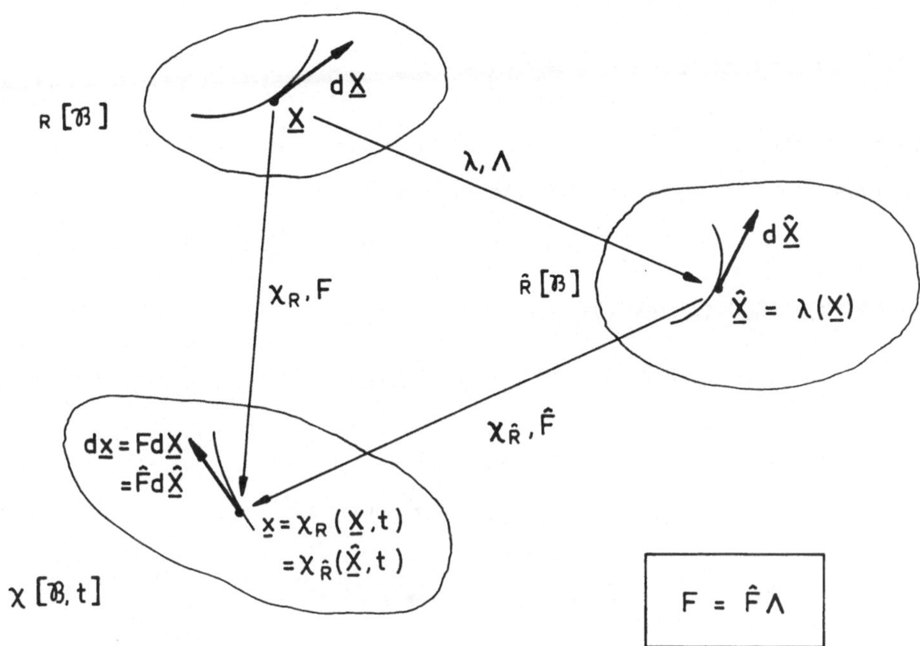

__Bild 1.2__

Für ISOCHORE Bewegungen gilt: $\quad$ $F \in \text{Unim}^+$

Für STARRKÖRPER - Bewegungen : $\quad$ $F \in \text{Orth}^+$

Der Satz der POLAREN ZERLEGUNG :

$$F = RU = VR \tag{1.15}$$

($R \in \text{Orth}^+$, $U, V \in \text{Sym}$) ,

gibt Anlaß zur Definition von zwei VERZERRUNGSTENSOREN:

$$C := F^T F = U^2 \quad \text{(Rechter CAUCHY-GREEN-Tensor)} \tag{1.16}$$

$$B := F F^T = V^2 \quad \text{(Linker CAUCHY-GREEN-Tensor)} \tag{1.17}$$

Diese haben die Eigenschaften

$$d\underline{X} \cdot C \, d\underline{X} = (d\underline{x})^2 \tag{1.18}$$

bzw.

$$d\underline{x} \cdot B^{-1} d\underline{x} = (d\underline{X})^2 . \tag{1.19}$$

Der GREEN sche Verzerrungstensor

$$E := \frac{1}{2} \, (\, C - \underline{1} \,) \tag{1.20}$$

geht für hinreichend kleine Verschiebungsableitungen asymptotisch über in den klassischen Verzerrungstensor der linearen Theorie ; ist

$$\underline{u} \, (\underline{X}, \, t) := \chi_R(\underline{X}, \, t) - \underline{X} \tag{1.21}$$

der VERSCHIEBUNGSVEKTOR und

$$H \, (\underline{X}, \, t) := \text{Grad} \, \underline{u} \, (\underline{X}, \, t) \, \in \, \text{Lin} \tag{1.22}$$

der Gradient des Verschiebungsvektors, so gilt

$$E = \frac{1}{2} \, (\, H + H^T + H^T \, H \,) \tag{1.23}$$

$$= \frac{1}{2} \, (\, H + H^T \,) + 0 \, (\varepsilon^2) \, . \tag{1.24}$$

Dabei ist

$$\varepsilon = \sqrt{\text{Sp} \, (H^T \, H)} = \sqrt{H \cdot H} \tag{1.25}$$

der BETRAG des Gradienten des Verschiebungsvektors.

1.2 Temperatur

Definition 1.3

Die Abbildung

$$\theta : \mathcal{B} \times \mathbb{R} \longrightarrow \mathbb{R}^+$$
$$(P, \, t) \longmapsto \theta \, (P, \, t)$$

heißt (momentane) TEMPERATUR des Körpers $\mathcal{B}$.

Mit (1.7) bzw. (1.8) erhält man das TEMPERATURFELD in der materiellen bzw. räumlichen Darstellung :

$$\hat{\theta} \, (\underline{X}, \, t) := \theta \, (R^{-1} \, (\underline{X}), \, t) \tag{1.26}$$

$$\bar{\theta} \, (\underline{x}, \, t) := \theta \, (\, \chi^{-1} \, (\underline{x}, \, t), \, t) \tag{1.27}$$

Zwischen den TEMPERATURGRADIENTEN

$$\underline{g}_R \; (\underline{X},\, t) : = \text{Grad}\; \hat{\theta}\; (\underline{X},\, t) \qquad\qquad (1.28)$$

$$\underline{g}\; (\underline{x},\, t) \quad : = \text{grad}\; \bar{\theta}\; (\underline{x},\, t) \qquad\qquad (1.29)$$

gilt die Beziehung

$$F^T \underline{g} \; = \; \underline{g}_R \qquad\qquad (1.30)$$

1.3 Masse, Energie, Entropie

Zur Definition des materiellen Körpers gehört, daß sich auf der Menge $\mathcal{W} = \{\mathcal{B}\}$ aller denkbaren Körper Funktionen erklären lassen, die Integraldarstellungen besitzen (Definition 1.1). Die Integranden sind dann DICHTEFUNKTIONEN, die auf dem einzelnen materiellen Körper selbst definiert sind. Die Integration kann sich über das Bild des Körpers in der Bezugskonfiguration erstrecken, oder über den Bereich der Momentankonfiguration.

Das führt jeweils auf VERSCHIEDENE Dichtefunktionen.

Definition 1.4

Die Abbildung

$$m: \mathcal{W} \longrightarrow \mathbb{R}^+$$
$$\mathcal{B} \longmapsto m\; (\mathcal{B})$$

heißt MASSE. (Der Funktionswert $m\,(\mathcal{B})$ heißt Masse des Körpers $\mathcal{B}$.) Im Sinne der obigen Bemerkung gelten die Darstellungen:

$$m(\mathcal{B}) \; := \; \int\limits_{R\,[\mathcal{B}]} \rho_R dV \; - \; \int\limits_{\chi\,[\mathcal{B},t]} \rho\, dv \; = \; \int\limits_{\mathcal{B}} dm \qquad\qquad (1.31)$$

Die auf $\mathcal{B}$ definierten Funktionen ρ_R bzw. ρ heißen MASSENDICHTE oder MASSENVERTEILUNG in dem Körper in der Bezugs- bzw. Momentankonfiguration.

28

Da in der Abbildung m(·) die Zeit t nicht auftritt, enthält die Definition 1.4 das
" Prinzip von der Erhaltung der Masse"; aus (1.31) folgt mit (1.14) die lokale
KONTINUITÄTSGLEICHUNG in der materiellen Darstellung:

$$\rho_R(\underline{X}) \;=\; \rho(\underline{X}, t)\, \det F(\underline{X}, t) \tag{1.32}$$

Differentiation nach der Zeit liefert die Kontinuitätsgleichung in der räumlichen Darstellung:

$$\dot{\rho} + \rho \operatorname{div} \underline{\dot{x}}(\underline{x}, t) \;=\; 0 \tag{1.33}$$

Definition 1.5

Die Abbildung

$$E : \mathcal{W} \times \mathbb{R} \longrightarrow \mathbb{R}$$
$$(\mathcal{B}, t) \longmapsto E(\mathcal{B}, t) := \int_{\mathcal{B}} \varepsilon \, dm \tag{1.34}$$

heißt INNERE ENERGIE. Der Funktionswert E($\mathcal{B}$, t) heißt Innere Energie des Körpers $\mathcal{B}$
zur Zeit t ; die entsprechende Abbildung

$$\varepsilon : \mathcal{B} \times \mathbb{R} \longrightarrow \mathbb{R}$$
$$(P, t) \longmapsto \varepsilon(P, t)$$

heißt (momentane) SPEZIFISCHE INNERE ENERGIE in $\mathcal{B}$.

Definition 1.6

Die Abbildung

$$H : \mathcal{W} \times \mathbb{R} \longrightarrow \mathbb{R}$$
$$(\mathcal{B}, t) \longmapsto H(\mathcal{B}, t) := \int_{\mathcal{B}} \eta \, dm \tag{1.35}$$

heißt ENTROPIE. Der Funktionswert H($\mathcal{B}$, t) heißt Entropie des Körpers $\mathcal{B}$ zur Zeit t;

die entsprechende Abbildung

$$\eta : \mathcal{B} \times \mathbb{R} \longrightarrow \mathbb{R}$$
$$(P, t) \longmapsto \eta(P, t)$$

heißt (momentane) SPEZIFISCHE Entropie in $\mathcal{B}$.

Mit der inneren Energie, der Entropie und der Temperatur bildet man die
SPEZIFISCHE FREIE ENERGIE :

$$(P, t) \longmapsto \psi(P, t) := \varepsilon(P, t) - \theta(P, t)\, \eta(P, t) \tag{1.36}$$

1.4 Impuls, Drehimpuls, kinetische Energie

Definition 1.7

Der jeweilige Funktionswert der Abbildungen

$$\mathcal{B} \longmapsto \quad \underline{J}(\mathcal{B}) := \int_{\mathcal{B}} \underline{\dot{x}}\, dm \tag{1.37}$$

bzw.

$$\mathcal{B} \longmapsto \quad \underline{D}^{\underline{x}_o}(\mathcal{B}) := \int_{\mathcal{B}} (\underline{x} - \underline{x}_o) \times \underline{\dot{x}}\, dm \tag{1.38}$$

heißt IMPULS des Körpers $\mathcal{B}$ bzw.
DREHIMPULS von $\mathcal{B}$ RELATIV zu $\underline{x}_o$.

Der Skalar

$$K(\mathcal{B}) := \frac{1}{2} \int_{\mathcal{B}} (\underline{\dot{x}})^2\, dm \tag{1.39}$$

heißt KINETISCHE ENERGIE des Körpers $\mathcal{B}$.

1.5 Kraft, Moment, Wärme

Die beiden nächsten Definitionen betreffen die Wechselwirkung eines jeden denkbaren
materiellen Körpers mit seiner Umgebung.

Definition 1.8

Der Vektor $\underline{f}\,(\mathcal{B},\,t)$,

$$(\mathcal{B},\,t)\longmapsto \underline{f}\,(\mathcal{B},\,t) := \underline{f}_b\,(\mathcal{B},\,t) + \underline{f}_c\,(\mathcal{B},\,t) \qquad\qquad (1.40)$$

heißt KRAFT, die auf den materiellen Körper $\mathcal{B}$ zur Zeit t von außen einwirkt.
$\underline{f}$ ist objektiv (s. (1.44)).

Der erste Term

$$\underline{f}_b\,(\mathcal{B},\,t) := \int_{\mathcal{B}} \underline{b}\;\, dm \qquad\qquad (1.41)$$

heißt VOLUMENKRAFT; der Integrand heißt VOLUMENKRAFTDICHTE.
Der zweite Term

$$\underline{f}_c\,(\mathcal{B},\,t) := \int_{\partial\chi[\mathcal{B},t]} \underline{t}\,(\underline{x},t)\,da \;= \int_{\partial_R[\mathcal{B}]} \underline{t}_R(\underline{X},t)\,dA \qquad (1.42)$$

heißt OBERFLÄCHENKRAFT; die Integranden heißen OBERFLÄCHENKRAFTDICHTE
oder SPANNUNGSVEKTOR, bezogen auf das materielle Flächenelement in der
Momentan – bzw. Bezugskonfiguration .

Der Zusammenhang zwischen den beiden Spannungsvektoren $\underline{t}$, $\underline{t}_R$ läßt sich aus
der Identität

$$\underline{t}\;da \;= \;\underline{t}_R\,dA \qquad\qquad (1.43)$$

und Gleichung (1.13) ausrechnen.

Jedem Randpunkt des materiellen Körpers ist je ein Spannungsvektor $\underline{t}$ bzw. $\underline{t}_R$ zugeordnet.
Darüberhinaus sind die Spannungsvektoren $\underline{t}$, $\underline{t}_R$ auch auf jedem MÖGLICHEN Randpunkt
definiert, der durch (gedachtes) Zerlegen des materiellen Körpers in Teilmengen entsteht
(" SCHNITTPRINZIP").

Das Paar (b , t), bestehend aus den beiden vektorwertigen Funktionen $\underline{b} : \mathcal{B} \times \mathbb{R} \longrightarrow \mathcal{V}^3$
und $\underline{t} : \partial\mathcal{B} \times \mathbb{R} \longrightarrow \mathcal{V}^3$ (bzw. $\underline{t}_R : \partial\mathcal{B} \times \mathbb{R} \longrightarrow \mathcal{V}^3$) heißt (auf $\mathcal{B}$ einwirkendes)
KRAFTSYSTEM.

Jedes Kraftsystem ist die mathematische Darstellung einer möglichen Belastung des materiellen Körpers $\mathcal{B}$.

<u>Definition 1.9</u>

Der Vektor $\underline{M}^{x_o}(\mathcal{B}, t)$,

$$(\mathcal{B}, t) \longmapsto \underline{M}^{x_o}(\mathcal{B}, t) := \int_{\mathcal{B}} (\underline{x} - \underline{x}_0) \times \underline{b} \; dm + \int_{\partial X[\mathcal{B},t]} (\underline{x} - \underline{x}_0) \times \underline{t} \; da \qquad (1.43a)$$

heißt MOMENT DES KRAFTSYSTEMS $(\underline{b}, \underline{t})$ RELATIV ZU $\underline{x}_o$.

Durch die Definitionsgleichungen für Kraft und Moment wird die Gesamtheit aller Kraftsysteme in ÄQUIVALENZKLASSEN eingeteilt.

Der Kraftvektor ist nach Definition 1.8 OBJEKTIV (das heißt, unabhängig vom Bezugssystem); bei einem Wechsel des Bezugssystems nach Gleichung (1.2) gilt [11, Sect. 17]

$$\underline{f}^*(\mathcal{B},t) = Q(t)\underline{f}(\mathcal{B},t) . \qquad (1.44)$$

Aus (1.44) folgt für den Spannungsvektor und die Volumenkraft die Objektivität:

$$\underline{t}^* = Q\underline{t} ; \qquad \underline{b}^* = Q\underline{b} \qquad (1.45)$$

Daraus folgt mit (1.2) und der Identität

$$Q\underline{v} \times Q\underline{w} = (\det Q) \, Q(\underline{v} \times \underline{w}) \qquad (1.45a)$$

(vgl. (1.13), sowie [11, Gl. (8.16)]), daß auch der Momentenvektor objektiv ist $(\det Q = +1)$:

$$\underline{M}^{*x_o^*}(\mathcal{B},t) = Q(t)\underline{M}^{x_o}(\mathcal{B},t) \qquad (1.45b)$$

<u>Definition 1.10</u>

Der Skalar

$$L_a(\mathcal{B}) := \int_{\mathcal{B}} \underline{b} \cdot \dot{\underline{x}} \, dm + \int_{\partial X[\mathcal{B},t]} \underline{t} \cdot \dot{\underline{x}} \, da \qquad (1.46)$$

heißt LEISTUNG DES KRAFTSYSTEMS $(\underline{b}, \underline{t})$ in der Bewegung X .

32

Analog zu Definition 1.8 erklärt die folgende Definition die energetische Wechselwirkung
der materiellen Körper mit ihrer Umgebung.

<u>Definition 1.11</u>

Der Skalar Q $(\mathcal{B}, t)$,

$$(\mathcal{B}, t) \longmapsto Q\ (\mathcal{B}, t) := Q_b\ (\mathcal{B}, t) + Q_c\ (\mathcal{B}, t) \tag{1.47}$$

heißt WÄRME, die auf den materiellen Körper $\mathcal{B}$ zur Zeit t von außen einwirkt.

Der erste Term

$$Q_b\ (\mathcal{B}, t)\ := \int_{\mathcal{B}} r\ dm \tag{1.48}$$

heißt VOLUMENVERTEILE WÄRMEZUFUHR;

der zweite Term

$$Q_c\ (\mathcal{B}, t)\ := \int_{\partial \chi [\mathcal{B}, t]} q\ da\quad = \int_{\partial_R [\mathcal{B}]} q_R dA \tag{1.49}$$

heißt OBERFLÄCHENVERTEILTE WÄRMEZUFUHR; der Integrand q bzw. q_R heißt
WÄRMEZUFLUSS, bezogen auf das materielle Flächenelement in der Momentan-
bzw. Bezugskonfiguration.

Die Bemerkungen (im Anschluß an Definition 1.8) über den Spannungsvektor gelten für
den Wärmefluß entsprechend; insbesondere gilt

$$q\ da\quad =\quad q_R dA\quad . \tag{1.50}$$

Zur Definition eines physikalischen Grundbegriffs gehört notwendigerweise eine Festlegung, wie die jeweilige Größe von der Wahl des Bezugssystems abhängen soll. Bei
der Erklärung der Begriffe Bewegung und Kraft wurde diese Festlegung getroffen. Die
Abhängigkeit der daraus abgeleiteten Begriffe vom Bezugssystem liegt damit ebenfalls fest; dies gilt außer für den Geschwindigkeitsvektor, den Deformationsgradienten
(Gl. (1.10)) und alle Verzerrungstensoren auch für die Begriffe Impuls, Drehimpuls,
Kinetische Energie, Moment und Leistung.

Für die übrigen Begriffe (Definitionen 1.3 - 1.6, 1.11) soll eine entsprechende Verabredung nachgetragen werden durch die folgende

Ergänzung:
Die Begriffe TEMPERATUR, MASSE, ENERGIE, ENTROPIE und WÄRME sind OBJEKTIV,
das heißt, die jeweiligen Zahlenwerte dieser Abbildungen sind von der Wahl des Bezugssystems unabhängig.

1.6 Bilanzgleichungen

Die folgenden BILANZGLEICHUNGEN für den Impuls und Drehimpuls (EULER sche
Gleichungen) sowie für die Energie (1. Hauptsatz der Thermodynamik) vervollständigen
die Definition der Begriffe Bewegung, Kraft, Energie und Wärme.

Für jeden denkbaren materiellen Körper $\mathcal{B}$ (also insbesondere für $\mathcal{B}$ selbst sowie für alle
Teilkörper) gilt der IMPULSSATZ :

$$\underline{f} \;=\; \underline{\dot{j}} \tag{1.51}$$

der MOMENTENSATZ :

$$\underline{M}^{x_0} \;=\; \underline{\dot{D}}^{x_0} \qquad (\underline{x}_0 \text{ fest !}) \tag{1.52}$$

und der ENERGIESATZ ("Erster Hauptsatz der Thermodynamik "):

$$L_a \;+\; Q \;=\; \dot{E} \;+\; \dot{K} \tag{1.53}$$

Bemerkung:

Aus (1.3) folgt, daß der Geschwindigkeitsvektor $\dot{\underline{x}}$ nicht objektiv ist, d.h. von der
Wahl des Bezugssystems abhängt. Da andererseits jedoch $\underline{f}$, $\underline{M}^{x_0}$, Q und E objektive
Größen sind, hängen die allgemeinen Grundgleichungen (1.51 - 1.53) in ihrer mathema-

tischen Form von der Wahl des Bezugssystems ab; sie können daher nicht für alle Bezugssysteme gelten. Die "geeigneten" Bezugssysteme bezeichnet man auch als INERTIAL-
SYSTEME.

Ob ein speziell gewähltes Bezugssystem (im Rahmen einer vorgegebenen Meßgenauigkeit)
ein Inertialsystem ist, kann man nur EXPERIMENTELL feststellen. Man muß dazu die allgemeinen Grundgleichungen durch   Systemeigenschaften ergänzen und die FOLGE-
RUNGEN aus den resultierenden Gleichungssystemen mit dem experimentell beobachteten
Verhalten der realen Systeme vergleichen.

1.7 Folgerungen

Aus dem Impulssatz (1.51) folgt zunächst, daß der Spannungsvektor $\underline{t}$ eine LINEARE
FUNKTION des (äußeren) NORMALENEINHEITSVEKTORS $\underline{n}$ ist:

$$\underline{t} \;=\; T\,\underline{n} \tag{1.54}$$

Der lineare Operator $T \in$ Lin heißt
(CAUCHY scher oder EULER scher) SPANNUNGSTENSOR.

Dadurch, daß infolge einer (gedachten) Zerlegung des Körpers jeder innere Körperpunkt Randpunkt werden kann, ist jedem Punkt $P \in \mathcal{B}$ ein Spannungstensor zugeordnet.
Die Abbildung

$$\mathcal{B} \times \mathbb{R} \longrightarrow \text{Lin}$$
$$(P,\,t) \longmapsto T\,(P,\,t)$$

heißt momentane SPANNUNGSVERTEILUNG in $\mathcal{B}$. Die Spannungsverteilung stellt physikalisch die innere Belastung eines Körpers dar, bzw., für Randpunkte, die äußere Belastung durch Oberflächenkräfte.

Aus der Objektivität des Spannungsvektor $\underline{t}$ folgt die Objektivität von T : Für jeden
Wechsel des Bezugssystems gilt

$$T^{*}(P,t) \;=\; Q(t)\,T\,(P,t)\,Q^{T}(t)\,. \tag{1.55}$$

Ist $\underline{n}_R$ die äußere Normale auf dem Rand des Bereichs der Bezugskonfiguration, so gilt für den Spannungsvektor $\underline{t}_R$ entsprechend

$$\underline{t}_R = T_R \; \underline{n}_R \; .$$ (1.56)

Der Operator $T_R \in \text{Lin}$ heißt 1. PIOLA-KIRCHHOFF Tensor oder LAGRANGEscher Spannungstensor .

Für die beiden Spannungstensoren T, T_R folgt aus (1.43), (1.54, 56) und (1.13) die Beziehung

$$T_R = (\det F) \; T \; (F^T)^{-1} \; .$$ (1.57)

Für manche Zwecke ist noch der
2. PIOLA-KIRCHHOFF Tensor $\tilde{T}$ von Nutzen:

$$\tilde{T} = F^{-1} T_R = (\det F) \, F^{-1} T \, (F^T)^{-1}$$ (1.58)

Aus den EULERschen Gleichungen folgen die CAUCHYschen Gleichungen in der Räumlichen Darstellung :

$$\text{div}\, T + \rho \underline{b} = \rho \underline{\ddot{x}}$$ (1.59)
$$T = T^T \; ,$$ (1.60)

bzw., in der Materiellen Darstellung :

$$\text{Div}\, T_R + \rho_R \underline{b} = \rho_R \underline{\ddot{x}}$$ (1.61)
$$T_R F^T = F T_R^T$$ (1.62)

Aus den CAUCHYschen Gleichungen folgt der
ENERGIESATZ DER MECHANIK :

$$L_a = L_i + \dot{K}$$ (1.63)

Darin bezeichnet man den (objektiven!) Skalar

$$L_i := \int_{\mathcal{B}} \ell_i \; dm$$ (1.64)

als SPANNUNGSLEISTUNG : Der Integrand

$$\ell_i(P,t) := \frac{1}{\rho} T \cdot D = \frac{1}{\rho_R} T_R \cdot \dot{F} = \frac{1}{2\rho_R} \tilde{T} \cdot \dot{C}$$ (1.65)

heißt SPEZIFISCHE SPANNUNGSLEISTUNG .

Der in (1.65) auftretende VERZERRUNGSGESCHWINDIGKEITSTENSOR $D \in$ Sym
ist der symmetrische Anteil des räumlichen Geschwindigkeitsgradienten:

$$D = \frac{1}{2} (G + G^T) \tag{1.66}$$

$$G = \mathrm{grad}\,\underline{\dot{x}}\ (\underline{x}, t) = \dot{F}\, F^{-1} \qquad) \tag{1.67}$$

Die Energiebilanz (1.53) geht mit (1.63) über in

$$L_i + Q = \dot{E} . \tag{1.68}$$

Aus (1.68) folgt, daß der Wärmefluß q (bzw. q_R) eine LINEARE FUNKTION der
äußeren Normalen ist: Es gilt

$$q = -\underline{q} \cdot \underline{n} \tag{1.69}$$

bzw.
$$q_R = -\underline{q}_R \cdot \underline{n}_R \tag{1.70}$$

Der Vektor $\underline{q}$ (bzw. $\underline{q}_R$) heißt WÄRMEFLUSSVEKTOR, bezogen auf das materielle
Flächenelement in der Momentan- bzw. Bezugskonfiguration. Aus (1.50), (1.69,70)
folgt mit (1.13)

$$\underline{q}_R = (\det F)\ F^{-1}\underline{q} . \tag{1.71}$$

Die Bemerkungen im Anschluß an die Definition des Spannungstensors gelten für
den Wärmeflußvektor entsprechend.

Aus (1.68) folgt die LOKALE FORM des 1. Hauptsatzes in der räumlichen Darstellung:

$$\frac{1}{\rho} T \cdot D + r - \frac{1}{\rho} \mathrm{div}\,\underline{q} = \dot{\varepsilon} \tag{1.72}$$

bzw., in der materiellen Darstellung:

$$\frac{1}{2\rho_R} \tilde{T} \cdot \dot{C} + r - \frac{1}{\rho_R} \mathrm{Div}\ \underline{q}_R = \dot{\varepsilon} \tag{1.73}$$

1.8 Dissipationspostulat

Zur Präzisierung der experimentellen Erfahrungen über die "Richtung" des Ablaufes
physikalischer Vorgänge benötigt man die mathematische Formulierung eines PRINZIPS
DER IRREVERSIBILITÄT (2. Hauptsatz der Thermodynamik).

Das Dissipationspostulat, von dem diese Arbeit ausgeht, lautet [42] :

Die zeitliche ENTROPIEÄNDERUNG eines jeden denkbaren materiellen Körpers $\mathcal{B}$ ist
nicht kleiner als die auf $\mathcal{B}$ von außen einwirkende ENTROPIEZUFUHR.
Das heißt [42; 94, Gl. (258.3)] :

$$\dot{H}\,(\mathcal{B},\,t)\;\geq\;\int\limits_{\mathcal{B}}\,\frac{r}{\theta}\;dm\;-\;\int\limits_{\partial\chi[\mathcal{B},t]}\,\frac{\underline{q}\cdot\underline{n}}{\theta}\;da \tag{1.74}$$

Die in (1.74) enthaltene Definition der Entropiezufuhr als Quotient aus Wärmezufuhr
und Temperatur ist zweifellos eine spezielle Annahme; allgemeinere Ansätze sind von
I. MÜLLER [58 - 60] untersucht worden.

Der globalen Ungleichung (1.74) entspricht als lokale Aussage die

CLAUSIUS - DUHEM - UNGLEICHUNG :

$$\theta\dot{\eta}\;\geq\;r\;-\;\frac{1}{\rho}\,\mathrm{div}\,\underline{q}\;\;+\;\frac{1}{\rho\theta}\,\underline{q}\cdot\underline{g} \tag{1.75}$$

Mit der Energiebilanz in der Form (1.72) folgt

$$\theta\,\dot{\eta}\;\geq\;\dot{\varepsilon}\;-\;\frac{1}{\rho}\,T\cdot D\;+\;\frac{1}{\rho\theta}\,\underline{q}\cdot\underline{g} \tag{1.76}$$

Mit der Definitionsgleichung (1.36): $\varepsilon = \psi + \theta\,\eta$ ergibt sich die CLAUSIUS -
DUHEM - Ungleichung in der Form

$$-\dot{\psi}+\frac{1}{\rho}\,T\cdot D\;-\;\eta\dot{\theta}\;-\;\frac{1}{\rho\theta}\,\underline{q}\cdot\underline{g}\;\geq\;0 \tag{1.77}$$

Die entsprechende materielle Darstellung lautet:

$$-\dot{\psi}\;+\;\frac{1}{2\rho_R}\,\tilde{T}\cdot\dot{C}\;-\;\eta\,\dot{\theta}\;-\;\frac{1}{\rho_R\theta}\,\underline{q}_R\cdot\underline{g}_R\;\geq\;0 \tag{1.78}$$

Die CLAUSIUS-DUHEM Ungleichung vervollständigt im Rahmen dieser Darstellung die
Definition der Begriffe Entropie und Temperatur. Die Definition der Grundbegriffe der
Thermomechanik ist damit abgeschlossen.

2. THERMODYNAMISCH EINFACHE STOFFE

2.1 Mathematische Beschreibung von Materialeigenschaften

Die bisher zitierten Prinzipien und Sätze gelten für alle denkbaren materiellen Körper
gemeinsam; die Erfahrung zeigt andererseits, daß verschiedene äußerlich gleiche Körper
sich unter derselben (äußeren) Belastung und Energieeinwirkung im allgemeinen in völlig
verschiedener Weise verhalten. Dies ist auch mathematisch klar: Die allgemeinen Feldgleichungen der Thermomechanik, z.B. in der Form (1.59, 60, 72), bilden ein Gleichungssystem, das aus 7 gekoppelten Differentialgleichungen besteht, das jedoch insgesamt
16 Unbekannte enthält (nämlich X, T, $\underline{q}$ und ε oder ψ).

Die CLAUSIUS-DUHEM - Ungleichung kommt als NEBENBEDINGUNG hinzu, die jede
Lösung von (1.59, 60, 72) zu erfüllen hat; sie enthält zwei weitere Unbekannte (nämlich
θ und η): Damit sind aus den zur Verfügung stehenden 7 Feldgleichungen insgesamt
18 unbekannte Funktionen zu bestimmen. Das allgemeine Gleichungssystem der Thermomechanik ist also unterbestimmt, und man benötigt zusätzliche Gleichungen.

Innerhalb der Rationalen Thermodynamik werden die 7 Feldgleichungen durch genau 11
weitere Gleichungen ergänzt. Diese sogenannten MATERIALGLEICHUNGEN beschreiben
die individuellen Eigenschaften der einzelnen materiellen Körper.

Eine mathematische Beschreibung von Materialeigenschaften setzt zunächst die Entscheidung darüber voraus, welche der 6 Abbildungen $(X, T, \underline{q}, \psi, \vartheta, \eta)$ als unabhängige, und welche als abhängige Variable angesehen werden sollen.

Es ist zweckmäßig, die Bewegung $(P, t) \longmapsto X(P, t)$ und das Temperaturfeld
$(P, t) \longmapsto \theta(P, t)$ als unabhängige Variable anzusehen, und man geht von der allge-

meinen Annahme aus, daß die (vergangene) "Geschichte" dieser Abbildungen die gegenwärtigen Werte der übrigen Variablen $(T, \underline{q}, \psi, \eta)$ eindeutig festlegt (Prinzip des DETERMINISMUS).

Diese Betrachtungsweise hat gegenüber anderen denkbaren Einteilungen den praktischen Vorteil, daß die Materialgleichungen zur Formulierung von Randwertaufgaben direkt in die Bilanzrelationen eingesetzt werden können.

Die Möglichkeiten zur Materialbeschreibung werden eingegrenzt durch das Prinzip der LOKALEN WIRKUNG, dessen verschärfte Formulierung auf die Definition des thermodynamisch einfachen Materials führt: Die unabhängigen Variablen sind hier die Geschichte des Deformationsgradienten und der Temperatur sowie der gegenwärtige Wert des Temperaturgradienten [54].

Eine dritte allgemeine Forderung an die Materialbeschreibung sagt aus, daß die mathematische Form einer Stoffgleichung nicht von der Wahl des Bezugssystems abhängen darf; dies ist das Prinzip der MATERIELLEN OBJEKTIVITÄT. Das Prinzip der materiellen Objektivität präzisiert die physikalisch sinnvolle Vorstellung, daß die individuellen Eigenschaften der materiellen Körper sich durch einen Wechsel des Bezugssystems (bzw. der Lage des Beobachters) nicht ändern: "Materialeigenschaften sind OBJEKTIV".

Die Auswertung dieser Forderung liefert konkrete Richtlinien, welche spezielle Form die unabhängigen und abhängigen Variablen jeweils haben können, die in den Materialgleichungen vorkommen.

Man unterscheidet drei Methoden, die zur mathematischen Beschreibung von Materialeigenschaften (meistens gleichzeitig) angewandt werden:

(1) Festlegung eines speziellen Kausalzusammenhangs zwischen unabhängigen und abhängigen Variablen durch die Angabe von STOFFUNKTIONALEN.

(2) Beschreibung von MATERIELLEN SYMMETRIEEIGENSCHAFTEN:
Die Stoffunktionale hängen in ihrer mathematischen Form von der Wahl der Bezugskonfiguration ab; jedoch ist die Definition von speziellen Stoffklassen, deren Funk-

tionale sich bei "gewissen" Wechseln der Bezugskonfiguration nicht ändern, physikalisch sinnvoll. Dies führt auf den Begriff der ISOTROPIEGRUPPE als Repräsentant der materiellen Symmetrieeigenschaften und in besonderen Fällen zu einer wesentlichen Vereinfachung der Stoffunktionale.

(3)   Definition von INNEREN ZWANGSBEDINGUNGEN :

Es gibt Materialien, die gewissen Deformationen relativ große "Widerstände" entgegensetzen. Eine Idealisierung dieses Verhaltens führt auf die Formulierung von Inneren Zwangsbedingungen, durch die der Definitionsbereich der jeweiligen Stoffunktionale eingeschränkt und das Prinzip des Determinismus modifiziert wird. Die mathematische Beschreibung der Materialeigenschaften kann sich innerhalb der Theorie der Inneren Zwangsbedingungen wesentlich vereinfachen. Dies kann für die explizite Form eines Stoffunktionals ebenso gelten wie für das Auffinden von exakten Lösungen, die zur experimentellen Diskussion der Theorie anwendbar sind (s. Abschnitt 2.62 und Abschnitt 6.4).

2.2 Allgemeine Definition des thermodynamisch einfachen Materials

Definition 2.1

Ist $(P,\ t) \longmapsto \underline{x} = X\,(P,\ t)$ eine beliebige Bewegung, und

$\quad (P,\ t) \longmapsto \theta\,(P,t)$ eine beliebige Temperaturverteilung,

so heißt (bei festem $P \in \mathcal{B}$) die Funktion

$$F_d^t \ :\ \mathbb{R}^+ \longrightarrow L\,in$$
$$s \longmapsto F_d^t\,(P,\ s) := F\,(P,\ t-s) - F\,(P,t) \tag{2.1}$$

DEFORMATIONSGESCHICHTE des materiellen Punktes P ; die Funktion

$$C_d^t \ :\ \mathbb{R}^+ \longrightarrow Sym$$
$$s \longmapsto C_d^t\,(P,s) := C\,(P,t-s) - C\,(P,t) \tag{2.2}$$

($C = F^T\,F$) heißt VERZERRUNGSGESCHICHTE, die Funktion

$$\theta_d^t \ :\ \mathbb{R}^+ \longrightarrow \mathbb{R}$$
$$s \longmapsto \theta_d^t\,(P,\ s) := \theta\,(P,t-s) - \theta\,(P,\ t) \tag{2.3}$$

TEMPERATURGESCHICHTE des materiellen Punktes $P \in \mathcal{B}$.

<u>Definition 2.2</u>

Ein materieller Körper heißt THERMODYNAMISCH EINFACH, wenn die folgenden

Stoffgleichungen gelten :

$$
\begin{aligned}
\psi\,(P,t) &= \tilde{\psi}\,[\,F_d^t\,(P,\cdot),\,\theta_d^t(P,\cdot)\,;\,F\,(P,t),\;\theta\,(P,t),\;\underline{g}\,(P,t)\,] \\
\eta\,(P,t) &= \tilde{\int}\,[\,\text{———————}\quad''\quad\text{———————}\,] \\
T\,(P,t) &= \tilde{\mathcal{T}}\,[\,\text{———————}\quad''\quad\text{———————}\,] \\
\underline{q}\,(P,t) &= \tilde{\mathcal{G}}\,[\,\text{———————}\quad''\quad\text{———————}\,]
\end{aligned}
\right\}\qquad (2.4)
$$

$\tilde{\psi}\,,\;\tilde{\int}\,,\;\tilde{\mathcal{T}}$ bzw. $\tilde{\mathcal{G}}$ sind skalar-, tensor- bzw. vektorwertige Funktionale deren Funktions-

werte von der gesamten Deformations- und Temperaturgeschichte abhängen, und die den

gegenwärtigen Deformations- und Temperaturzustand sowie auch den gegenwärtigen Tempe-

raturgradienten als Parameter enthalten. Eine explizite Abhängigkeit von P ist (bei in-

homogenen Stoffen) ebenfalls möglich.

Die Materialgleichungen (2.4) erfüllen die Prinzipien des Determinismus und der lokalen

Wirkung. Die Erfüllung des Prinzips der materiellen Objektivität wird durch den folgenden

Satz sichergestellt:

<u>Satz 2.1</u> [54]

Die Materialgleichungen (2.4) sind genau dann objektiv, wenn sie die folgende Form

haben:

$$
\begin{aligned}
\psi\;\;(P,t) &= \psi\,[\,C_d^t(P,\cdot),\,\theta_d^t\,(P,\cdot);\,C\,(P,t),\;\theta\,(P,t),\;\underline{g}_R\,(P,t)\,] \\
\eta\;\;(P,t) &= \int\,[\,\text{———————}\quad''\quad\text{———————}\,] \\
\tilde{T}\;\;(P,t) &= \mathcal{T}\,[\,\text{———————}\quad''\quad\text{———————}\,] \\
\underline{q}_R\;(P,t) &= \mathcal{G}\,[\,\text{———————}\quad''\quad\text{———————}\,]
\end{aligned}
\right\}\qquad (2.5)
$$

Die Materialgleichungen (2.4) bzw. (2.5) sind genau 11 zusätzliche Gleichungen, die

zur Vervollständigung der allgemeinen thermomechanischen Feldgleichungen herangezogen

werden. Dabei läßt sich (1.60) durch die Form der Stoffgleichung $(2.4)_3$ bzw. $(2.5)_3$

$(T,\,\tilde{T}\,\in\,\mathrm{Sym})$ identisch erfüllen.

Einsetzen der Materialgleichungen (2.5) in (1.61) bzw. (1.73) liefert ein System von
insgesamt 4 Funktionalgleichungen für die drei Komponenten der Bewegung und das
Temperaturfeld, nämlich

$$\mathrm{Div}\,(F\,\mathfrak{F}) \;+\; \rho_R\,\underline{b} \;=\; \rho_R\,\underline{\ddot{x}} \tag{2.6}$$

bzw.

$$(\,\mathfrak{y} + \theta\,\mathfrak{f}\,)^{\cdot} \;=\; \frac{1}{2\rho_R}\,\mathfrak{F}\cdot\dot{C} \;+\; r \;-\; \frac{1}{\rho_R}\,\mathrm{Div}\,\mathfrak{q} \;. \tag{2.7}$$

Ist eine beliebige Bewegung

$$(P,t) \longmapsto X\,(P,t)$$

und ein Temperaturfeld

$$(P,t) \longmapsto \theta\,(P,t)$$

gegeben, so kann man $\underline{\ddot{x}}\,(P,t)$, $C\,(P,t)$, $\underline{g}_R\,(P,t)$, $C_d^t(\cdot)$, $\theta_d^t(\cdot)$ sowie die Werte der
Funktionale $\mathfrak{F}$, $\mathfrak{y}$, $\mathfrak{f}$ und $\mathfrak{q}$ ausrechnen; die Gleichungen (2.6,7) liefern dann formal
eine Volumenkraft $\underline{b}$ und eine volumenverteilte Wärmezufuhr r, so daß die Funktionen
X und θ für ein gegebenes thermodynamisch einfaches Material exakte Lösungen der
Feldgleichungen (2.6,7) sind.

In diesem Sinne heißt die Abbildung

$$(P,t) \longmapsto \left\{X(P,t),\ \theta(P,t)\right\} \quad \text{bzw.} \quad (P,t) \longmapsto \left\{C(P,t),\ \theta(P,t)\right\}$$

auch THERMOKINEMATISCHER (oder THERMODYNAMISCHER) PROZESS.
(COLEMAN: "Jeder beliebigen Bewegung und Temperaturverteilung entspricht eindeutig
ein zulässiger thermodynamischer Prozeß in $\mathfrak{B}$" [54, Bemerkung 1])

Die Lösung der Grundgleichungen der Thermodmechanik, die ein thermokinematischer
Prozeß auf diese Weise definiert, besitzt keine physikalische, sondern lediglich mathematische Bedeutung: Es ist im allgemeinen nicht möglich, die Felder $\underline{b}\,(P,t)$ bzw.
$r\,(P,t)$ zu erzeugen, die zur Aufrechterhaltung des vorgegebenen Bewegungs- und Tempe-
raturverlaufes $(X,\,\vartheta)$ nötig wären (vgl. Abschnitt 2.41).

2.3 Fading memory

Da in die Definitionsgleichungen eines thermodynamisch einfachen Materials die gesamte
vergangene Deformations- bzw. Temperaturgeschichte eingeht, steht man bei der Anwen-

dung der Gleichungen (2.4) bzw. (2.5) vor der prinzipiellen Schwierigkeit, daß grundsätzlich nur ein endlicher Teil dieser Geschichten bekannt sein kann. Hier ist eine einschränkende Annahme von großem Nutzen, die für sehr viele (wenn auch bei weitem nicht für alle) Materialien realistisch ist, die Annahme eines "schwindenden Gedächtnisses" (FADING MEMORY). Diese Annahme lautet:

Vergangene Deformations- und Temperaturereignisse beeinflussen den gegenwärtigen Spannungs- und Energiezustand eines materiellen Körpers um so weniger, je weiter sie zeitlich zurückliegen.

Mathematische Formulierungen dieser Annahme können in der Praxis dazu benutzt werden, aus der unendlichen Geschichte einen endlichen Teil so abzugrenzen, daß der übrige (unendliche) Teil der Geschichte (im Rahmen einer vorgegebenen Meßgenauigkeit) vernachlässigbar ist (s. [100]).

Die mathematische Formulierung der Annahme eines schwindenden thermomechanischen Gedächtnisses ist grundsätzlich gleichbedeutend mit einer Annahme über die Stetigkeit bzw. Differenzierbarkeit von Stoffunktionalen. Hierzu gibt es in der Literatur verschiedene Vorschläge (s. Einleitung); diese Darstellung folgt den Formulierungen von COLEMAN und NOLL [30, 31, 54].

2.31 Mathematische Formulierung einer FADING MEMORY - Annahme

Den Ausgangspunkt für die FADING MEMORY - Theorie von COLEMAN und NOLL [30] bildet die

Definition 2.3

Eine stetige Funktion

$$h \, (\cdot) : \mathbb{R}^+ \longrightarrow \mathbb{R}^+$$

mit der Eigenschaft

$$\lim_{s \to \infty} s^r \, h \, (s) \; = \; 0 \qquad\qquad \text{monoton für große } s \qquad\qquad (2.8)$$

heißt EINFLUSSFUNKTION der Ordnung r.
(vgl. [30, Gl. (2.5)] und [11, Gl. (38.5, 6)])

44

Für das Folgende wird angenommen:

$$r > \frac{1}{2} \qquad (2.9)$$

Mit dem Begriff der Einflußfunktion läßt sich ein Funktionenraum konstruieren, der physikalisch die Gesamtheit aller thermokinematischen Prozesse repräsentiert :

Sei $\mathcal{V}^n = \{\Gamma\}$ n – dimensionaler VEKTORRAUM mit SKALARPRODUKT und der NORM

$$|\Gamma| : = \sqrt{\Gamma \cdot \Gamma} \qquad ; \qquad (2.10)$$

sei ferner

$$\Gamma(\cdot) : \mathbb{R}^+ \longrightarrow \mathcal{V}^n$$
$$s \longmapsto \Gamma(s)$$

vektorwertige Funktion auf $\mathbb{R}^+$.

Dann bildet die Menge

$$\mathcal{H}_h : = \left\{ \Gamma(\cdot) \ \middle| \ \int_0^\infty |\Gamma(s)|^2 \, h^2(s) \, ds < \infty \right\} \qquad (2.11)$$

aller bezüglich der Einflußfunktion h quadratisch integrierbaren Funktionen, ausgestattet mit dem Skalarprodukt

$$\langle \Gamma_1(\cdot), \Gamma_2(\cdot) \rangle_h : = \int_{s=0}^\infty \Gamma_1(s) \cdot \Gamma_2(s) \, h^2(s) \, ds, \qquad (2.12)$$

einen HILBERTRAUM. Die entsprechende NORM ist gegeben durch

$$\| \Gamma(\cdot) \|_h : = \sqrt{\langle \Gamma(\cdot), \Gamma(\cdot) \rangle_h} = \left\{ \int_0^\infty |\Gamma(s)|^2 \, h^2(s) \, ds \right\}^{1/2} . \qquad (2.13)$$

Alle physikalisch interessanten Eigenschaften der Norm (2.13) enthält

Satz 2.2 (Retardierungstheorem von COLEMAN und NOLL)

Sei $\Gamma(\cdot) \in \mathcal{H}_h$, $\alpha \in \mathbb{R}^+$ mit $0 < \alpha < 1$,

h($\cdot$) Einflußfunktion der Ordnung r, n ganze Zahl mit

$$n < r - 1/2$$

sowie

$$\Gamma_{(\alpha)}(s) := \Gamma(\alpha s) \tag{2.14}$$

die VERLANGSAMUNG (Retardierung) von $\Gamma(\cdot)$ um α.

Dann gilt:

$$\lim_{\alpha \to 0} \frac{1}{\alpha^n} \left\| \Gamma_{(\alpha)}(s) - \sum_{k=0}^{n} \frac{s^k}{k!} \frac{d^k}{ds^k} \Gamma_{(\alpha)}(s) \Big|_{s=0} \right\|_h = 0 , \tag{2.15}$$

bzw.

$$\Gamma_{(\alpha)}(s) = \sum_{k=0}^{n} \frac{s^k}{k!} \Gamma_{(\alpha)}^{(k)}(0) + o(\alpha^n) \tag{2.16}$$

<u>Beweis:</u> [30]

Der Satz sagt aus, daß die aus $\Gamma(\cdot)$ gebildete Funktion $\Gamma_{(\alpha)}(\cdot)$ für hinreichend kleines $\alpha \in (0,1)$ beliebig genau durch ihre Taylorentwicklung approximiert werden kann, und zwar insofern, als das Restglied im Sinne der Norm $\|\cdot\|_h$ asymptotisch von der Größenordnung $o(\alpha^n)$ ist.

Für $n = 0$, d.h., $r > \frac{1}{2}$ folgt insbesondere

$$\lim_{\alpha \to 0} \| \Gamma_{(\alpha)}(\cdot) \|_h = 0$$

bzw.

$$\Gamma_{(\alpha)}(s) = o(1) ; \tag{2.17}$$

$n = 1$ und $r > \frac{3}{2}$ ergibt

$$\Gamma_{(\alpha)}(s) = \Gamma_{(\alpha)}(0) + s\frac{d}{ds}\Gamma_{(\alpha)}(s)\Big|_{s=0} + o(\alpha). \tag{2.18}$$

Die Materialgleichungen eines thermodynamisch einfachen Materials sind Abbildungen von der Form

$$\ell : \mathcal{H}_h \times \mathcal{V}^n \times \mathcal{V}^3 \longrightarrow \mathcal{V} \ (\,\hat{=}\, \mathbb{R}, \text{Sym}, \mathcal{V}^3\,)$$

$$[\Gamma(\cdot), \Lambda, \underline{v}] \longmapsto \ell[\Gamma(\cdot); \Lambda, \underline{v}] .$$

Im Fall der Stoffgleichungen (2.4) gilt $\mathcal{V}^n = \text{Lin} \times \mathbb{R}$ ($n = 10$); den Gleichungen (2.5) entspricht $\mathcal{V}^n = \text{Sym} \times \mathbb{R}$ ($n = 7$).

Durch die folgende Definition wird mathematisch präzisiert, was innerhalb dieser Arbeit unter einem " nachlassenden Materialgedächtnis " verstanden werden soll:

Definition 2.4

Die Abbildung

$$f: \quad \mathcal{H}_h \times \mathcal{V}^n \times \mathcal{V}^3 \longrightarrow \mathbb{R}$$
$$[\Gamma(\cdot), \Lambda, \underline{v}] \longmapsto f[\Gamma(\cdot); \Lambda, \underline{v}]$$

erfüllt die FADING MEMORY – Annahme, wenn sie die folgenden Eigenschaften besitzt:

(1) f ist nach allen Variablen FRÉCHET – differenzierbar: Für $\Omega(\cdot) \in \mathcal{H}_h$, $\Sigma \in \mathcal{V}^n$ und $\underline{w} \in \mathcal{V}^3$ gilt

$$f[\Gamma(\cdot) + \Omega(\cdot); \Lambda, \underline{v}] = f[\Gamma(\cdot); \Lambda, \underline{v}] +$$
$$+ d_\Gamma f[\Gamma(); \Lambda, \underline{v} | \Omega(\cdot)] + o(\|\Omega(\cdot)\|_h) , \qquad (2.19)$$

$$f[\Gamma(\cdot); \Lambda+\Sigma, \underline{v}] = f[\Gamma(\cdot); \Lambda, \underline{v}] +$$
$$+ \partial_\Lambda f[\Gamma(\cdot); \Lambda, \underline{v}] \cdot \Sigma + o(|\Sigma|) \qquad (2.20)$$

sowie

$$f[\Gamma(\cdot); \Lambda, \underline{v} + \underline{w}] = f[\Gamma(\cdot); \Lambda, \underline{v}] +$$
$$+ \partial_{\underline{v}} f[\Gamma(\cdot); \Lambda, \underline{v}] \cdot \underline{w} + o(|\underline{w}|) \qquad (2.21)$$

Das Funktional $d_\Gamma f$ in Gl. (2.19) ist LINEAR und BESCHRÄNKT in $\Omega(\cdot)$ ($\Longleftrightarrow$ linear und stetig in $\Omega(\cdot)$).

(2) Die Abbildungen

$$d_\Gamma f: \quad \mathcal{H}_h \times \mathcal{V}^n \times \mathcal{V}^3 \longrightarrow \operatorname{Lin}(\mathcal{H}_h, \mathbb{R})$$
$$[\Gamma(\cdot), \Lambda, \underline{v}] \longmapsto d_\Gamma f[\Gamma(\cdot); \Lambda, \underline{v} | \circ] ,$$

$$\partial_\Lambda f: \quad \mathcal{H}_h \times \mathcal{V}^n \times \mathcal{V}^3 \longrightarrow \operatorname{Lin}(\mathcal{V}^n)$$
$$[\Gamma(\cdot), \Lambda, \underline{v}] \longmapsto \partial_\Lambda f[\Gamma(\cdot); \Lambda, \underline{v}] ,$$

$$\partial_{\underline{v}} f: \quad \mathcal{H}_h \times \mathcal{V}^n \times \mathcal{V}^3 \longrightarrow \mathcal{V}^3$$

$$[\Gamma(\cdot), \Lambda, \underline{v}] \longmapsto \partial_{\underline{v}} f[\Gamma(\cdot); \Lambda, \underline{v}]$$

sind STETIG in allen Variablen.

Bei der praktischen Berechnung der FRÉCHET – Differentiale ist es in den meisten Fällen zweckmäßig, von den GATEAUX – Differentialen auszugehen: Unter hinreichenden Stetigkeitsvoraussetzungen (die in [101, Kapitel VIII] niedergelegt sind) sind die beiden Differentiale identisch, und man hat die folgenden Berechnungsvorschriften:

$$d_\Gamma f[\Gamma(\cdot); \Lambda, \underline{v} \mid \Omega(\cdot)] = \frac{d}{d\nu} f[\Gamma(\cdot) + \nu\Omega(\cdot); \Lambda, \underline{v}]\Big|_{\nu=0} \tag{2.22}$$

$$\partial_\Lambda f[\Gamma(\cdot); \Lambda, \underline{v}] \cdot \Sigma = \frac{d}{d\nu} f[\Gamma(\cdot); \Lambda + \nu\Sigma, \underline{v}]\Big|_{\nu=0} \tag{2.23}$$

$$\partial_{\underline{v}} f[\Gamma(\cdot); \Lambda, \underline{v}] \cdot \underline{w} = \frac{d}{d\nu} f[\Gamma(\cdot); \Lambda, \underline{v} + \nu\underline{w}]\Big|_{\nu=0} \tag{2.24}$$

Eine weitere Folgerung aus der Definition 2.4 ist die KETTENREGEL:

Sei
$$\Gamma^t : \quad \mathbb{R} \longrightarrow \mathcal{H}_h$$
$$t \longmapsto \Gamma^t(\cdot)$$

eine einparametrige Schar von vektorwertigen Funktionen sowie $\Gamma^t(\cdot)$ differenzierbar nach t.

Die Funktionen $t \mapsto \Lambda(t)$ und $t \mapsto \underline{v}(t)$ seien ebenfalls nach t differenzierbar. Dann ist, falls f die FADING MEMORY – Annahme erfüllt, die Funktion

$$\bar{f} : \mathbb{R} \longrightarrow \mathbb{R}$$
$$t \longmapsto \bar{f}(t) := f[\Gamma^t(\cdot); \Lambda(t), \underline{v}(t)]$$

nach t differenzierbar, und es gilt

$$\dot{\bar{f}}(t) = \frac{d}{dt} f[\Gamma^t(\cdot); \Lambda(t), \underline{v}(t)]$$

$$= d_\Gamma f[\Gamma^t(\cdot); \Lambda(t), \underline{v}(t) \mid \frac{d}{dt}\Gamma^t(\cdot)] +$$

$$+ \partial_\Lambda f[\Gamma^t(\cdot); \Lambda(t), \underline{v}(t)] \cdot \dot{\Lambda}(t) +$$

$$+ \partial_{\underline{v}} f[\Gamma^t(\cdot); \Lambda(t), \underline{v}(t)] \cdot \dot{\underline{v}}(t). \tag{2.25}$$

Bemerkung:

Die Stetigkeitsannahmen, die im Teil 2 der Definition 2.4 gemacht werden, sind für die
Gültigkeit der Kettenregel nicht notwendig; sie werden jedoch bei der Auswertung der
CLAUSIUS - DUHEM - Ungleichung benötigt, und zwar beim Beweis des Satzes 2.3
und der Folgerungen (3), (5) und (7) aus diesem Satz (s. Abschnitt 2.4 bzw. [54]).

2.32 Physikalische Interpretation

Zur Physikalischen Interpretation der FADING MEMORY - Annahme sind die Vektoren
Λ bzw. $\underline{v}$ mit dem gegenwärtigen Verzerrungs- und Temperaturzustand bzw. mit dem
(materiellen) Temperaturgradienten zu identifizieren; der Funktion $\Gamma^t(\cdot)$ entspricht die
Verzerrungs- und Temperaturgeschichte :

$$\left.\begin{aligned}
\Lambda(t) :&= \left\{ C(P,t),\ \theta(P,t) \right\} \\
\underline{v}\ (t) :&=\ \underline{g}_R\ (P,t) \\
\Gamma^t(\bullet) :&= \left\{ C_d^t(P,\ ),\ \vartheta_d^t(P,\cdot) \right\}
\end{aligned}\right\} \qquad (2.26)$$

(s. Definition 2.1)

Das Argument P wird in den folgenden Gleichungen unterdrückt: alle Betrachtungen
sind lokal; sie beziehen sich auf einen beliebigen, festen materiellen Punkt $P \in \mathcal{B}$.
Gleichung (2.13) geht dann über in

$$\|\ \Gamma^t\ (\cdot)\ \|_h = \left\{ \int_{s=0}^{\infty} [\ |C_d^t\ (s)|^2 + |\theta_d^t(s)|^2\ ]\, h^2\ (s)\, d\,s \right\}^{1/2}. \qquad (2.27)$$

Die Norm (2.27) bewertet die einzelnen Teile der Prozeßgeschichte mit dem
"Gewichtsfaktor" $h\,(s)$, der per definitionem um so kleiner ist, je weiter die einzelnen
Deformations- und Temperaturereignisse zeitlich zurückliegen. Zwei Prozeßgeschichten
mit annähernd gleicher Norm müssen damit für hinreichend kleine s näherungsweise
übereinstimmen, während sie sich für hinreichend große s beliebig unterscheiden können.

Die durch Gleichung (2.14) definierte Prozeßgeschichte $\Gamma_{(\alpha)}^t(\cdot) = \left\{ C_{d(\alpha)}^t(\cdot),\ \theta_{d(\alpha)}^t(\cdot) \right\}$
stellt physikalisch eine Verzerrungs- und Temperaturgeschichte dar, die (um den Faktor α)
langsamer abläuft als die gegebene Prozeßgeschichte $\Gamma^t(\cdot)$.

Der Satz 2.2 sagt aus, daß für hinreichend langsam verlaufende Prozesse die gesamte Geschichte näherungsweise durch die gegenwärtigen Zeitableitungen der Verzerrung und Temperatur ersetzt werden kann, wobei die Näherung im Sinne der Norm (2.27) zu verstehen ist. Gleichung (2.17) liefert insbesondere die folgende Aussage:

Die Norm (2.27) ist beliebig klein, sofern die Verzerrungen und Temperaturänderungen im Verlauf des gesamten thermokinematischen Prozesses entweder hinreichend klein sind oder, sofern der Prozeß hinreichend langsam abläuft.

Die Differenzierbarkeitsannahme (2.19) bedeutet physikalisch, daß das Funktional f (bzw. eine Materialgleichung) durch ein lineares Funktional approximiert werden kann, und daß diese Approximation für hinreichend kleine oder langsame Bewegungs- und Temperaturgeschichten beliebig genau ist. (Entsprechende Aussagen gelten innerhalb der mechanischen Theorie der einfachen Stoffe [11, 31, 8].)

Zur konkreten Anwendung der Definition 2.4 auf thermodynamisch einfache Stoffe wird die Abbildung f mit dem Funktional ψ der Freien Energie identifiziert.
Die Kettenregel (2.25) erhält man dann mit (2.5)$_4$ in der Form

$$\dot{\psi}(t) = \frac{d}{dt}\,\psi[\,C_d^t(\cdot),\,\theta_d^t(\cdot);\,C(t),\,\theta(t),\,\underline{g}_R(t)\,]$$

$$= \partial_C\psi[\,C_d^t(\cdot),\,\theta_d^t(\cdot);\,C(t),\,\theta(t),\,\underline{g}_R(t)\,]\cdot\dot{C}(t)$$

$$+\,\partial_\theta\psi[\text{———————} \quad '' \quad \text{——————}]\,\dot{\theta}(t)$$

$$+\,\partial_{\underline{g}_R}\psi[\text{———————} \quad '' \quad \text{——————}]\cdot\dot{\underline{g}}_R(t)$$

$$+\,d_{C_d^t}\psi[\text{———————} \quad '' \quad \text{——————}\,|\,\dot{C}_d^t(\cdot)\,]$$

$$+\,d_{C_d^t}\psi[\text{———————} \quad '' \quad \text{——————}\,|\,\dot{\theta}_d^t(\cdot)\,].$$

Mit

$$\dot{C}_d^t(s) = \frac{d}{dt}\,[\,C(t-s)-C(t)\,]$$

$$= -\frac{d}{ds}\,C(t-s)-\dot{C}(t)$$

$$= -\frac{d}{ds}\,C_d^t(s)-\dot{C}(t)$$

und

$$\dot{\theta}_d^t(s) = -\frac{d}{ds}\,\theta_d^t(s)-\dot{\theta}(t)$$

wird daraus

$$\dot{\psi}(t) = D_C \psi \cdot \dot{C} + D_\theta \psi \cdot \dot{\theta} + \partial_{\underline{g}_R} \psi \cdot \dot{\underline{g}}_R -$$
$$- d_{C_d^t} \psi [\cdots | \frac{d}{ds} C_d^t(s)] - d_{\theta_d^t} \psi [\cdots | \frac{d}{ds} \theta_d^t(s)] \qquad (2.28)$$

Die Funktionale $D_C \psi$ und $D_\theta \psi$ sind gegeben durch die folgenden Identitäten, die für alle $S \in$ Sym und alle $a \in \mathbb{R}$ gelten:

$$D_C \psi [C_d^t(\cdot), \theta_d^t(\cdot); C, \theta, \underline{g}_R] \cdot S \quad =$$
$$= \frac{d}{d\nu} \psi [C_d^t(\cdot) - \nu S \underline{1}(\cdot), \theta_d^t(\cdot); C + \nu S, \theta, \underline{g}_R]\Big|_{\nu=0} \qquad (2.29)$$

$$D_\theta \psi [C_d^t(\cdot), \theta_d^t(\cdot); C, \theta, \underline{g}_R] a \quad =$$
$$= \frac{d}{d\nu} \psi [C_d^t(\cdot), \theta_d^t(\cdot) - \nu a 1(\cdot); \quad C, \theta + \nu a, \underline{g}_R]\Big|_{\nu=0} \qquad (2.30)$$

Die Operatoren D_C und D_θ lassen sich physikalisch als Ableitung des Energie-funktionals nach dem gegenwärtigen Verzerrungs- bzw. Temperaturzustand interpretieren.

Zur Berechnung der Funktionale $d_{C_d^t} \psi$ bzw. $d_{\theta_d^t} \psi$ ist Gleichung (2.22) sinngemäß anzuwenden.

Gleichung (2.28) ist bei der Auswertung des Dissipationspostulates von entscheidender Bedeutung.

2.4 Auswertung der CLAUSIUS - DUHEM - Ungleichung

2.41 Der Satz von COLEMAN

Das Dissipationspostulat in der hier verwendeten Form fordert, daß jede denkbare Lösung der Feldgleichungen (2.6,7) der CLAUSIUS - DUHEM- Ungleichung (1.78) genügen muß. Diese Forderung bewirkt, daß zwischen den Stoffunktionalen (2.5) (oder (2.4)) gewisse Relationen bestehen müssen. Diese Relationen sind in allgemeiner Form zuerst von COLEMAN [54] angegeben worden.

Zur Herleitung dieser Beziehungen ist Gleichung (2.28) in (1.78) einzusetzen.

Man erhält:

$$[- D_c \psi + \frac{1}{2\rho_R} \tilde{T}] \cdot \dot{C} - [D_\theta \psi + \eta] \dot{\theta}$$

$$+ d_{C_d^t} \psi [\cdots | \frac{d}{ds} C_d^t(s)] + d_{\theta_d^t} \psi [\cdots | \frac{d}{ds} \theta_d^t(s)] -$$

$$-\partial_{\underline{g}_R} \psi \cdot \underline{\dot{g}}_R - \frac{1}{\rho_R \theta} \underline{q} \cdot \underline{g}_R \qquad \geq \qquad 0 \qquad\qquad (2.31)$$

Daraus folgt

Satz 2.3   (COLEMAN)

Das Energiefunktional $(2.5)_1$ erfülle die FADING MEMORY - Annahme im Sinne von Definition 2.4. Dann ist die CLAUSIUS - DUHEM - Ungleichung in der Form (2.31) für alle Verzerrungs- und Temperaturgeschichten genau dann erfüllt, wenn die folgenden Beziehungen gelten:

(1) $\partial_{\underline{g}_R} \psi = \underline{0}$, d. h.

$$\psi = \psi[C_d^t(\cdot), \theta_d^t(\cdot); C, \theta] \qquad\qquad (2.32)$$

(Die Freie Energie hängt nicht vom Temperaturgradienten ab.)

(2) $\dfrac{1}{2\rho_R} \tilde{T} = D_C \psi[C_d^t(\cdot), \theta_d^t(\cdot); C, \theta] \qquad\qquad (2.33)$

(Verallgemeinerte Spannungsbeziehung)

(3) $\eta = - D_\theta \psi[C_d^t(\cdot), \theta_d^t(\cdot); C, \theta] \qquad\qquad (2.34)$

(Verallgemeinerte Entropiebeziehung)

(4) $\dfrac{1}{\rho_R \theta} \underline{q}[C_d^t(\cdot), \theta_d^t(\cdot); C, \theta, \underline{g}_R] \cdot \underline{g}_R \leq \delta \qquad\qquad (2.35)$

(Wärmeleitungsungleichung)

Der Skalar

$$\delta \ := \ d_{C_d^t}\,\psi[\,C_d^t\,(\cdot),\ \theta_d^t\,(\cdot);\ C,\ \theta\,\Big|\,\tfrac{d}{ds}\,C_d^t\,(\cdot)\,] \quad +$$

$$+ \ d_{\theta_d^t}\,\psi[\,C_d^t\,(\cdot),\ \theta_d^t\,(\cdot);\ C,\ \theta\,\Big|\,\tfrac{d}{ds}\,\theta_d^t\,(\cdot)\,] \tag{2.36}$$

heißt DISSIPATIONSLEISTUNG, und es gilt

$$(5) \qquad\qquad\qquad \delta \ \geq \ 0 \tag{2.37}$$

(Innere Dissipationsungleichung).

Ein thermodynamisch einfacher Stoff mit schwindendem Gedächtnis wird demnach durch genau zwei Funktionale (ψ,η) vollständig gekennzeichnet.

Zum BEWEIS des Satzes 2.3 sei auf die Arbeit [54] von COLEMAN verwiesen; die Beweisidee besteht aus dem Nachweis, daß jede thermokinematische Prozeßgeschichte $\Gamma(\,) \in \mathcal{H}_h$ (bezüglich der Norm (2.27)) beliebig genau durch eine Prozeßgeschichte approximierbar ist, bei der die gegenwärtigen Zeitableitungen $\dot{C}(t)$, $\dot{\theta}(t)$, $\dot{\underline{g}}_R(t)$ in beliebiger Weise vorgegeben werden können; ferner werden die im Teil (2) der Definition 2.4 getroffenen Stetigkeitsannahmen ausgenutzt.

Der Beweis basiert ferner auf der Tatsache, daß durch jeden Bewegungs- und Temperaturverlauf mit geeigneten Feldern $\underline{b}(P,t)$ und $r(P,t)$ formal eine Lösung der Gleichungen (2.6,7) definiert wird. Allerdings besitzen diese Lösungen keine physikalische Bedeutung, da weder die Volumenkraft $\underline{b}$ noch die Wärmezufuhr r wirklich erzeugt werden kann (vgl. die Bemerkung im Anschluß an Gl. (2.7)). Die Lösungsmenge, für die die Gültigkeit der CLAUSIUS - DUHEM - Ungleichung gefordert wird, ist also, physikalisch gesehen, zu groß.

PHYSIKALISCH einleuchtender wäre es, die Gültigkeit des Zweiten Hauptsatzes nur für diejenigen Bewegungen und Temperaturfelder zu fordern, die in der Natur vorkommen können; mathematisch heißt das: Es genügt, wenn man die Gültigkeit der CLAUSIUS -

DUHEM - Ungleichung nur für die Lösungen der Anfangs-Randwertaufgaben sicherstellt,
die sich aus den Feldgleichungen (2.6,7) bei fest vorgegebener Volumenkraft und Wärmezufuhr (z.B. $\underline{b}$ = konst. und r = 0) ergeben. Dieser Weg ist von I. MÜLLER
verfolgt worden, allerdings nur für spezielle Stoffklassen [59,60]: Man benötigt dazu
für die Lösungen der resultierenden Gleichungssysteme eine mathematische Theorie, die
allgemeine Aussagen in bezug auf die Abängigkeit dieser Lösungen von Anfangs- bzw.
Randbedingungen enthält. Für Funktionalgleichungen der sehr allgemeinen Form (2.6,7)
ist eine derartige Theorie bisher nicht bekannt.

Unter diesem Gesichtspunkt kann man dann lediglich sagen, daß die Beziehungen
(2.32 - 37) zur identischen Erfüllung der CLAUSIUS - DUHEM - Ungleichung hinreichend, jedoch nicht unbedingt notwendig sind.
Im Hinblick auf praktische Anwendungen mag diese wesentlich schwächere Aussage genügen, die immerhin die Möglichkeit sicherstellt, relativ allgemeine Stoffgleichungen
zu konstruieren, die jedenfalls mit dem Zweiten Hauptsatz verträglich sind.

Festzuhalten ist jedoch, daß die Relationen (2.32 - 37) eventuell durchaus nicht die
einzige Möglichkeit einer Garantie der CLAUSIUS-DUHEM - Ungleichung sein können.

2.42 Folgerungen aus dem Satz von COLEMAN

Der COLEMAN sche Satz gestattet eine Reihe interessanter Folgerungen, die in diesem
Abschnitt zusammengestellt werden sollen (s. [54]).

(1) Verallgemeinerte GIBBS - Beziehung

Für die zeitliche Ableitung der Freien Energie erhält man aus (2.28) mit
(2.32 - 34) und (2.36)

$$\dot{\psi} \;=\; \frac{1}{2\rho_R}\, \tilde{T} \cdot \dot{C} \;-\; \eta\dot{\theta} \;-\; \delta\;, \tag{2.38}$$

bzw., mit (2.37)

$$\dot{\psi} \;\leq\; \frac{1}{2\rho_R}\, \dot{\tilde{T}} \cdot \dot{C} \;-\; \eta\dot{\theta}\;. \tag{2.39}$$

(2) Verallgemeinerte Wärmeleitungsgleichung

Der Erste Hauptsatz (1.72) lautet mit (1.36)

$$\dot{\psi} + \theta\dot{\eta} + \dot{\theta}\eta = \frac{1}{2\rho_R}\tilde{T}\cdot\dot{C} + r - \frac{1}{\rho_R}\,\text{Div}\,\underline{q}_R \ .$$

Diese Gleichung geht mit (2.38) über in

$$\theta\dot{\eta} = r - \frac{1}{\rho_R}\,\text{Div}\,\underline{q}_R + \delta \ , \tag{2.40}$$

bzw.

$$\theta\dot{\eta} \geq r - \frac{1}{\rho_R}\,\text{Div}\,\underline{q}_R \ . \tag{2.41}$$

(3) Statische Fortsetzung; Relaxationssatz

Sei $t \longmapsto \Lambda(t) = \{C(t), \theta(t)\}$ thermokinematischer Prozeß und

$s \longmapsto \Lambda_d^t(s) = \{C_d^t(s), \theta_d^t(s)\}$ Prozeßgeschichte.

Dann heißt die Funktion

$$\Lambda^{t+\tau}(s) := \begin{cases} \Lambda(t) & \text{für } 0 \leq s \leq \tau \\ \\ \Lambda(t-(s+\tau)) & \text{für } \tau \leq s < \infty \end{cases}$$

bzw.

$$\Lambda_d^{t+\tau}(s) := \begin{cases} 0 & \text{für } 0 \leq s \leq \tau \\ \\ \Lambda_d^t(s-\tau) & \text{für } \tau \leq s < \infty \end{cases} \tag{2.42}$$

ISOTHERME STATISCHE FORTSETZUNG von seit τ . (Jedem gegebenen Prozeß wird ein neuer Prozeß zugeordnet, in dem während der Zeitspanne t bis $t + \tau$ der Verzerrungs- und Temperaturzustand zeitlich konstant ist; vgl. Bild 2.1.)

Durch hinreichend lange andauernde statische Fortsetzungen kann deren Norm beliebig klein gemacht werden; es gilt [54, Bemerkung 8]:

$$\lim_{\tau \to \infty} \Lambda_d^{t+\tau}(\cdot) = 0\,(\cdot)$$

Sei ferner

$$\psi^{(\tau)} := \mathscr{y}[C_d^{t+\tau}(\cdot), \theta_d^{t+\tau}(\cdot); C, \theta] \tag{2.43}$$

und entsprechend $\tilde{T}^{(\tau)}$, $\eta^{(\tau)}$

Λ
$\Lambda(t)$
0
τ
t
$\Lambda^{t+\tau}(s)$
Λ
s
τ
0
$\Lambda_d^{t+\tau}(s)$
Λ
s
τ
0

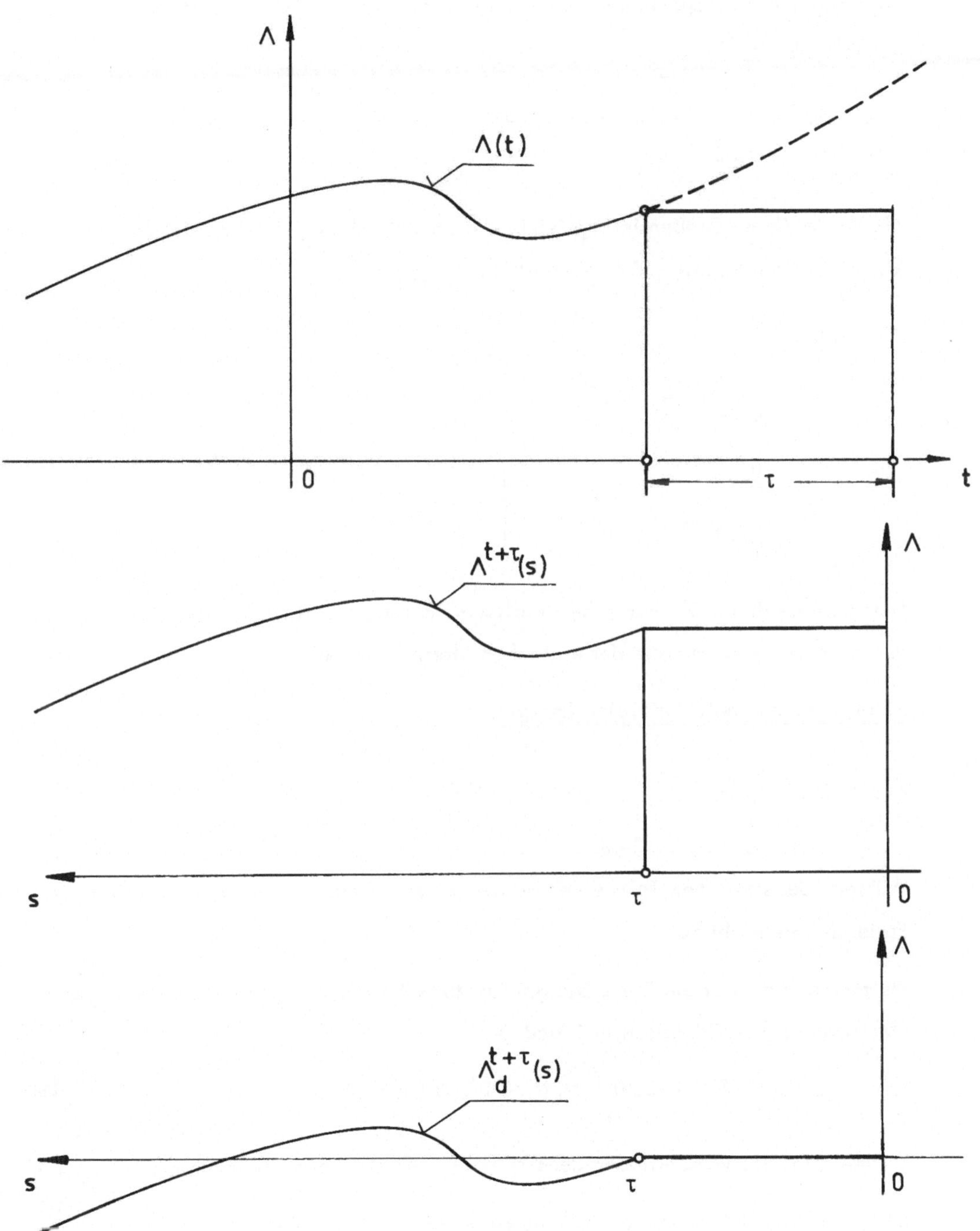

Bild 2.1

die Freie Energie, Spannung und Entropie infolge der isothermen statischen Fortsetzung sowie

$$\psi^{(\infty)} := \mathcal{Y}[\,0\,(\cdot),\,0\,(\cdot);\,C,\,\theta\,] \tag{2.44}$$

(entsprechend: $\tilde{T}^{(\infty)}$, $\eta^{(\infty)}$)

die Werte dieser Größen infolge eines zeitunabhängigen ("statischen") thermo-kinematischen Prozesses $\Lambda(t) = $ konst. bzw. $\Lambda_d^t(s) = 0$.

Dann gilt

$$\left.\begin{aligned} \lim_{\tau \to \infty} \psi^{(\tau)} &= \psi^{(\infty)} \\[2mm] \lim_{\tau \to \infty} \eta^{(\tau)} &= \eta^{(\infty)} \\[2mm] \lim_{\tau \to \infty} \tilde{T}^{(\tau)} &= \tilde{T}^{(\infty)} \end{aligned}\right\} \tag{2.45}$$

Dies ist eine thermomechanische Verallgemeinerung des RELAXATIONSSATZES aus der mechanischen Theorie der einfachen Stoffe [11, Sect. 39].

(4) <u>Minimumeigenschaft der Freien Energie</u>

Aus (2.39) folgt mit $\dot{C} = 0$ und $\dot{\theta} = 0$

$$\dot{\psi} \leq 0 \text{ , das heißt:}$$

Während des statischen Teils einer isothermen statischen Fortsetzung nimmt die Freie Energie nicht zu.

Insbesondere besitzt die Freie Energie für statische Prozesse jeweils ein relatives Minimum; es gilt, identisch in C und θ

$$\mathcal{Y}[\,C_d^t(\cdot),\,\theta_d^t(\cdot);\,C,\,\theta\,] \geq \mathcal{Y}[\,0\,(\cdot),\,0\,(\cdot);\,C,\,\theta\,] \tag{2.46}$$

Daraus folgt das Verschwinden der FRÉCHET - Ableitungen im "Punkte"

$0\,(\cdot) \in \mathcal{H}_h$; für beliebige Funktionen $s \mapsto A(s) \in$ Sym bzw.

$s \mapsto a(s) \in \mathbb{R}$ gilt (identisch in C und θ):

$$\begin{aligned} d_{C_d^t}\, \mathcal{Y}[\,0\,(\cdot),\,0\,(\cdot);\,C,\,\theta\,|\,A\,(\cdot)\,] &= 0 \\[2mm] d_{\theta_d^t}\, \mathcal{Y}[\,0\,(\cdot),\,0\,(\cdot);\,C,\,\theta\,|\,a\,(\cdot)\,] &= 0 \end{aligned} \tag{2.47}$$

(5) Thermoelastizität

Unter Berücksichtigung der Stetigkeitseigenschaften des Energiefunktionals (s. Definition 2.4, Teil (2)) folgt aus (2.33,34) mit (2.45)

$$\frac{1}{2\rho_R} \tilde{T}^{(\infty)} = \partial_C \psi^{(\infty)}(C, \theta)$$
$$\eta^{(\infty)} = -\partial_\theta \psi^{(\infty)}(C, \theta),$$

$$(2.48)$$

das heißt: Ein thermodynamisch einfaches Material verhält sich bei statischen thermokinematischen Prozessen wie ein thermoelastisches Material.

(6) Integrierte Dissipationsungleichung

Integration der Ungleichung (2.39) von t_0 bis t_1 liefert:

$$\psi(t_1) - \psi(t_0) \leq \int_{t_0}^{t_1} [\frac{1}{2\rho_R} \tilde{T} \cdot \dot{C} - \eta \dot{\theta}] \, dt$$

$$(2.49)$$

Es sei nun der folgende thermokinematische Prozeß gegeben:

$$\Lambda(t) := \begin{cases} \Lambda_0 & \text{für } t \leq t_1 \\ \text{beliebig} & \text{für } t_1 < t < t_2 \\ \Lambda_0 & \text{für } t = t_2 \end{cases}$$

$$(2.50)$$

Aus der Minimumeigenschaft (2.46) der Freien Energie folgt dann

$$\psi(t_0) \leq \psi(t_1),$$

und (2.49) liefert

$$\int_{t_0}^{t_1} [\frac{1}{2\rho_R} \tilde{T} \cdot \dot{C} - \eta\dot{\theta}] \, dt \geq 0 .$$

$$(2.51)$$

Für $\dot{\theta}(t) = 0$ erhält man insbesondere

$$\int_{t_0}^{t_1} \frac{1}{2\rho_R} \tilde{T} \cdot \dot{C} \, dt \geq 0 ,$$

$$(2.52)$$

das heißt physikalisch :

Bei einem geschlossenen isothermen Deformationsprozeß, der von einem "Gleichgewichtszustand" ausgeht, ist das Zeitintegral über die Spannungsleistung nicht negativ.

(7)   Langsame Prozesse

Sei $\Lambda_d^t(\cdot) = \left\{ C_d^t(\cdot),\, \theta_d^t(\cdot) \right\}$ eine beliebige thermokinematische Prozeßgeschichte

und

$\Lambda_{d(\alpha)}^t(\cdot) = \left\{ C_{d(\alpha)}^t(\cdot),\, \theta_{d(\alpha)}^t(\cdot) \right\}$ die entsprechende um α verlangsamte

Prozeßgeschichte.

$(\Lambda_{d(\alpha)}^t(s) := \Lambda_{d(\alpha)}^t(\alpha s)\,,\quad \alpha \in (0\,,1)\,,\ s.\ (2.14)\ )$

Sei ferner $\psi_{(\alpha)}\,,\ \eta_{(\alpha)}\,,\ \tilde{T}_{(\alpha)}$ und $\delta_{(\alpha)}$ die Freie Energie, Entropie, Spannung und Dissipation infolge der verlangsamten Prozeßgeschichte. Dann kann man mit Satz 2.2 die folgenden asymptotischen Beziehungen beweisen:

$$\left.\begin{aligned}
\psi_{(\alpha)} &= \psi^{(\infty)} + o(1) \\[4pt]
\eta_{(\alpha)} &= \eta^{(\infty)} + o(1) \\[4pt]
\tilde{T}_{(\alpha)} &= \tilde{T}^{(\infty)} + o(1) \\[4pt]
\delta_{(\alpha)} &= o(\alpha) \\[4pt]
\dot{\psi}_{(\alpha)} &= \frac{1}{2\rho_R}\, \tilde{T}^{(\infty)} \cdot \dot{C}_{(\alpha)} - \eta^{(\infty)} \dot{\theta}_{(\alpha)} + o(\alpha)
\end{aligned}\right\} \qquad (2.53)$$

Das heißt (vgl. (2.48)): Bei hinreichend langsam ablaufenden thermokinematischen Prozessen gelten die Relationen der Gleichgewichtsthermodynamik ASYMPTOTISCH für beliebige thermodynamisch einfache Stoffe mit schwindendem Gedächtnis.

(8)   Elastischer Anteil und Gedächtnisanteil

Das Energiefunktional (2.32) läßt sich (eindeutig) zerlegen in einen ELASTISCHEN ANTEIL φ, der eine Funktion des gegenwärtigen Verzerrungs- und Temperaturzustandes ist, und einen GEDÄCHTNISANTEIL $\wp$, der von der gesamten Verzerrungs- und Temperaturgeschichte abhängt, und der den gegenwärtigen Verzerrungs- und Temperaturzustand als Parameter enthält:

$$\psi(t) = \varphi[\,C(t),\,\vartheta(t)\,] + \wp[\,C_d^t(\cdot),\,\theta_d^t(\cdot),\,C(t),\,\theta(t)\,] \qquad (2.54)$$

Für den Gedächtnisanteil $\wp$ gilt dann (identisch in $\Lambda = \left\{C,\theta\right\} \in \mathcal{V}^7$ und $\Lambda_d^t(\cdot) \in \mathcal{H}_h$):

$$\wp[\,0(\cdot),\,0(\cdot);\,C,\theta\,] = 0 \qquad (2.55)$$

$$\wp[\,C_d^t(\cdot),\,\theta_d^t(\cdot);\,C,\theta\,] \geq 0 \qquad (2.56)$$

sowie (für alle $\{A(\cdot), a(\cdot)\} \in \mathcal{H}_h$) :

$$d_{C_d^t}\, \wp[\,0(\cdot), 0(\cdot); C, \theta \,|\, A(\cdot)\,] \quad + $$
$$d_{\theta_d^t}\, \wp[\,0(\cdot), 0(\cdot); C, \theta \,|\, a(\cdot)\,] \;=\; 0 \qquad (2.57)$$

$$d_{C_d^t}\, \wp[\, C_d^t(\cdot), \theta_d^t(\cdot); C, \theta \,\Big|\, \frac{d}{ds}\, C_d^t(\cdot)\,] \quad + $$
$$+ \; d_{\theta_d^t}\, \wp[\, C_d^t(\cdot), \theta_d^t(\cdot); C, \theta \,\Big|\, \frac{d}{ds}\, \theta_d^t(\cdot)\,] \;\geq\; 0 \quad . \qquad (2.58)$$

Die Materialgleichungen für den Spannungstensor bzw. die Entropie lauten damit

$$\frac{1}{2\rho_R}\, \tilde{T} \;=\; \partial_C \varphi(C, \theta) + D_C\, \wp[\, C_d^t(\cdot), \theta_d^t(\cdot), C, \theta\,] \qquad (2.59)$$

bzw.

$$\eta \;=\; -\partial_\theta \varphi(C, \theta) - D_\theta\, \wp[\,C_d^t(\cdot), \theta_d^t(\cdot), C, \theta\,] \quad . \qquad (2.60)$$

Die Gleichungen (2.55 – 60) bilden eine Ausgangsbasis für eine systematische Konstruktion spezieller thermomechanisch konsistenter Materialgleichungen (s. Kapitel 4 – 6).

(9) <u>Nichtexistenz eines piezo – kalorischen Effektes</u>

Aus (2.35) folgt für zeitlich konstante thermokinematische Prozesse

$$\underline{q}_R^{(\infty)} \cdot \underline{g}_R \;:=\; \underline{q}[\,0(\cdot), 0(\cdot); C, \theta, \underline{g}_R\,] \cdot \underline{g}_R \;\leq\; 0\,, \qquad (2.61)$$

das heißt: Bei statischen Prozessen bildet der Wärmeflußvektor mit dem Temperaturgradienten einen stumpfen Winkel ("Wärmefluß in Richtung fallender Temperatur").

Aus (2.61) folgt

$$\underline{q}[\,0(\cdot), 0(\cdot); C, \theta, \underline{0}\,] = \underline{0}\,, \qquad (2.62)$$

das heißt: Bei räumlich konstanter Temperatur kann sich als Folge eines zeitunabhängigen Prozesses kein Wärmefluß einstellen. ("Es gibt keinen PIEZO-CALORISCHEN EFFEKT.)

Die Folgerungen (2.61, 62) lassen sich aus (2.35) für zeitabhängige Prozesse nicht ziehen.

Falls jedoch $-\underline{1}$ Element der Isotropiegruppe des Wärmeflußvektor - Funktionals
ist, ist der Wärmeflußvektor eine ungerade Funktion des Temperaturgradienten
[54, Bemerkung 38] :

$$q[\cdots,\ -\underline{g}_R] = -q[\cdots,\ \underline{g}_R] \tag{2.63}$$

[s. Gleichung (2.67)$_4$].

Aus (2.63) folgt für alle thermokinematischen Prozesse

$$q[\ C_d^t\ (\cdot),\theta_d^t(\cdot);\ C,\theta,\underline{0}\ ] = \underline{0} \tag{2.64}$$

2.5 Materielle Symmetrieeigenschaften (Isotropie)

Der Deformationsgradient hängt nach Gleichung (1.11) von der Bezugskonfiguration ab;
daraus folgt, daß die mathematische Form einer Stoffgleichung ebenfalls von der Wahl der
Bezugskonfiguration abhängt.

Von physikalischem Interesse ist die Frage, für welche Bezugskonfigurationen die Form der
Materialgleichungen dieselbe ist. Es ist in der Literatur üblich, dabei nur Konfigurationen
mit derselben Massendichte in Betracht zu ziehen; dies erscheint auch physikalisch plau-
sibel (vgl. GURTIN und WILLIAMS [102]).

Die mathematische Formulierung dieser Vorstellung läuft darauf hinaus, daß man die Menge
der unimodularen Transformationen untersucht, gegenüber denen eine gegebene Materialgleichung invariant ist. Diese Menge bildet eine Gruppe, die sogenannte Isotropiegruppe.

Definition 2.5

Sei f_R irgendein Stoffunktional (z.B. $\tilde{\varphi}$, $\tilde{f}$, $\tilde{q}$, $\tilde{q}$ in (2.4)) relativ zur Bezugskonfiguration R . Dann heißt die Menge $g_{R,f}$ aller unimodularen Tensoren H, die für alle
thermokinematischen Prozesse die Gleichung

$$f_R[\ F_d^t\ (\cdot),\theta_d^t(\cdot);\ F,\vartheta,\underline{g}\ ] = f_R[F_d^t(\cdot)\ H,\vartheta_d^t\ (\cdot),\ FH,\theta,\underline{g}\ ] \tag{2.65}$$

erfüllen, ISOTROPIEGRUPPE des Funktionals f relativ zur Bezugskonfiguration R :

$$g_{R,f}\ := \left\{H\ |\ H \in \text{Unim}\ \text{und}\ H\ \text{erfüllt (2.65)}\ \right\}$$

Die Isotropiegruppe hängt von der Wahl der Bezugskonfiguration ab: Nach NOLL
[11, Gl. (31.6)] gilt die Relation

$$g_{\hat{R},\ell} = \Lambda \, g_{R,\ell} \Lambda^{-1} \tag{2.66}$$

mit $\Lambda = \operatorname{Grad} \lambda \, (\underline{X})$ und $\lambda = \hat{R} \circ R^{-1} : R\,[\mathcal{B}] \rightarrow \hat{R}[\mathcal{B}]$

(Λ braucht nicht unimodular zu sein!)

Die "Größe" der Isotropiegruppe kennzeichnet die materiellen Symmetrieeigenschaften

eines Körpers.

Innerhalb der mechanischen Theorie der einfachen Stoffe sind im Zusammenhang mit der

Materialgleichung für den Spannungstensor die folgenden Definitionen üblich [11,

Sect. 31 ff.]:

Definition 2.6

    (1) Ein einfacher Stoff mit der Isotropiegruppe

          $g = \text{Unim}$

    heißt FLÜSSIGKEIT.

    (2) Existiert eine Bezugskonfiguration R , für die

          $g_R \subset \text{Orth}$

    gilt, so heißt der einfache Stoff FESTKÖRPER.

    (3) Ist relativ zu einer Bezugskonfiguration R

          $\text{Orth} \subset g_R$,

    so heißt der materielle Körper ISOTROP.

Bei der Übertragung dieser Definitionen auf thermodynamisch einfache Stoffe ist zu berücksichtigen, daß die vier Materialgleichungen (2.4) für ψ , T , η und $\underline{q}$ jeweils verschiedene
Isotropiegruppen besitzen können. Will man dem Material trotzdem eine einzige Isotropiegruppe zuordnen, so ist es sinnvoll, dazu den (mengentheoretischen) Durchschnitt der vier
Isotropiegruppen heranzuziehen.

Im Zusammenhang mit den Materialgleichungen in der objektiven Form (2.5) folgt aus Definition 2.5 mit Gleichung (1.58) und (1.71)

<u>Satz 2.4</u>

Ein Tensor $H \in \mathrm{Unim}$ ist genau dann Element der Isotropiegruppen g_ψ , g_η , $g_{\tilde{T}}$, g_{g_R} , wenn für alle thermokinematischen Prozesse jeweils die folgenden Gleichungen erfüllt sind :

$$
\begin{aligned}
\psi[\, C_d^t\,(\cdot),\ \theta_d^t\,(\cdot),\ C,\ \theta\,] &= \psi[\, H^T C_d^t\,(\cdot)\,H,\ \theta_d^t(\cdot),\ H^T C H,\ \theta\,] \\
\eta[\, C_d^t\,(\cdot),\ \theta_d^t\,(\cdot),\ C,\ \theta\,] &= \eta[\, H^T C_d^t\,(\cdot)\,H,\ \theta_d^t(\cdot),\ H^T C H,\ \theta\,] \\
\tilde{T}[\, C_d^t\,(\cdot),\ \theta_d^t\,(\cdot),\ C,\ \theta\,] &= H\,\tilde{T}[\, H^T C_d^t\,(\cdot)\,H,\ \theta_d^t(\cdot),\ H^T C H,\ \theta\,]\,H^T \\
q[\, C_d^t\,(\cdot),\ \theta_d^t\,(\cdot),\ C,\ \theta,\ \underline{g}_R\,] &= H\,q[\, H^T C_d^t\,(\cdot)\,H,\ \theta_d^t(\cdot),\ H^T C H,\ \theta,\ H^T\underline{g}_R\,]
\end{aligned}
\qquad (2.67)
$$

Aus dem Satz folgt insbesondere, daß bei isotropen Festkörpern (g_R = Orth) die Stofffunktionale ψ, η, $\tilde{T}$ und q ISOTROPE FUNKTIONALE sind.

Der folgende Satz zeigt, daß bei FESTKÖRPERN die Isotropiegruppen für Freie Energie, Entropie und Spannungstensor identisch sind. (Diese Aussage ist für hyperelastische Stoffe von NOLL bewiesen worden [11, Sect. 85].)

<u>Satz 2.5</u>

Sind (relativ zu einer Bezugskonfiguration R) g_ψ, g_η und $g_{\tilde{T}}$ die Isotropiegruppen der Stoffgleichungen für Freie Energie, Entropie und Spannungstensor, so gelten die Relationen

$$ g_\psi \ \subset \ g_{\tilde{T}} \qquad\qquad (2.68) $$
$$ g_\psi \ = \ g_\eta \qquad\qquad (2.69) $$

bzw.
$$ g_\psi \cap \mathrm{Orth} \ = \ g_{\tilde{T}} \cap \mathrm{Orth}\ . \qquad\qquad (2.70) $$

<u>Beweis:</u>

Für $H \in g_{\tilde{T}}$ folgt aus (2.33) und (2.67)$_3$ zunächst

$$ D_C\psi[\, C_d^t\,,\ \theta_d^t\,;\ C,\ \theta\,] \ = \ H\,D_C\,\psi[\, H^T C_d^t H,\ \theta_d^t\,;\ H^T C H,\ \theta\,]\,H^T\ . $$

Daraus folgt

$$\psi[C_d^t, \theta_d^t; C, \theta] = \psi[H^T C_d^t H, \theta_d^t; H^T C H, \theta] +$$
$$+ \Phi[\theta_d^t; H, \theta], \qquad (2.71)$$

denn: Anwendung des Operators D_C nach (2.29) liefert für alle $S \in Sym$ die Identitäten

$$\{D_C \psi[H^T C_d^t H, \theta_d^t; H^T C H, \theta]\} \cdot S =$$
$$= \frac{d}{d\nu} \psi[H^T(C_d^t - \nu S)H, \theta_d^t; H^T(C + \nu S)H, \theta]\Big|_{\nu = 0}$$
$$= \{D_C \psi[H^T C_d^t H, \theta_d^t; H^T C H, \theta]\} \cdot (H^T S H)$$
$$= \{H \, D_C \psi[H^T C_d^t H, \theta_d^t; H^T C H, \theta] \, H^T\} \cdot S .$$

Gleichung (2.71) gilt für alle thermokinematischen Prozesse; $C = \underline{1}$ und $C_d^t(\cdot) = 0(\cdot)$ ergibt speziell

$$\Phi[\theta_d^t(\cdot); \theta, H] = \psi[0(\cdot), \theta_d^t(\cdot); \underline{1}, \theta] -$$
$$- \psi[0(\cdot), \theta_d^t(\cdot); H^T H, \theta],$$

bzw.

$$\psi[C_d^t, \theta_d^t; C, \theta] = \psi[H^T C_d^t H, \theta_d^t; H^T C H, \theta] +$$
$$+ \psi[0, \theta_d^t; \underline{1}, \theta] - \psi[0, \theta_d^t; H^T H, \theta] \qquad (2.72)$$

Beweis von (2.68) :

Sei $H \in g_\psi$; dann folgt aus $(2.67)_1$ mit $C = \underline{1}$ und $C_d^t = 0$:

$$\psi[0, \theta_d^t; \underline{1}, \theta] = \psi[0, \theta_d^t; H^T H, \theta],$$

d. h., (2.72) ist erfüllt, d.h., $H \in g_{\tilde{T}}$.

Beweis von (2.70) :

Sei $Q := H^T \in Orth$

und $Q \in g_{\tilde{T}}$; dann geht (2.72) über in $(2.67)_1$,

d.h., $Q \in g_\psi$. (2.69) ist trivial. $|$

2.6 Innere Zwangsbedingungen

Neben den Stoffgleichungen und materiellen Symmetrieeigenschaften besteht die dritte Möglichkeit zur Beschreibung von Materialeigenschaften darin, INNERE ZWANGSBE- DINGUNGEN zu definieren. Dabei wird die Menge der zulässigen thermokinematischen Prozesse, bzw. der Definitionsbereich der jeweiligen Stoffunktionale, a priori einge- schränkt.

Eine allgemeine mechanische Theorie der Inneren Zwangsbedingungen ist von NOLL [11, Sect. 30] formuliert worden.

Eine Verallgemeinerung der NOLLschen Theorie auf thermodynamisch einfache Stoffe geben GREEN, NAGHDI und TRAPP [95,96]; alternative Vorschläge machen ANDREUSSI und GUIDUGLI [103] (s. dazu [120]) sowie GURTIN und GUIDUGLI [104].

2.61 Allgemeine Theorie der thermomechanischen Inneren Zwangsbedingungen

Die Theorie von GREEN, NAGHDI und TRAPP [95,96] basiert auf drei ANNAHMEN:

(1)   Der Definitionsbereich der Stoffunktionale besteht aus allen thermokinematischen Prozessen, die der INNEREN ZWANGSBEDINGUNG

$$A(C,\theta)\cdot\dot{C} + \alpha(C,\theta)\,\dot{\theta} + \underline{a}(C,\theta)\cdot\underline{g}_R = 0 \qquad (2.73)$$

genügen.

$$\text{Die Funktionen} \quad (C,\theta) \longmapsto \begin{cases} A(C,\theta) & \in \text{Sym} \\ \alpha(C,\theta) & \in \mathbb{R} \\ \underline{a}(C,\theta) & \in \mathcal{V}^3 \end{cases}$$

stellen Materialeigenschaften dar.

(2)   Spannungstensor, Entropie und Wärmeflußvektor sind durch die Verzerrungs- und Temperaturgeschichte nicht vollständig, sondern lediglich bis auf einen unbestimmten Anteil festgelegt (Modifiziertes Prinzip des Determinismus):

$$\widetilde{T} = \widetilde{\overline{T}} + \widetilde{\hat{T}} = \widetilde{\overline{T}} + \hat{\mathcal{z}}\,[\,C_d^t\,,\theta_d^t\,;\,C,\theta\,]$$

$$\eta = \bar{\eta} + \hat{\eta} = \bar{\eta} + \hat{\mathcal{f}}\,[\,C_d^t\,,\theta_d^t\,;\,C,\theta\,]$$

$$\underline{q}_R = \underline{\bar{q}}_R + \underline{\hat{q}}_R = \underline{\bar{q}}_R + \hat{\mathcal{q}}\,[\,C_d^t\,,\theta_d^t\,;\,C,\theta,\underline{g}_R\,] \qquad (2.74)$$

(3) Die durch die Prozeßgeschichte nicht bestimmten REAKTIONEN $\widetilde{\overline{T}}$, $\bar{\eta}$, $\underline{\bar{q}}_R$
liefern keinen Beitrag zur ENTROPIEPRODUKTION: Für alle Prozesse, die mit
der Inneren Zwangsbedingung (2.73) verträglich sind, gilt (vgl. (1.78)):

$$\frac{1}{2\rho_R}\,\widetilde{\overline{T}}\cdot\dot{C} - \bar{\eta}\dot{\theta} - \frac{1}{\rho_R\theta}\,\underline{\bar{q}}_R\cdot\underline{g}_R = 0 \qquad (2.75)$$

Aus den Annahmen folgt

<u>Satz 2.6</u>

Für alle thermokinematischen Prozesse, die mit der Inneren Zwangsbedingung (2.73)
verträglich sind, erfüllen die Reaktionsgrößen $\widetilde{\overline{T}}$, $\bar{\eta}$, $\underline{\bar{q}}$ genau dann Gleichung (2.75),
wenn die folgenden Relationen gelten:

$$\frac{1}{2\rho_R}\,\widetilde{\overline{T}} = -p\,A\,(C,\theta) \qquad (2.76)$$

$$\bar{\eta} = p\,\alpha\,(C,\theta) \qquad (2.77)$$

$$\frac{1}{\rho_R\theta}\,\underline{\bar{q}}_R = p\,\underline{a}\,(C,\theta) \qquad (2.78)$$

Der Skalar p ist dabei nicht durch eine Materialgleichung mit der Prozeßgeschichte
verknüpft.

<u>Beweis:</u>

Führt man die Vektoren

$$\mathbb{A} := (A,\alpha,\underline{a})$$

$$\mathbb{M} := (\dot{C},\dot{\theta},\underline{g}_R)$$

$$\mathbb{T} := (\,\frac{1}{2\rho_R}\,\widetilde{\overline{T}},\,-\bar{\eta}\,,\,-\frac{1}{\rho_R\theta}\,\underline{\bar{q}}_R\,)$$

$$\Bigg\} \in \mathcal{V}^{10}$$

ein, so ist zu zeigen:

Für alle $\mathbb{A}$ mit $\mathbb{A}\cdot\mathbb{M} = 0$ ($\Longleftrightarrow$ Gl. (2.73)) gilt Gl. (2.75): $\mathbb{T}\cdot\mathbb{M} = 0$ genau
dann, wenn die Vektoren $\mathbb{A}$ und $\mathbb{T}$ parallel sind, das heißt, wenn $\mathbb{T} = -p\,\mathbb{A}$ gilt.

66

Der Beweis ergibt sich aus der Tatsache, daß bei fest gewähltem gegenwärtigen Verzerrungs-
und Temperaturzustand (C_0, ϑ_0) die Menge

$$\mathcal{V}_{(C_0, \theta_0)} := \left\{ \Lambda \mid \mathbb{A}(C_0, \theta_0) \cdot \Lambda = 0 \right\} \subset \mathcal{V}^{10}$$

einen euklidischen Vektorraum bildet (der von $\{C_0, \theta_0\}$ abhängt :
Dann ist nämlich

$$\mathbb{A}(C_0, \theta_0) \quad \in \mathcal{V}^{\perp}_{(C_0, \theta_0)} \qquad \text{sowie}$$
$$\mathbb{T} \quad \in \mathcal{V}^{\perp}_{(C_0, \theta_0)} \quad ,$$

und aus $\dim \mathcal{V} = 9$ bzw. $\dim \mathcal{V}^{\perp} = 1$ folgt $\mathbb{T} = -p\mathbb{A}$; die Umkehrung ist trivial. $\mid$

Liegen mehrere Innere Zwangsbedingungen vor :

$$A_k(C, \theta) \cdot \dot{C} + \alpha_k(C, \theta)\, \dot{\theta} + \underline{a}_k(C, \theta) \cdot \underline{g}_R = 0 \tag{2.79}$$

$(k = 1 \ldots n; n \leq 10)$,

so erhält man analog :

$$\left. \begin{aligned}
\frac{1}{\rho_R \theta} \bar{\bar{T}} &= -\sum_{k=1}^{n} \, p_k\, A_k(C, \theta) \\
\bar{\eta} &= \sum_{k=1}^{n} \, p_k\, \alpha_k(C, \theta) \\
\frac{1}{\rho_R \theta} \bar{\underline{q}}_R &= \sum_{k=1}^{n} \, p_k\, \underline{a}_k(C, \theta)
\end{aligned} \right\} \tag{2.80}$$

Bei den Koeffizienten p bzw. p_k handelt es sich um reellwertige Funktionen
$(P, t) \longmapsto p_k(P, t)$, die auf dem materiellen Körper $\mathcal{B}$ definiert sind. Diese Funktionen
hängen nicht durch Materialgleichungen mit der thermokinematischen Prozeßgeschichte
zusammen; die Ermittlung dieser Funktionen ist Bestandteil der allgemeinen Randwertaufgabe. Diese Randwertaufgabe enthält als Feldgleichungen die Impulsbilanz (2.6), die
Energiebilanz (2.7) (oder die Wärmeleitungsgleichung (2.40)) sowie die Gleichungen
(2.73) bzw. (2.79) für die Inneren Zwangsbedingungen.

Die CLAUSIUS - DUHEM - Ungleichung (1.78) lautet mit (2.74) und (2.75)

$$-\dot{\psi} + \frac{1}{2\rho_R} \hat{\bar{T}} \cdot \dot{C} - \hat{\eta}\dot{\theta} - \frac{1}{\rho_R \theta} \hat{\underline{q}}_R \cdot \underline{g}_R \geq 0 ; \tag{2.81}$$

die sinngemäße Anwendung des COLEMAN schen Satzes liefert für $\hat{\tilde{T}}$, $\hat{\eta}$, $\hat{\underline{q}}_R$ und δ
die Relationen

$$\left. \begin{aligned}
\frac{1}{2\rho_R}\,\hat{\tilde{T}} &= D_C\,\psi \\[4pt]
\hat{\eta} &= -D_\theta\,\psi \\[6pt]
\frac{1}{\rho_R\theta}\,\hat{\underline{q}}_R\cdot\underline{g}_R &\leq \delta \quad , \quad \delta \geq 0
\end{aligned} \right\} \tag{2.82}$$

(vgl. (2.33 - 37)).

Alle Folgerungen aus dem COLEMAN schen Satz gelten entsprechend; insbesondere
liefern die Reaktionsterme keinen Beitrag zur zeitlichen Änderung der Freien Energie :
(2.38) geht über in

$$\dot{\psi} = \frac{1}{2\rho_R}\,\hat{\tilde{T}}\cdot\dot{C} \;-\; \hat{\eta}\,\dot{\theta} \;-\; \delta \tag{2.83}$$

Dagegen gehen die Reaktionsgrößen $\bar{\eta}$ und $\bar{\underline{q}}_R$ in die Energiebilanz ein: (1.73) lautet
mit (1.36) und (2.74)

$$\dot{\psi} + \theta\,(\dot{\hat{\eta}} + \dot{\bar{\eta}}) + (\hat{\eta} + \bar{\eta})\dot{\theta} = \frac{1}{2\rho_R}(\hat{\tilde{T}} + \bar{\tilde{T}})\cdot\dot{C} \;+\; r \;-\; \frac{1}{\rho_R}\,\mathrm{Div}\,(\hat{\underline{q}}_R + \bar{\underline{q}}_R).$$

Daraus erhält man mit (2.83) und (2.75) die verallgemeinerte WÄRMELEITUNGS -
GLEICHUNG in der Form

$$\theta\,(\dot{\hat{\eta}} + \dot{\bar{\eta}}) = r \;-\; \frac{1}{\rho_R}\,\mathrm{Div}\,\hat{\underline{q}}_R + \delta - \frac{\theta}{\rho_R}\,\mathrm{Div}\,\left(\frac{1}{\theta}\,\bar{\underline{q}}_R\right) . \tag{2.84}$$

2.62 <u>Beispiele</u>

Eine Reihe physikalisch einleuchtender Beispiele ergibt sich aus Inneren Zwangsbedingungen der Form

$$\lambda(C,\theta) = 0 . \tag{2.85}$$

Im Sinne von Gleichung (2.73) ist dann

$$\left. \begin{aligned}
A(C,\theta) &= \partial_C\lambda(C,\theta) , \\
\alpha(C,\theta) &= \partial_\theta\lambda(C,\theta) \\
\text{und}\quad \underline{a}(C,\theta) &= \underline{0} .
\end{aligned} \right\} \tag{2.86}$$

68

Man erhält aus (2.76 - 78)

$$\frac{1}{2\rho_R}\, \overset{\approx}{T} \;=\; -\, p\, \partial_C\, \lambda\,(C,\theta), \tag{2.87}$$

$$\overline{\eta} \;=\; p\, \partial_\theta \lambda\,(C,\theta) \tag{2.88}$$

sowie

$$\overline{q}_R \;=\; \underline{0} \qquad . \tag{2.89}$$

Physikalisch interessante Sonderfälle sind:

(1) Temperaturabhängige Dichte (s. [36])

$$\lambda(C,\theta) \;=\; \det C \;-\; f^2(\theta) \tag{2.90}$$

$$\Longleftrightarrow \quad \rho(\theta) \;=\; \frac{\rho_R}{f(\theta)}$$

Man erhält mit $\qquad p := pf^2$

$$\frac{1}{2\rho_R}\, \overset{\approx}{T} \;=\; -\,p\, C^{-1}$$

$$\overline{\eta} \;=\; -2p\, \frac{f'(\theta)}{f(\theta)} \qquad . \tag{2.91}$$

$f(\theta) = 1$ bedeutet (mechanische) INKOMPRESSIBILITÄT.

(2) Temperaturabhängige Dehnbarkeit eines materiellen Linienelementes $\underline{e}$

$$\left.\begin{aligned}
\lambda\,(C,\theta) &\;=\; \underline{e}\cdot C\,\underline{e} \;-\; f(\theta) \\[4pt]
\frac{1}{2\rho_R}\, \overset{\approx}{T} &\;=\; -\, p\,\underline{e}\otimes\underline{e} \\[4pt]
\overline{\eta} &\;=\; -\,pf'(\theta) \\[4pt]
\overline{q}_R &\;=\; \underline{0}
\end{aligned}\right\} \tag{2.92}$$

$f(\theta) = 1$ bedeutet (mechanische) UNDEHNBARKEIT in der Richtung $\underline{e}$.

(Analog : Temperaturabhängige Winkeländerung zwischen zwei

Linienelementen $\underline{e}_1$, $\underline{e}_2$)

(3) **Starrer Körper**

$$\lambda_{ik}\,(\,C\,) = \delta_{ik} \qquad (\,i,\,k = 1,\,2,\,3\,) \tag{2.93}$$

$$\Longleftrightarrow \quad \underline{\underline{C}} \equiv \underline{\underline{1}}$$
$$\bar{\bar{T}} = \tilde{T} \tag{2.94}$$

(Der Spannungszustand ist insgesamt unbestimmt)

Im Zusammenhang mit dem Temperaturgradienten seien noch die folgenden beiden speziellen Inneren Zwangsbedingungen erwähnt:

(4) **Temperaturabhängige Wärmeleitung in Richtung eines materiellen Linienelementes $\underline{e}$**

$$\left.\begin{aligned}
\alpha\,(\theta)\,\dot{\theta} + \underline{e}\cdot\underline{g}_R &= 0 \\[4pt]
\bar{\bar{T}} &= 0 \\[4pt]
\bar{\eta} &= p\,\alpha\,(\theta) \\[4pt]
\underline{\bar{q}}_R &= p\,\underline{e}
\end{aligned}\right\} \tag{2.95}$$

$\alpha\,(\theta) \equiv 0$ bedeutet perfekte Wärmeleitung in der Richtung $\underline{e}$.

5) **Perfekte Wärmeleitung**

$$\underline{e}_i \cdot \underline{g}_R = 0 \qquad (\,i = 1,\,2,\,3\,) \tag{2.96}$$
$$(\,\Longleftrightarrow \underline{g}_R = \underline{0} \quad \Longleftrightarrow \quad \theta\,(\,P,\,t\,) \equiv \theta\,(t) \quad)$$

$$\left.\begin{aligned}
\bar{\bar{T}} &= 0 \\[4pt]
\bar{\eta} &= 0 \\[4pt]
\underline{\bar{q}}_R &= \sum_{k=1}^{3} P_k\,\underline{e}_k = \underline{q}_R
\end{aligned}\right\} \tag{2.97}$$

Der Wärmeflußvektor ist für diesen Fall insgesamt unbestimmt. Die Wärmeleitungsgleichung (2.84) erhält mit $\bar{\eta} = 0,\, \underline{\hat{q}}_R = \underline{0}$ und $\underline{g}_R = 0$ die Form

$$\theta\,\dot{\bar{\eta}} = r - \frac{1}{\rho_R}\sum_{k=1}^{3}(\,\mathrm{Grad}\,p_k\,)\cdot\underline{e}_k + \delta \tag{2.98}$$

eitere Beispiele : [96]

Die physikalische Bedeutung einer speziellen Inneren Zwangsbedingung kann in einer
eventuell erheblichen Vereinfachung der Materialgleichungen liegen sowie darin, daß
Innere Zwangsbedingungen zur Konstruktion von exakten Lösungen Anlaß geben können.
Innerhalb der mechanischen Theorie der einfachen Stoffe ist dies für den Fall der
Inkompressibilität ausführlich untersucht worden (s. [11, 7, 110 - 112]).

Innerhalb der Thermomechanik sind derartige Fragen von PETROSKI und CARLSON [113],
W.C. MÜLLER [112] und TRAPP [96] untersucht worden (vgl. dazu ERBE [36]).

3. THERMORHEOLOGISCH EINFACHE STOFFE

3.1 Transformation des Zeitmaßstabes

Die allgemeine Definition eines thermorheologisch einfachen Materials geht aus von einer (eineindeutigen) Transformation des Zeitmaßstabes. Die Abhängigkeit dieser Zeittransformation von der Temperaturgeschichte soll thermodynamische Materialeigenschaften kennzeichnen.

Definition 3.1   (vgl. [78])

Sei

$$b : \mathbb{R}^+ \longrightarrow \mathbb{R}^+$$
$$\theta \longmapsto b(\theta)$$

eine positiv – reellwertige Funktion der absoluten Temperatur θ mit den Eigenschaften

$$b'(\theta) \geq 0 \tag{3.1}$$

und

$$b(\theta_R) = 1 \ . \tag{3.2}$$

Dann heißt die (invertierbare) Funktion

$$t \longmapsto \quad z = f(t) := \int_{\tau=0}^{t} b \, [\, \theta(\tau)\,]\, d\tau \tag{3.3}$$

$$\Longleftrightarrow \quad \dot{f}(t) = b[\theta(t)] \tag{3.4}$$

(materialabhängige) Transformation des Zeitmaßstabes. (Die Funktion $b(\cdot)$ kennzeichnet eine Materialeigenschaft.)

Die Zeittransformation (3.3), die innerhalb dieser Darstellung verwendet wird, hat eine ganz spezielle Form; diese läßt sich jedoch anhand von experimentellen Erfahrungen motivieren (s. [14,79] sowie Abschnitt 3.2).

Manche Überlegungen sind von der speziellen Form der Zeittransformation allerdings unab-
hängig; dies gilt insbesondere für die Auswertung der CLAUSIUS-DUHEM - Ungleichung
(vgl. Abschnitt 3.4 und [78]). Es ist daher durchaus möglich, die Transformation des
Zeitmaßstabes innerhalb der allgemeinen Theorie als ein (weitgehend) beliebiges
Funktional der Temperaturgeschichte einzuführen. In diesem Zusammenhang sei auf die
Arbeiten von CROCHET und NAGHDI verwiesen [115 - 119].

Ist durch

$$t \longmapsto g = G(t) \tag{3.5}$$

der zeitliche Verlauf einer beliebigen physikalischen Größe gegeben, so soll der
im Pseudo-Zeitbereich (" z-Bereich ") dargestellte Funktionsverlauf mit $\hat{G}(\cdot)$ bezeichnet werden:

$$g = \hat{G}(z) \quad := \quad G[f^{-1}(z)] \tag{3.6}$$

bzw.

$$g = G(t) \quad := \quad \hat{G}[f(t)] \tag{3.7}$$

Die vergangene GESCHICHTE der Abbildung $\hat{G}(\cdot)$ ist, entsprechend Gleichung (2.1),
gegeben durch

$$\sigma \longmapsto \hat{G}_d^z(\sigma) \quad := \quad \hat{G}(z - \sigma) \; - \; \hat{G}(z) \tag{3.8}$$

(im t-Bereich gilt : $s \longmapsto G_d^t(s) = G(t - s) \; - \; G(t).$)

Definiert man die transformierte vergangene Zeitspanne σ durch die Funktion

$$s \longmapsto \sigma = \varphi(s) := f(t) \; - \; f(t - s), \tag{3.9}$$

so folgt aus (3.3)

$$\varphi(s) = \int_0^s b[\theta(t - \tau)] \, d\tau . \tag{3.10}$$

Zwischen den im t - bzw. z -Bereich dargestellten Geschichten $G_d^t(\cdot)$ bzw. $\hat{G}_d^z(\cdot)$
der Abbildung $G(\cdot)$ hat man dann den Zusammenhang

$$\hat{G}_d^z(\sigma) = G_d^{f^{-1}(z)}[\varphi^{-1}(\sigma)] \tag{3.11}$$

bzw.

$$G_d^t(s) = \hat{G}_d^{f(t)}[\varphi(s)] . \tag{3.12}$$

3.2   Physikalische Bedeutung der Zeittransformation

Die physikalische Motivation und Bedeutung der Zeittransformation (3.3) läßt sich zu-
sammenfassend folgendermaßen beschreiben:

Die thermomechanischen Eigenschaften thermorheologisch einfacher Systeme werden
formal im z - Bereich definiert und hängen von der Temperaturgeschichte nicht explizit
ab; der Einfluß der TEMPERATURGESCHICHTE wird damit lediglich IMPLIZIT über die
Zeittransformation (3.3) berücksichtigt, die selbst eine Materialeigenschaft ist (dargestellt durch die Materialfunktion $\theta \longmapsto b\,(\theta)$).

Die folgenden drei Beispiele konkretisieren diese allgemeinen Bemerkungen und geben
einen Überblick über die physikalische Bedeutung der Forderung (3.1) an die Materialfunktion b (·).   (Gleichung (3.2) ist nur eine Normierungsbedingung, die bewirkt, daß
die Transformation (3.3) für Prozesse, bei denen die Temperatur stets gleich der Temperatur der Bezugskonfiguration ist, in die Identität $f(t) = t$ übergeht.)

3.21 Geschwindigkeitsproportionale Dämpfungskraft   (STOKESsche Reibung)

Die Eigenschaften eines thermorheologisch einfachen Systems (mit einem Freiheitsgrad)
seien im z - Bereich formal durch die Gleichung

$$\hat{K}(z) \;=\; c\,\hat{x}(z) \;+\; r\,\hat{x}'(z) \tag{3.13}$$

dargestellt.
(K (t) bzw. x (t) ist die generalisierte Kraft bzw. Koordinate zur Zeit t ; $\hat{K}$ (·) und
$\hat{x}$ sind die entsprechenden Darstellungen im z - Bereich nach Gl. (3.6); c und r sind
Konstanten.)

Mit (3.7): $K\,(t) - \hat{K}\,[f(t)]$ und

$$\dot{x}\,(t) = \hat{x}'(\,z\,)\dot{f}(t) \;\overset{(3.4)}{=}\; \hat{x}'\,(\,z\,)\ b\,[\,\theta\,(\,t\,)\,]$$

ergibt sich dann im Zeitbereich

$$K(t) = c \, x(t) + \frac{r}{b[\,\theta(t)\,]} \, \dot{x}(t) \,. \qquad (3.14)$$

Der Gleichung (3.13) entspricht also ein System mit geschwindigkeitsproportionaler Dämpfungskraft, wobei der Dämpfungsfaktor von der Momentantemperatur abhängt.

Die Forderung (3.1) entspricht der Vorstellung, daß die Reibungskräfte bei steigender Temperatur nicht zunehmen; dieses Verhalten ist für viele (wenn auch möglicherweise nicht für alle) viskoelastische Systeme typisch.

Dieselbe Überlegung gilt für die Beschreibung einer inkompressiblen NEWTON schen Flüssigkeit mit temperaturabhängigem Zähigkeitskoeffizienten :

Der Stoffgleichung

$$\hat{T}(z) \;=\; -\hat{p}(z)\,\underline{1} \;+\; \nu\,\hat{D}(z) \qquad (3.15)$$

entspricht im t-Bereich die Gleichung

$$T(t) \;=\; -p(t)\,\underline{1} \;+\; \frac{\nu}{b[\,\theta(t)\,]}\,D(t)\,, \qquad (3.16)$$

wobei der Verzerrungsgeschwindigkeitstensor D nach Gleichung (1.66) berechnet wird.

3.22   Relaxation

Die Systemeigenschaften seien (im z – Bereich) definiert durch

$$\hat{K}(z) = c\,\hat{x}(z) + \int_{0}^{\infty} \gamma'(\sigma)\,\hat{x}_{d}^{z}(\sigma)\,d\sigma \qquad (3.17)$$

(s. Gl. (3.8,11)).

Ein DEFORMATIONSSPRUNG zur Zeit $t = 0$ $(\Longleftrightarrow z = 0)$:

$$\hat{x}(z) \;=\; \begin{cases} 0 & \text{für} \quad z \;<\; 0 \\[2mm] \hat{x}_{0} & \text{für} \quad z \;\geq\; 0 \end{cases}$$

liefert

$$\hat{K}(z) = \hat{x}_0 \{ c + \gamma(z) \} \quad ,$$

bzw.

$$K(t) = \hat{x}_0 \{ c + \gamma[f(t)] \} \quad , \tag{3.18}$$

das heißt: Der Relaxationsvorgang wird durch die RELAXATIONSFUNKTION $\gamma(\cdot)$ beschrieben: Zur Zeit $t = 0$ stellt sich die Kraft

$$K(0) = \hat{x}_0 \{ c + \gamma(0) \}$$

ein, die (mit $\lim_{z \to \infty} \gamma(z) = 0$) auf den elastischen Anteil $c\hat{x}_0$ "relaxiert".

Differentiation von Gl. (3.18) nach t liefert mit (3.4)

$$\dot{K}(t) = \gamma[f(t)] \, b[\theta(t)] \quad . \tag{3.19}$$

Die Forderung (3.1) beinhaltet damit, daß Relaxationsvorgänge bei höherer Temperatur schneller (genauer: nicht langsamer) und bei niedrigerer Temperatur langsamer (nicht schneller) ablaufen.

Für zeitlich konstante Temperatur (isotherme Relaxation) liefert Gleichung (3.3) speziell

$$z = f(t) = t\,b(\theta) \quad , \tag{3.20}$$

bzw.

$$K(t) = \hat{x}_0 \{ c + \gamma[t\,b(\theta)] \} \quad . \tag{3.21}$$

Setzt man

$$\xi := \ln z \overset{(3.20)}{=} \ln t + \ln[b(\theta)] \tag{3.22}$$

$(\iff z = e^{\xi})$, und

$$K^*(\xi) = \hat{K}(e^{\xi}),$$

so folgt aus (3.21), daß für den Krafverlauf $K(\cdot)$ bei zeitlich konstanter Temperatur für die Temperaturabhängigkeit des Kraftverlaufes die Gleichung

$$K(t, \theta) = K^*[\ln t + \ln b(\theta)] \tag{3.23}$$

gilt; das ist die Verschiebungseigenschaft ("shift property"):

Trägt man den zeitlichen Verlauf der Zugkraft für verschiedene (je zeitlich konstante Temperaturen im logarithmischen Zeitmaßstab auf, so sind die einzelnen Kurven durch Parallelverschiebung (um $\ln b(\theta)$) ineinander überführbar.

Diese Eigenschaft kann zur experimentellen Bestimmung der Materialfunktion b (θ) ausgenutzt werden [14, 79 etc.].

Die Funktion

$$\alpha(\theta) \; := \; \ln[b(\theta)] \tag{3.24}$$

wird in der Literatur oft als " Verschiebungsfaktor" (SHIFT FACTOR) bezeichnet.

3.23 Isotherme komplexe Federsteifigkeit

Die Systemeigenschaften seien wie oben durch Gleichung (3.17) definiert, die Temperatur sei zeitlich konstant: $\theta(t) = \theta$.

Als Bewegung sei eine harmonische Schwingung mit der Kreisfrequenz Ω vorgegeben:

$$x(t) = \hat{x}_0 \, e^{i\Omega t} \tag{3.25}$$

Mit (3.20) erhält man den Bewegungsverlauf im z-Bereich:

$$\hat{x}(z) = \hat{x}_0 e^{i\frac{\Omega}{b(\theta)}z} \tag{3.26}$$

Einsetzen in (3.17) und Rücktransformation in den t – Bereich liefert

$$K(t,\theta) = \hat{x}_0 \, \mathcal{L}(\Omega,\theta) \, e^{i\Omega t} \quad . \tag{3.27}$$

Darin ist

$$\mathcal{L}(\Omega,\theta) := c + i\,\frac{\Omega}{b(\theta)} \int_{\sigma=0}^{\infty} \gamma(\sigma) \, e^{-i\frac{\Omega}{b(\theta)}\sigma} \, d\sigma \tag{3.28}$$

die (frequenz- und temperaturabhängige) KOMPLEXE STEIFIGKEIT; die Temperaturabhängigkeit von $\mathcal{L}$ ist insbesondere durch die Identität

$$\mathcal{L}(\Omega,\theta) = \mathcal{L}\left[\frac{\Omega}{b(\theta)}\right] \tag{3.29}$$

gekennzeichnet.

Im logarithmischen Frequenzmaßstab

$$\xi := \ln\frac{\Omega}{b(\theta)} \overset{(3.24)}{=} \ln\Omega - \alpha(\theta) \tag{3.30}$$

folgt mit $\mathcal{L}^*(\xi) := \mathcal{L}(e^\xi)$ analog zu (3.23)

$$\mathcal{L}(\Omega, \theta) = \mathcal{L}^*[\ln\Omega - \alpha(\theta)], \qquad (3.31)$$

das heißt: Die Kurvenverläufe der im logarithmischen Frequenzmaßstab aufgetragenen frequenzabhängigen Steifigkeit und Dämpfung unterscheiden sich für verschiedene Temperaturen durch Parallelverschiebung.

3.3   Allgemeine Definition des thermorheologisch einfachen Materials

Definition 3.2

Ein thermodynamisch einfaches Material heißt THERMORHEOLOGISCH EINFACH, wenn es eine Zeittransformation $z = f(t)$ der Form (3.3) gibt, so daß für die Stoffunktionale $\psi, \delta, \mathcal{T}, q$ (identisch in t und für alle thermokinematischen Prozesse) die folgenden Gleichungen gelten:

$$\begin{pmatrix} \psi \\ \eta \\ \tilde{T} \\ \underline{q}_R \end{pmatrix} = \begin{pmatrix} \psi \\ \delta \\ \mathcal{T} \\ q \end{pmatrix} [\, C_d^t(\cdot), \theta_d^t(\cdot); C(t), \theta(t), \underline{g}_R(t)\,] =$$

$$= \begin{pmatrix} \hat{\psi} \\ \hat{\delta} \\ \hat{\mathcal{T}} \\ \hat{q} \end{pmatrix} [\, \hat{C}_d^z(\cdot); \hat{C}(z), \hat{\theta}(z), \hat{\underline{g}}_R(z)\,] \qquad (3.32)$$

Dabei sind $\hat{C}$, $\hat{\theta}$, $\hat{\underline{g}}_R$ und $\hat{C}_d^z$ sinngemäß durch die Gleichungen (3.6, 7) und (3.8, 11, 12) definiert.

3.4   Auswertung der CLAUSIUS - DUHEM - Ungleichung

Nach Definition 3.2 ist ein thermorheologisch einfaches Material ein spezielles

thermodynamisch einfaches Material; man kann daher den COLEMAN schen Satz

auf diesen Sonderfall anwenden. Es zeigt sich, daß die thermodynamischen Gleichungen

für thermorheologisch einfache Stoffe im z - Bereich formal genauso aussehen wie die

entsprechenden Gleichungen für thermodynamisch einfache Stoffe im t - Bereich bei

isothermen Prozessen.

Zur Übertragung der FADING MEMORY - Annahme auf die Theorie der thermorheologisch

einfachen Stoffe muß man die in Abschnitt 2.31 betrachteten (vektorwertigen) Funktionen

Γ $(\cdot)$ mit den im z - Bereich dargestellten Verzerrungsgeschichten $\hat{C}_d^z$ $(\cdot)$ identifizieren.

Der NORM (2.13) bzw. (2.27) entspricht dann formal die Definition

$$\| \hat{C}_d^z (\cdot) \|_h \; := \Big\{ \int_0^\infty |\hat{C}_d^z (\sigma)|^2 \, h^2 (\sigma) \, d\sigma \Big\}^{1/2}. \tag{3.33}$$

Damit gilt

Satz 3.1   (vgl. LIANIS[78])

Das Energiefunktional $\hat{\psi}$ in Gleichung (3.32) erfülle bezüglich der Norm (3.33) die

FADING MEMORY - Annahme nach Definition 2.4 .

Dann ist die CLAUSIUS - DUHEM - Ungleichung (1.78) für alle thermokinematischen

Prozesse genau dann erfüllt, wenn die folgenden Beziehungen gelten (vgl. (2.32 -37)):

$$(1) \qquad \hat{\psi} (z) = \hat{\psi} \left[\hat{C}_d^z (\cdot); \hat{C} (z), \hat{\theta} (z) \right] \tag{3.34}$$
$$(\Longleftrightarrow \partial_{\hat{g}_R} \hat{\psi} = \underline{0})$$

$$(2) \qquad \frac{1}{2\rho_R} \hat{\tilde{T}} (z) = D_{\hat{C}} \; \hat{\psi} \left[\hat{C}_d^z (\cdot); \hat{C} (z), \hat{\theta}(z) \right] \tag{3.35}$$

$$(3) \qquad \hat{\eta}(z) = - \partial_\theta \hat{\psi} \left[\hat{C}_d^z (\cdot); \hat{C} (z), \hat{\theta}(z) \right] \tag{3.36}$$

(4) $\qquad \dfrac{1}{\rho_R \hat{\theta}(z)} \; \hat{q}\left[\,\hat{C}_d^z\,(\cdot);\;\hat{C}\,(z),\;\hat{\theta}(z),\;\hat{\underline{g}}_R\,(z)\right]\cdot\hat{\underline{g}}_R(z) \qquad \leq \qquad \hat{\delta}(z)$ $\qquad$ (3.37)

$$\hat{\delta}(z) \; := \; b[\hat{\theta}(z)]\, d_{\hat{C}_d^z}\;\hat{y}\left[\,\hat{C}_d^z\,(\cdot);\;\hat{C}\,(z),\;\hat{\theta}(z)\,\Big|\,\tfrac{d}{d\sigma}\,\hat{C}_d^z\,(\cdot)\right] \qquad (3.38)$$

(5) $\qquad\qquad \hat{\delta}(z) \qquad \geq \qquad 0 \qquad\qquad\qquad\qquad\qquad\qquad$ (3.39)

Beweis:

Aus

$$\psi(t) \; = \; \hat{\psi}\,[f(t)]$$

folgt zunächst mit (3.4)

$$\dot{\psi}(t) \; = \; \hat{\psi}'[f(t)]\,b[\theta(t)] \qquad\qquad \left[\,(\cdots) \; = \; \tfrac{d}{dz}\,(\cdots)\right]\;;$$

Anwendung der Kettenregel (2.25) auf (3.32)$_1$ liefert

$$\hat{\psi}'(z) \; = \; \left\{\, D_{\hat{C}}\;\hat{y}\left[\,\hat{C}_d^z\,(\cdot);\;\hat{C}\,(z),\;\hat{\theta}(z),\;\hat{\underline{g}}_R(z)\right]\right\}\cdot\hat{C}'(z)\; +$$

$$+\;\left\{\,\partial_{\hat{\theta}}\;\hat{y}\left[\,\hat{C}_d^z\,(\cdot);\;\hat{C}\,(z),\;\hat{\theta}(z),\;\hat{\underline{g}}_R\,(z)\right]\right\}\,\hat{\theta}'(z)\; +$$

$$+\;\left\{\,\partial_{\hat{\underline{g}}_R}\;\hat{y}\left[\,\hat{C}_d^z\,(\cdot);\;\hat{C}\,(z),\;\hat{\theta}(z),\;\hat{\underline{g}}_R\,(z)\right]\right\}\cdot\hat{\underline{g}}'_R(z)\; -$$

$$-\;d_{\hat{C}_d^z}\;\hat{y}\left[\,\hat{C}_d^z(\cdot);\;\hat{C}\,(z),\;\hat{\theta}(z),\;\hat{\underline{g}}_R\,(z)\,\Big|\,\tfrac{d}{d\sigma}\,\hat{C}_d^z\,(\cdot)\right]\;.$$

Damit und mit $\dot{C}(t) = \hat{C}'[f(t)]\,b[\theta(t)]$, bzw. $\dot{\theta}(t) = \hat{\theta}'[f(t)]\,b[\theta(t)]$
und $\dot{\underline{g}}_R(t) = \hat{\underline{g}}_R'[f(t)]\,b[\theta(t)]$ erhält man die CLAUSIUS – DUHEM Ungleichung (1.78)
in der Form

$$\left[\,-D_{\hat{C}}\,\hat{y} + \tfrac{1}{2\rho_R}\,\hat{\tilde{T}}\,\right]\cdot\dot{C}(t)\; -\;\left[\,\partial_{\hat{\theta}}\,\hat{y} + \hat{\eta}\,\right]\dot{\theta}(t)\; -$$
$$-\;\left[\,\partial_{\hat{\underline{g}}_R}\,\hat{y}\,\right]\cdot\dot{\underline{g}}_R(t)\; +\; b[\theta(t)]\,d_{\hat{C}_d^z}\,\hat{y}\; -\;\tfrac{1}{\rho_R\theta}\,\hat{q}\cdot\underline{g}_R \geq 0\;.$$

Diese Ungleichung ist formal genau identisch mit (2.31), und mit derselben Beweisidee,
die zu (2.32 – 37) führt, erhält man (3.34 – 39).|

Die FOLGERUNGEN (1,2, 4 – 6, 8 und 9) aus dem COLEMAN schen Satz (Abschnitt 2.42)
lassen sich sofort auf die Theorie der thermorheologisch einfachen Stoffe übertragen.

Die Zerlegung des Energiefunktionals in einen elastischen Anteil und einen Gedächtnisanteil (Folgerung (8) , Gln. (2.54 - 58)) lautet

$$\hat{\psi}(z) = \varphi\left[\hat{C}(z), \hat{\theta}(z)\right] + \hat{\rho}\left[\hat{C}_d^z(\ ); \hat{C}(z), \hat{\theta}(z)\right] , \qquad (3.40)$$

wobei der Gedächtnisanteil für alle symmetrischen Tensoren $\hat{C}$, Skalare $\hat{\theta}$ sowie alle
tensorwertigen Funktionen $\hat{A}(\cdot)$, $\hat{C}_d^z(\cdot)$ die folgenden Eigenschaften haben muß :

$$\hat{\rho}\left[0(\cdot); \hat{C}, \hat{\theta}\right] = 0 \qquad (3.41)$$

$$d_{\hat{C}_d^z}\hat{\rho}\left[0(\cdot); \hat{C}, \hat{\theta} \mid \hat{A}(\cdot)\right] = 0 \qquad (3.42)$$

$$\hat{\rho}\left[\hat{C}_d^z(\cdot); \hat{C}, \hat{\theta}\right] \geq 0 \qquad (3.43)$$

$$d_{\hat{C}_d^z}\hat{\rho}\left[\hat{C}_d^z(\cdot); \hat{C}, \hat{\theta} \mid \frac{d}{d\sigma}\hat{C}_d^z(\cdot)\right] \geq 0 \qquad (3.44)$$

3.5 Langsame Prozesse

Bei der formalen Übertragung der Folgerung (3) aus dem COLEMAN schen Satz ist zu
beachten, daß eine statische Fortsetzung $\hat{C}_d^{z+s}(\sigma)$ im z-Bereich einer statischen Fortsetzung im Zeitbereich entspricht, die sich nur auf die Verzerrungsgeschichte bezieht,
und die damit nicht isotherm zu sein braucht.

Eine ähnliche Aussage betrifft die Folgerung (7) über langsame Prozesse:

Eine Verlangsamung der Temperaturgeschichte um den Faktor α ergibt nach Gl. (3.10)

$$\sigma_\alpha = \varphi_\alpha(s) := \int_0^s b\left[\theta(t - \alpha\tau)\right]d\tau$$

$$= \frac{1}{\alpha}\int_0^{\alpha s} b\left[\theta(t - \omega)\right]d\omega ,$$

das heißt,

$$\varphi_\alpha(s) = \frac{1}{\alpha}\varphi(\alpha s) . \qquad (3.45)$$

Die zusätzliche formale Verlangsamung der im z - Bereich dargestellten Verzerrungsgeschichte $\hat{C}_d^z(\sigma)$ definiert die Verzerrungsgeschichte

$$\hat{C}^{z}_{d(\alpha)}(\sigma) \; := \; \hat{C}^{z}_{d}(\alpha\sigma) \; . \tag{3.46}$$

Mit (3.45) ergibt sich

$$\hat{C}^{z}_{d(\alpha)}(\sigma) \; = \; \hat{C}^{z}_{d}(\alpha\sigma_{\alpha}) \qquad ,$$

und mit $z = f(t)$, (3.45) und (3.12) folgt

$$\hat{C}^{z}_{d}(\alpha\sigma_{\alpha}) \; = \; \hat{C}^{f(t)}_{d}(\varphi(\alpha s)) $$
$$= \; C^{t}_{d}(\alpha s) \; , \tag{3.47}$$

das heißt : Einer simultanen Verlangsamung der Temperaturgeschichte im t – Bereich und der Verzerrungsgeschichte im z – Bereich entspricht dieselbe Verlangsamung der im t – Bereich dargestellten Verzerrungsgeschichte.

Andererseits besitzt die Gleichung (3.46) auch ohne eine entsprechende Verlangsamung der Temperaturgeschichte physikalische Bedeutung : Sie beschreibt eine Verlangsamung der Verzerrungsgeschichte, wobei die Temperatur sich beliebig ändern kann : Es ist

$$\frac{d}{d\sigma}\,\hat{C}^{z}_{d(\alpha)}(\sigma) \; = \; \alpha\,\frac{d}{d\sigma}\,\hat{C}^{z}_{d}(\sigma) \; ;$$

Multiplikation beider Seiten mit

$$\frac{d}{ds}\,\varphi(s) \; \overset{(3.10)}{=} \; b\,[\,\theta(t-s)\,]$$

ergibt mit (3.12)

$$\alpha\,\frac{d}{ds}\,C^{t}_{d}(s) \; = \; b\,[\,\theta(t-s)\,]\,\frac{d}{d\sigma}\,C^{z}_{d(\alpha)}(\sigma) \; . \tag{3.48}$$

Diese Gleichung zeigt, daß der Verzerrungsgeschichte (3.46) eine Verlangsamung der Verzerrungsgeschichte $C^{t}_{d}(\cdot)$ entspricht. Dies gilt jeweils für ein und denselben zeitlichen Verlauf der Temperatur, der allerdings beliebig sein kann.

Die Überlegungen dieses Abschnitts werden ergänzt durch

<u>Satz 3.2</u>

h (·) sei Einflußfunktion der Ordnung r nach Definition 2.3 mit der zusätzlichen Eigenschaft, daß für alle

$$s, \beta > 0 \quad \text{die Abschätzung}$$

$$\frac{h(s\beta)}{h(s)} \;\leq\; M_\beta \;<\; \infty \tag{3.49}$$

gilt, und h (s) monoton fällt.

Das Temperaturfeld sei beschränkt, das heißt, für alle t gelte

$$\theta_0 \;\leq\; \theta(t) \;\leq\; \theta_1 \;. \tag{3.50}$$

Auf dem Funktionenraum $\mathcal{H}_h$ seien zwei Normen definiert, nämlich

$$\| E(\cdot) \|_1 \;:=\; \left\{ \int_0^\infty | E(s) |^2 h^2 (s)\, ds \right\}^{1/2} , \tag{3.51}$$

bzw.

$$\| \hat{E}(\cdot) \|_2 \;:=\; \left\{ \int_0^\infty | \hat{E}(\sigma) |^2 h^2 (\sigma)\, d\sigma \right\}^{1/2} , \tag{3.52}$$

mit

$$\sigma \;=\; \varphi(s) \;=\; \int_0^s b\,[\,\theta(t-\tau)\,]\, d\tau$$

nach Gleichung (3.10) (vgl. (2.27) und (3.33)).

Dann sind die Normen $\| \cdot \|_1$ und $\| \cdot \|_2$ ÄQUIVALENT, das heißt: Mit positiven Konstanten K,L gilt

$$\| \hat{E}(\cdot) \|_2 \;\leq\; K\, \| E(\cdot) \|_1 \tag{3.53}$$

und

$$\| E(\cdot) \|_1 \;\leq\; L\, \| \hat{E}(\cdot) \|_2 \tag{3.54}$$

(vgl. [78]).

<u>Beweis:</u>

Aus (3.50) folgt mit (3.1) und (3.10)

$$s \, b(\theta_0) \; \leq \; \varphi(s) \; \leq s \, b(\theta_1) \,.$$ (3.55)

Da $h(s)$ monoton fällt, folgt daraus

$$h[\varphi(s)] \; \leq \; h[s \, b(\theta_0)] \,.$$ (3.56)

Man erhält die folgenden Abschätzungen:

$$
\begin{aligned}
\| \hat{E}(\cdot) \|_2^2 \; &= \; \int_0^\infty |\hat{E}(\sigma)|^2 \, h^2(\sigma) \, d\sigma \\[4pt]
&= \; \int_0^\infty |E(s)|^2 \, h^2[\varphi(s)] \, \varphi'(s) \, ds \\[4pt]
&\overset{(3.55)}{\leq} \; b(\theta_1) \int_0^\infty |E(s)|^2 \, h^2[\varphi(s)] \, ds \\[4pt]
&\overset{(3.56)}{\leq} \; b(\theta_1) \int_0^\infty |E(s)|^2 \, \frac{h^2[s \, b(\theta_0)]}{h^2(s)} \, h^2(s) \, ds \\[4pt]
&\overset{(3.49)}{\leq} \; M_{b(\theta_0)} \, b(\theta_1) \int_0^\infty |E(s)|^2 \, h^2(s) \, ds \; := \; K^2 \, \| E(\cdot) \|_1^2 \,,
\end{aligned}
$$

das heißt, (3.53) gilt. Der Beweis von (3.54) verläuft analog. |

<u>Bemerkung:</u>

Die Abschätzung (3.53), zu deren Beweis die Ungleichung (3.49) nur für $\beta \geq 1$
benötigt wird, besitzt die folgende physikalische Bedeutung:

Alle Folgerungen aus dem COLEMAN schen Satz, die sich auf langsame thermokinematische Prozesse beziehen sowie auch alle asymptotischen Approximationen des Energiefunktionals (Kap. 4 ff.) sind aufgrund der Aussage des vorigen Satzes auch für thermorheologisch einfache Stoffe mit FADING MEMORY gültig, allerdings mit dem folgenden

Unterschied: Die Verkleinerung der Norm (2.27) setzt langsame Deformationen und Temperaturänderungen voraus, eine Verkleinerung der Norm (3.33) verlangt dagegen lediglich, daß die Deformationen hinreichend langsam ablaufen, während die Geschwindigkeit der Temperaturänderungen beliebig sein kann.

Zur Bedeutung der Forderung (3.49) an die Einflußfunktion $h(\cdot)$ ist zu bemerken, daß (3.49) aus (2.8) lediglich für $\beta \geq 1$ folgt (vgl. [30, Gl. (3.3)]).

Setzt man die Ungleichung (3.49) für $\beta < 1$ voraus, so werden damit Einflußfunktionen ausgeschlossen, die eine beliebig hohe Ordnung r besitzen (vgl. Definition 2.3):
Ein Beispiel dafür ist die Einflußfunktion

$$h(s) := e^{-\gamma s} \qquad (\gamma > 0), \qquad (3.57)$$

die zwar (2.8) für beliebiges $r > 0$ erfüllt, nicht jedoch (3.49) für $\beta < 1$.
Dagegen ist die Einflußfunktion

$$h(s) := \frac{1}{(1+s)^{\alpha}} \qquad (3.58)$$

von der Ordnung $r < \alpha$; sie erfüllt sowohl (2.8) als auch (3.49) für alle $\beta > 0$.

Die Einflußfunktion darf also, falls (2.8) und (3.49) gefordert wird, für $s \to \infty$ weder zu schwach, noch zu stark gegen Null konvergieren.

4. ASYMPTOTISCHE APPROXIMATION DER ALLGEMEINEN MATERIALGLEICHUNGEN

4.1 Physikalische Notwendigkeit asymptotischer Approximationen

Unter den Gesichtspunkten der allgemeinen Theorie gibt der Satz von COLEMAN einen
vollständigen Überblick über das Verhalten von thermodynamisch einfachen Stoffen mit
schwindendem Gedächtnis; allerdings treten im Zusammenhang mit physikalisch –
technischen Anwendungen Probleme auf:

Wenn man mit einer Stofftheorie physikalische Vorgänge auch QUANTITATIV beschreiben
will, so muß man zunächst die MATERIALEIGENSCHAFTEN identifizieren, das heißt, man
muß EXPERIMENTE durchführen, die dazu geeignet sind, die mathematische Form der
Materialgleichungen festzulegen. Diese Experimente sollten möglichst auf EXAKTEN LÖ-
SUNGEN basieren, d.h. auf thermokinematischen Prozessen, die (für $\underline{b}$ = konst. und
$r = 0$) die Bilanzgleichungen innerhalb einer möglichst großen Klasse von Materialgleichungen exakt erfüllen (vgl. Kap. 7). In den Fällen in denen keine oder nicht genügend
viele exakte Lösungen zur Verfügung stehen, wird die experimentelle Bestimmung der Materialeigenschaften wesentlich schwieriger: Die Auswertung der Versuche muß dann auf der
Grundlage von NÄHERUNGSLÖSUNGEN durchgeführt werden (s. dazu [121, 122]).

Im Hinblick auf technisch-physikalische Anwendungen ist die Theorie der thermodynamisch
einfachen Stoffe viel zu allgemein. Dasselbe gilt für die Theorie der thermorheologisch
einfachen Stoffe, obwohl die Informationsmenge, die zur vollständigen Kennzeichnung der
Materialeigenschaften notwendig ist, hier schon einen wesentlich geringeren Umfang
annimmt.

Bei der Bearbeitung konkreter Probleme ist es aus physikalischen Gründen notwendig, von spezielleren Materialgleichungen auszugehen. Die physikalische Bedeutung der allgemeinen Theorie liegt dann weniger in den quantitativen Beschreibungsmöglichkeiten, als vielmehr in dem allgemeinen Rahmen, den sie für die Formulierung spezieller Materialgleichungen setzt:

Jede spezielle Stoffgleichung sollte in irgendeinem (noch zu präzisierenden) Sinne die APPROXIMATION einer möglichst allgemeinen Materialgleichung sein.

4.2 Approximation des Energiefunktionals

Die folgende Definition verschärft die FADING MEMORY - Annahme (vgl. Definition 2.4, S. 46):

Definition 4.1

Ein thermodynamisch einfacher Stoff erfüllt die C^N - Annahme eines schwindenden Gedächtnisses, wenn es eine Einflußfunktion der Ordnung

$$r \quad > \quad 1/2 \tag{4.1}$$

gibt, so daß der Gedächtnisanteil $\mathcal{R}$ der Freien Energie (s. Gl. (2.54), (3.40)) in einer Umgebung der Nullgeschichte $0(\cdot) \in \mathcal{H}_h$ N mal FRÉCHET - differenzierbar ist:

$$
\begin{aligned}
\mathcal{R}[\Gamma(\cdot);\Lambda] \; = \; & \mathcal{R}[0(\cdot);\Lambda] \quad + \\
& + d_r \mathcal{R}[0(\cdot);\Lambda \mid \Gamma(\cdot)\;] \\
& + \tfrac{1}{2}\, d_r^2\, \mathcal{R}[0(\cdot);\Lambda \mid \Gamma(\cdot),\; \Gamma(\cdot)] \quad + \cdots \\
& + \tfrac{1}{N!}\, d_r^N\, \mathcal{R}[0(\cdot);\Lambda \mid \underbrace{\Gamma(\cdot),\cdots,\; \Gamma(\cdot)}_{N}] + \\
& + \; o(\; \|\Gamma(\cdot)\|_h^N\;)
\end{aligned}
\tag{4.2}
$$

Darin sind die Terme

$$d_r^k \mathcal{R}[0(\cdot);\Lambda \mid \Gamma_1(\cdot),\cdots \Gamma_k(\cdot)] \qquad (k = 1, \ldots N)$$

Funktionale, die in jeder der Variablen $\Gamma_i(\cdot)$ LINEAR, BESCHRÄNKT und STETIG sind, und die ferner STETIG von dem Parameter Λ abhängen.

Bei thermodynamisch einfachen Stoffen ist die Funkton $\Gamma(\cdot)$ mit der Prozeßgeschichte $\Lambda_d^t(\cdot) = \left\{ C_d^t(\cdot), \theta_d^t(\cdot) \right\}$ zu identifizieren; bei thermorheologisch einfachen Stoffen mit der Verzerrungsgeschichte $\hat{C}_d^z(\cdot)$. Dem Parameter Λ entspricht jeweils der Verzerrungs- und Temperaturzustand $\left\{ C(t), \theta(t) \right\}$ bzw. $\left\{ \hat{C}(z), \hat{\theta}(z) \right\}$.

Aufgrund der Gleichungen (2.55, 57) bzw. (3.41, 42) verschwinden die ersten beiden Terme auf der rechten Seite der Gleichung (4.2). Daraus folgt, daß die einfachstmögliche Approximation des Energiefunktionals eine BILINEARFORM der Verzerrungs- und Temperaturgeschichte (bzw. eine QUADRATISCHE FORM der thermokinematischen Prozeßgeschichte) sein muß.

In diesem Abschnitt geht es darum, eine solche Bilinearform explizit darzustellen.
Da jede Bilinearform eindeutig einen linearen Operator definiert, ist die Frage nach ihrer expliziten Darstellung gleichbedeutend mit der Frage nach der Darstellung eines linearen Operators $\mathcal{O}\!\!\mathcal{l} \in \mathrm{Lin}(\mathcal{H}_h)$.

Die Tatsache, daß dieser Operator beschränkt (bzw. stetig) ist, reicht dabei jedoch noch nicht zum Beweis eines allgemeinen Darstellungssatzes aus; man ist daher darauf angewiesen, zur Formulierung von Materialgleichungen der Thermoviskoelastizität eine speziellere Klasse von Operatoren heranzuziehen. Dies geschieht in Form der folgenden

<u>ANNAHME</u>:

Alle linearen Operatoren, die im Zusammenhang mit dem Energiefunktional (in diesem und im nächsten Kapitel) auftreten, seien HILBERT-SCHMIDT Operatoren.

(Ein Operator $\mathcal{O}\!\!\mathcal{l} \in \mathrm{Lin}\,\mathcal{H}_h$ heißt HILBERT-SCHMIDT Operator, wenn die HILBERT-SCHMIDT Norm existiert, d.h. wenn eine Beziehung der Form

$$\| \mathcal{O}\!\!\mathcal{l} \| := \left\{ \sum_{n=1}^{\infty} \| \mathcal{O}\!\!\mathcal{l}\,\Gamma_n(\cdot) \|_h^2 \right\}^{1/2} < \infty \tag{4.3}$$

gilt; dabei ist $\left\{ \Gamma_n(\cdot) \right\}_{n=1,2,3,\ldots}$ ein beliebiges vollständiges Orthonormalsystem in $\mathcal{H}_h$.
[124, Kap. XI.6, S. 1009 ff.])

Um den Stellenwert dieser Annahme abzuschätzen sei darauf verwiesen, daß jeder HILBERT-SCHMIDT Operator nicht nur beschränkt ist, sondern sogar KOMPAKT (oder VOLLSTETIG). Die Umkehrung trifft allerdings nicht zu: Nicht jeder kompakte lineare Operator ist vom HILBERT-SCHMIDT Typ. Die physikalisch wichtigste Eigenschaft der HILBERT-SCHMIDT Operatoren ist die Tatsache, daß jeder Operator dieses Typs beliebig genau durch einen Operator mit endlichdimensionalem Wertebereich approximiert werden kann [124, S. 1012]. Diese Eigenschaft ist im Hinblick auf eine systematische Konstruktion spezieller Materialgleichungen nützlich (vgl. Abschnitt 5.32).

Die physikalische Bedeutung der Annahme läßt sich nicht genau einschätzen; man findet in der Literatur spezielle Beispiele für beschränkte lineare Operatoren, die nicht vom HILBERT-SCHMIDT Typ sind. Diese Beispiele rechtfertigen die Vermutung, daß diejenigen beschränkten Operatoren, die durch die Annahme ausgeschlossen werden, für die Thermoviskoelastizität ohne Bedeutung sind.

Der folgende Satz zeigt, daß sich eine beschränkte symmetrische Bilinearform (vom HILBERT-SCHMIDT Typ) als Doppelintegral darstellen läßt:

Satz 4.1

Sei (mit den Bezeichnungen von Abschnitt 2.31)

$$\mathscr{L} : \mathscr{H}_h \times \mathscr{H}_h \longrightarrow \mathbb{R}$$
$$(\Gamma_1(\cdot), \Gamma_2(\cdot)) \longmapsto \mathscr{L}(\Gamma_1(\cdot), \Gamma_2(\cdot))$$

eine beschränkte symmetrische Bilinearform; der zugeordnete lineare Operator sei vom HILBERT - SCHMIDT Typ. Dann gilt die Darstellung

$$\mathscr{L}(\Gamma_1(\cdot), \Gamma_2(\cdot)) = \int_0^\infty \int_0^\infty \Gamma_1(s_1) \cdot \mathbf{K}(s_1, s_2) \Gamma_2(s_2) \, ds_1 \, ds_2 \; . \tag{4.4}$$

Darin hat die Funktion

$$\mathbf{K}(\cdot, \cdot) : \mathbb{R}^+ \times \mathbb{R}^+ \longrightarrow \text{Lin} (\mathcal{V}^\sim)$$
$$(s_1, s_2) \longmapsto \mathbf{K}(s_1, s_2)$$

die folgenden Eigenschaften :

(1)   Für alle (s_1, s_2) gilt

$$\mathbf{K}(s_1, s_2) = \mathbf{K}^T(s_2, s_1) \tag{4.5}$$

(2)   Bezeichnet $|\cdot| : \mathbf{K} \longmapsto |\mathbf{K}|$ die NORM im Vektorraum Lin($\mathcal{V}^n$), so gilt

$$\int_0^\infty \int_0^\infty h^{-2}(s_1) \, |\mathbf{K}(s_1, s_2)|^2 \, h^{-2}(s_2) \, ds_1 \, ds_2 < \infty \ . \tag{4.6}$$

Umgekehrt definiert jedes Integral der Form (4.4) mit (4.5,6) eine beschränkte symmetrische Bilinearform auf $\mathcal{H}_h \times \mathcal{H}_h$.

Beweis:

Jede auf $\mathcal{H}_h \times \mathcal{H}_h$ definierte beschränkte symmetrische Bilinearform definiert eindeutig einen linearen Operator

$$\mathcal{O} : \quad \mathcal{H} \longrightarrow \mathcal{H}$$
$$\Gamma(\cdot) \longrightarrow \mathcal{O}\Gamma(\cdot) \ ,$$

der beschränkt und selbstadjungiert ist (s. [101, S. 213] oder [123, S. 216]), und es gilt die Darstellung

$$\mathcal{B}(\Gamma_1(\cdot), \Gamma_2(\cdot)) = \langle \Gamma_1(\cdot), \mathcal{O}\Gamma_2(\cdot)\rangle_h \ . \tag{4.7}$$

$\mathcal{O}$ besitzt als HILBERT-SCHMIDT Operator die Darstellung

$$\mathcal{O}\Gamma(\cdot) = \int_0^\infty \tilde{\mathbf{K}}(\cdot, s) \, \Gamma(s) h^2(s) \, ds \tag{4.8}$$

[124, S. 1083] mit $\tilde{\mathbf{K}} \in$ Lin($\mathcal{V}^n$) für alle Werte der Variablen. Damit gelten die folgenden Abschätzungen:

$$\|\mathcal{O}\Gamma(\cdot)\|_h^2 = \int_0^\infty \left\{ \int_0^\infty \tilde{\mathbf{K}}(\tau, s) \Gamma(s) h^2(s) \, ds \cdot \int_0^\infty \tilde{\mathbf{K}}(\tau, s) h^2(s) \, ds \right\} h^2(\tau) \, d\tau$$

$$= \int_0^\infty \int_0^\infty \int_0^\infty \Gamma(s_1) \cdot \tilde{\mathbf{K}}^T(\tau, s_1) \tilde{\mathbf{K}}(\tau, s_2) \Gamma(s_2) \, h^2(s_1) \, h^2(s_2) \, h^2(\tau) \, ds_1 \, ds_2 \, d\tau$$

$$\leq \int_0^\infty \int_0^\infty \int_0^\infty |\Gamma(s_1)| \, |\tilde{\mathbf{K}}^T(\tau, s_1)| \, |\tilde{\mathbf{K}}(\tau, s_2)| \, |\Gamma(s_2)| \, h^2(s_1) \, h^2(s_2) \, h^2(\tau) \, ds_1 \, ds_2 \, d\tau$$

$$= \int_0^\infty \left\{ \int_0^\infty |\tilde{\mathbf{K}}(\tau, s)| |\Gamma(s)| \, h^2(s) \, ds \right\}^2 h^2(\tau) \, d\tau$$

$$\leq \int_0^\infty \left\{ \int_0^\infty |\tilde{\mathbf{K}}(\tau, s)|^2 h^2(s) \, ds \int_0^\infty |\Gamma(s)|^2 h^2(s) \, ds \right\} h^2(\tau) \, d\tau$$

Man erhält

$$\|\mathfrak{A}\,\Gamma(\cdot)\|_h^2 \;\leq\; \|\Gamma(\cdot)\|_h^2 \int_0^\infty \int_0^\infty |\tilde{\mathbf{K}}(\tau, s)|^2 h^2(\tau)\, h^2(s) \, ds \, d\tau \; , \qquad (4.9)$$

d.h., $\mathfrak{A}$ ist genau dann beschränkt, wenn das Doppelintegral auf der rechten Seite
von (4.9) existiert.

Definiert man eine neue Funktion

$$\mathbf{K}(\cdot, \cdot): \quad \mathbb{R}^+ \times \mathbb{R}^+ \longrightarrow \mathrm{Lin} \quad (\mathcal{V}^m)$$

durch

$$\mathbf{K}(s_1, s_2) := h^2(s_1)\, h^2(s_2)\, \tilde{\mathbf{K}}(s_1, s_2) \, , \qquad (4.10)$$

so folgt Gleichung (4.4) aus (4.7) und (4.8).

(4.10) liefert ferner

$$|\tilde{\mathbf{K}}(s_1, s_2)|^2 h^2(s_1)\, h^2(s_2) \;=\; h^{-2}(s_1)\, |\mathbf{K}(s_1, s_2)|^2 h^{-2}(s_2); \qquad (4.11)$$

damit folgt aus (4.9), daß $\mathfrak{A}$ genau dann beschränkt ist, wenn (4.6) gilt.

Zu zeigen ist noch, daß $\mathfrak{A}$ genau dann selbstadjungiert ist, wenn (4.5) gilt. $\mathfrak{A}$ sei selbstadjungiert, d.h. es gelte für alle $\Gamma_{1,2}(\cdot) \in \mathcal{H}_h$

$$\langle \Gamma_1(\cdot), \; \mathfrak{A}\Gamma_2(\cdot) \rangle \;=\; \langle \mathfrak{A}\Gamma_1(\cdot), \; \Gamma_2(\cdot) \rangle_h \; . \qquad (4.12)$$

Daraus folgt

$$\int_0^\infty \int_0^\infty \Gamma_1(s_1) \cdot [\, \mathbf{K}(s_1, s_2) - \mathbf{K}^\mathsf{T}(s_2, s_1)\,] \, \Gamma_2(s_2)\, ds_1\, ds_2 \;=\; 0 \qquad (4.13)$$

für alle $\Gamma_{1,2} \in \mathcal{H}_h$, bzw. (4.5). Die Umkehrung ist trivial. $\;|$

Für thermodynamisch einfache Stoffe wird $\quad \Gamma(\cdot) := \Lambda_d^t(\cdot) \;=\; \left\{ C_d^t(\cdot), \, \theta_d^t(\cdot) \right\}$
gesetzt.

Die lineare Abbildung $\mathbf{K} : \mathcal{V}^7 \to \mathcal{V}^7$ läßt sich dann durch das Tupel

$$(\mathbb{K}, K, \tilde{K}, k)$$

darstellen, mit $\mathbb{K} \in \mathrm{Lin(Sym)}$ ("Tensor vierter Stufe"), K, $\tilde{K} \in \mathrm{Sym}$ ("Tensor zweiter Stufe") sowie $k \in \mathbb{R}$; für alle $\Lambda = \{C, \theta\} \in \mathcal{V}^7$ gilt

$$\mathbf{K}\{C, \theta\} = \left\{ \mathbb{K}[C] + \theta K, \; \tilde{K} \cdot C + \theta k \right\}. \tag{4.14}$$

Die Symmetrie der Bilinearform $\mathcal{B}$ verlangt, daß für alle Funktionen A, B : $\mathbb{R}^+ \to \mathrm{Sym}$ bzw. α, β : $\mathbb{R}^+ \to \mathbb{R}$ die Identität

$$\int_0^\infty \int_0^\infty \Big\{ A(s_1) \cdot \mathbb{K}(s_1, s_2)[B(s_2)] + A(s_1) \cdot K(s_1, s_2)\,\beta(s_2) +$$

$$+ \alpha(s_1)\,\tilde{K}(s_1, s_2) \cdot B(s_2) + \alpha(s_1)\, k(s_1, s_2)\,\beta(s_2) \Big\}\, d s_1\, d s_2 =$$

$$= \int_0^\infty \int_0^\infty \Big\{ A(s_1)\,\mathbb{K}^\mathsf{T}(s_2, s_1)[B(s_2)] + \alpha(s_1)\,K(s_2, s_1)\,B(s_2) +$$

$$+ A(s_1) \cdot \tilde{K}(s_2, s_1)\,\beta(s_2) + \alpha(s_1)\, k(s_2, s_1)\,\beta(s_2) \Big\}\, d s_1\, d s_2 \tag{4.15}$$

gilt. Notwendig und hinreichend dafür sind die Relationen

$$\mathbb{K}(s_1, s_2) = \mathbb{K}^\mathsf{T}(s_2, s_1) \tag{4.16}$$

$$K(s_1, s_2) = \tilde{K}(s_2, s_1) \tag{4.17}$$

$$k(s_1, s_2) = k(s_2, s_1) \quad ; \tag{4.18}$$

eine symmetrische Bilinearform (vom HILBERT-SCHMIDT Typ) wird demnach durch die Funktionen $\mathbb{K}(\cdot, \cdot)$, $K(\cdot, \cdot)$ und $k(\cdot, \cdot)$ vollständig charakterisiert.

Die bisherigen Ergebnisse lassen sich zusammenfassen zu

Satz 4.2

Ein thermodynamisch einfaches Material erfülle die C^2- Annahme eines schwindenden Gedächtnisses (Definition 4.1). Dann wird das Funktional $\mathcal{G}$ der Freien Energie (Gleichung (2.32)) asymptotisch approximiert durch die Beziehung

$$\psi(t) = \varphi[C(t), \theta(t)] + \mathcal{O}[C_d^t(\cdot), \theta_d^t(\cdot); C(t), \theta(t)] + o(\|\Lambda_d^t(\cdot)\|_h^2) \quad , \tag{4.19}$$

mit

$$\mathcal{Q}[\, C_d^t(\cdot),\, \theta_d^t(\cdot)\,;\, C,\, \theta\,]$$

$$:= \frac{1}{2} \int_0^\infty \int_0^\infty \Big\{ C_d^t(s_1)\cdot \mathbb{K}\,(C,\,\theta,\,s_1,\,s_2)\,[\,C_d^t(s_2)] \; +$$

$$+\, 2\, C_d^t(s_1)\cdot K\,(C,\,\theta,\,s_1,\,s_2)\,\theta_d^t(s_2) \; +$$

$$+\, \theta_d^t(s_1)\, k\,(C,\,\theta,\,s_1,\,s_2)\,\theta_d^t(s_2)\Big\}\, ds_1\, ds_2 \; . \tag{4.20}$$

Für thermorheologisch einfache Stoffe gilt entsprechend

$$\hat{\psi}(z) = \varphi[\,\hat{C}(z),\,\hat{\theta}(z)\,] + \hat{\mathcal{Q}}[\,\hat{C}_d^z(\cdot);\,\hat{C}(z),\,\hat{\theta}(z)\,] \; + \; o\big(\,\|\hat{C}_d^z(\cdot)\|_h^2\,\big) \; , \tag{4.21}$$

mit

$$\hat{\mathcal{Q}}[\,\hat{C}_d^z(\cdot);\,\hat{C}(z),\,\hat{\vartheta}(z)\,]$$

$$:= \frac{1}{2} \int_0^\infty \int_0^\infty \hat{C}_d^z(\sigma_1)\cdot \hat{\mathbb{K}}\,(C,\,\theta,\,\sigma_1,\,\sigma_2)\,[\hat{C}_d^z(\sigma_2)]\, d\sigma_1\, d\sigma_2 \; . \tag{4.22}$$

Für die Materialfunktionen $\mathbb{K}(\cdot)$, $K(\cdot)$, $k(\cdot)$ (bzw. sinngemäß für $\hat{\mathbb{K}}(\cdot)$) gelten die Beziehungen (4.16, 18) sowie (4.6) , mit

$$|\mathbb{K}|^2 \; = \; |\mathbb{K}|^2 \; + \; 2\,|K|^2 \; + \; k^2. \tag{4.23}$$

4.3 Physikalische Bedeutung und Folgerungen

Im Sinne des Retardierungssatzes von COLEMAN und NOLL (Satz 2.2) kann man die Gleichungen (4.19) bzw. (4.21) folgendermaßen physikalisch interpretieren (s. Abschnitt 2.32) :

- Das allgemeine Verhalten eines thermodynamisch einfachen Materials mit
   schwindendem Gedächtnis wird durch die Stoffgleichung (4.19) für hinreichend
   langsam verlaufende Deformationen und Temperaturänderungen ODER für genügend kleine Verzerrungen und Temperaturänderungen beliebig genau
   approximiert.

- Das allgemeine Verhalten eines thermorheologisch einfachen Materials mit
  schwindendem Gedächtnis wird durch die Stoffgleichung (4.21) bei hinreichend
  langsamen ODER kleinen Verzerrungen beliebig genau approximiert, wobei die
  Temperaturänderungen beliebig sein können (vgl. Abschnitt 3.5).

- Die Gleichungen (4.19,21) können, da sie das Prinzip der materiellen Objektivität
  erfüllen, auch als Definitionsgleichungen für spezielle ideale thermoviskoelastische
  Materialien aufgefaßt werden. In diesem Fall gelten sie per definitionem ohne Fehler-
  glieder für beliebige Temperaturänderungen und Deformationen.

Aus (4.19) :

$$\psi(t) \;=\; \varphi[\,C(t),\,\theta(t)\,] \;+\; \bar{\Phi}[\,C_d^t(\cdot),\,\theta_d^t(\cdot),\,C(t),\,\theta(t)] \tag{4.24}$$

und (2.36, 59, 60) erhält man durch Anwendung der Gleichungen (2.22,29,30) die
Materialgleichungen für den Spannungstensor $\tilde{T}$, die Entropie η und die Dissipationsleistung δ:

$$\frac{1}{2\rho_R}\tilde{T} \;=\; \partial_C\Big\{\varphi(C,\theta) + \bar{\Phi}[\,C_d^t(\cdot),\,\theta_d^t(\cdot);\,C,\,\theta\,]\Big\} -$$

$$-\int_0^\infty\int_0^\infty \Big\{\, \mathbb{K}(C,\theta,s_1,s_2)[\,C_d^t(s_2)] + K(C,\theta,s_1,s_2)\,\theta_d^t(s_2)\Big\}\,ds_1\,ds_2 \tag{4.25}$$

$$\eta \;=\; -\partial_\theta\Big\{\varphi(C,\theta) + \bar{\Phi}[\,C_d^t(\cdot),\,\theta_d^t(\cdot),\,C,\,\theta]\Big\} +$$

$$+\int_0^\infty\int_0^\infty \Big\{\, K(C,\theta,s_1,s_2)\cdot C_d^t(s_2) + k(C,\theta,s_1,s_2)\,\theta_d^t(s_2)\Big\}\,ds_1\,ds_2 \tag{4.26}$$

$$\delta \;=\; \int_0^\infty\int_0^\infty \Big\{\, C_d^t(s_1)\cdot \mathbb{K}(C,\theta,s_1,s_2)\Big[\,\frac{d}{ds_2}\,C_d^t(s_2)\,\Big] \;+$$

$$+\,\frac{d}{ds_1}\,C_d^t(s_1)\cdot K(C,\theta,s_1,s_2)\,\theta_d^t(s_2) + C_d^t(s_1)\cdot K(C,\theta,s_1,s_2)\,\frac{d}{ds_2}\theta_d^t(s_2) \;+$$

$$+\,\theta_d^t(s_1)\,k(C,\theta,s_1,s_2)\,\frac{d}{ds_2}\,\theta_d^t(s_2)\Big\}\,ds_1\,ds_2 \;. \tag{4.27}$$

Für thermorheologisch einfache Stoffe folgt aus (4.21) :

$$\hat{\psi}(z) = \varphi[\hat{C}(z), \hat{\theta}(z)] + \hat{\Theta}[\hat{C}_d^z(\cdot) \; ; \; \hat{C}(z), \hat{\theta}(z)] \tag{4.28}$$

entsprechend:

$$\frac{1}{2\rho_R}\hat{\bar{T}}(z) = \partial_{\hat{C}}\left\{\varphi(\hat{C}, \hat{\theta}) + \hat{\Theta}[\hat{C}_d^z(\cdot); \hat{C}, \hat{\theta}]\right\} -$$
$$- \int\limits_0^\infty \int\limits_0^\infty \hat{\mathbb{K}}(\hat{C}, \hat{\theta}, \sigma_1, \sigma_2)[\hat{C}_d^z(\sigma_2)] \, d\sigma_1 \, d\sigma_2 \tag{4.29}$$

$$\hat{\eta}(z) = -\partial_{\hat{\theta}}\left\{\varphi(\hat{C}, \hat{\theta}) + \hat{\Theta}[\hat{C}_d^z(\cdot); \hat{C}, \hat{\theta}]\right\} \tag{4.30}$$

$$\hat{\delta}(z) = \int\limits_0^\infty \int\limits_0^\infty \hat{C}_d^z(\sigma_1) \cdot \hat{\mathbb{K}}(\hat{C}, \hat{\theta}, \sigma_1, \sigma_2)[\frac{d}{d\sigma_2}\hat{C}_d^z(\sigma_2)] \, d\sigma_1 \, d\sigma_2 \tag{4.31}$$

Die allgemeinen Materialgleichungen (2.33, 34, 36) bzw. (3.35, 36, 38) werden durch (4.25 - 27) bzw. (4.29 - 31) für hinreichend langsame thermokinematische Prozesse beliebig genau approximiert.

Die Materialeigenschaften werden in diesen Approximationen bei thermodynamisch einfachen Stoffen durch die Materialfunktionen $\varphi(\cdot)$, $\mathbb{K}(\cdot)$, $K(\cdot)$ und $k(\cdot)$ beschrieben. Zur Kennzeichnung der Eigenschaften thermorheologisch einfacher Stoffe sind dagegen weniger Materialfunktionen erforderlich, nämlich lediglich $\varphi(\cdot)$, $\hat{\mathbb{K}}(\cdot)$ und $b(\cdot)$.

4.4   Finite Lineare Thermoviskoelastizität

Die Approximation des Energiefunktionals durch eine Quadratische Form in der Verzerrungs- und Temperaturgeschichte bildet die Grundlage für eine Erweiterung der mechanischen Theorie der FINITEN LINEAREN VISKOELASTIZITÄT (s. [31,7] bzw. [55, 78, 115, 116]).

Die Materialgleichungen der Finiten Linearen Viskoelastizität sind dadurch gekennzeichnet, daß das Funktional für den Spannungstensor in der Verzerrungsgeschichte LINEAR ist, während der gegenwärtige Verzerrungszustand in beliebiger Weise als Parameter in die Materialgleichung eingehen kann.

Die Gleichungen (4.25,26) bzw. (4.29,30) zeigen jedoch, daß in den Funktionalen für Spannungstensor und Entropie außer linearen Termen im allgemeinen auch Glieder auftreten, die in der Verzerrungs bzw. Temperaturgeschichte quadratisch sind. Diese Terme treten offenbar genau dann auf, wenn der Gedächtnisanteil der Freien Energie außer von der Prozeßgeschichte auch vom gegenwärtigen Verzerrungs- und Temperaturzustand abhängt.

Man könnte die quadratischen Terme zwar vernachlässigen, was für hinreichend kleine oder hinreichend langsame Deformation und Temperaturänderungen zulässig wäre (s. Satz 2.2 sowie [78]), jedoch würde dann die thermodynamische Konsistenz der Materialgleichungen insofern verloren gehen, als der Satz der Stoffunktionale für ψ, $\tilde{T}$, η und δ nicht mehr die Relationen (2.33, 34, 36) bzw. (3.35, 36, 38) erfüllen würde. Dies führt zu

<u>Satz 4.3</u>

Innerhalb einer thermodynamisch konsistenten Theorie der einfachen Stoffe sind die Funktionale für Spannungstensor und Entropie genau dann linear in der Verzerrungs- und Temperaturgeschichte, wenn der Gedächtnisanteil der Freien Energie vom gegen – wärtigen Verzerrungs- und Temperaturzustand unabhängig ist; es gelten dann die folgenden Materialgleichungen :

$$\psi = \varphi(C, \theta) +$$

$$+ \frac{1}{2} \int_0^\infty \int_0^\infty \left\{ C_d^t(s_1) \cdot \mathbb{K}(s_1, s_2) [C_d^t(s_2)] + 2 \, C_d^t(s_1) \cdot K(s_1, s_2) \, \theta_d^t(s_2) + \right.$$

$$\left. + \theta_d^t(s_1) \, k(s_1, s_2) \, \theta_d^t(s_2) \right\} d s_1 \, d s_2 \tag{4.32}$$

$$\frac{1}{2\rho_R} \tilde{T} = \partial_C \varphi(C, \theta) -$$

$$- \int_0^\infty \int_0^\infty \left\{ \mathbb{K}(s_1, s_2) [C_d^t(s_2)] + K(s_1, s_2) \theta_d^t(s_2) \right\} d s_1 \, d s_2 \tag{4.33}$$

$$\eta \;=\; -\,\partial_\theta\,\varphi(C,\vartheta) \;+$$

$$+\;\int_0^\infty\!\!\int_0^\infty \left\{ K\,(s_1,s_2)\cdot C_d^{\,t}(s_2) + k\,(s_1,s_2)\,\theta_d^{\,t}(s_2)\right\} d s_1\, d s_2 \tag{4.34}$$

$$\delta \;=\; \int_0^\infty\!\!\int_0^\infty \left\{ C_d^{\,t}(s_1)\cdot \mathbb{K}\,(s_1,s_2)\left[\frac{d}{d s_2}\,C_d^{\,t}(s_2)\right] \;+\right.$$

$$+\;\frac{d}{ds_1}\,C_d^{\,t}(s_1)\cdot K\,(s_1,s_2)\,\theta_d^{\,t}(s_2) + C_d^{\,t}(s_1)\cdot K\,(s_1,s_2)\,\frac{d}{ds_2}\,\theta_d^{\,t}(s_2) \;+$$

$$+\;\left.\theta_d^{\,t}(s_1)\,k\,(s_1,s_2)\,\frac{d}{d s_2}\,\theta_d^{\,t}(s_2)\right\} d s_1\, d s_2 \tag{4.35}$$

Für thermorheologisch einfache Stoffe gilt entsprechend :

$$\hat{\psi}(z) \;=\; \varphi(\hat{C},\hat{\theta}) \;+$$

$$+\;\frac{1}{2}\,\int_0^\infty\!\!\int_0^\infty \hat{C}_d^{\,z}(\sigma_1)\cdot \hat{K}\,(\sigma_1,\sigma_2)\left[\hat{C}_d^{\,z}(\sigma_2)\right] d\sigma_1\, d\sigma_2 \tag{4.36}$$

$$\frac{1}{2\rho_R}\,\hat{\tilde{T}}\,(z) \;=\; \partial_{\hat{C}}\,\varphi(\hat{C},\hat{\theta}) - \int_0^\infty\!\!\int_0^\infty \hat{\mathbb{K}}\,(\sigma_1,\sigma_2)\left[\hat{C}_d^{\,z}(\sigma_2)\right] d\sigma_1\, d\sigma_2 \tag{4.37}$$

$$\hat{\eta}(z) \;=\; -\,\partial_{\hat{\theta}}\,\varphi(\hat{C},\hat{\theta}) \tag{4.38}$$

$$\hat{\delta}(z) \;=\; \int_0^\infty\!\!\int_0^\infty \hat{C}_d^{\,z}(\sigma_1)\,\hat{\mathbb{K}}\,(\sigma_1,\sigma_2)\left[\frac{d}{d\sigma_2}\,\hat{C}_d^{\,z}(\sigma_2)\right] d\sigma_1\, d\sigma_2 \tag{4.39}$$

Die durch die Gleichungen (4.32 - 35) bzw. (4.36 - 39) definierte Materialtheorie soll THERMODYNAMISCH KONSISTENTE FINITE LINEARE VISKOELASTIZITÄT genannt werden.

5.1 Physikalische Motivation

In Verbindung mit der verschärften FADING MEMORY – Annahme (Definition 4.1, S. 86)
liefert der COLEMAN sche Satz (Satz 2.3, S. 51) eine allgemeine Grundlage für die
Konstruktion spezieller Materialgleichungen der Thermoviskoelastizität. Diese Materialgleichungen sind mit der CLAUSIUS-DUHEM Ungleichung verträglich, wenn zwischen
den Funktionalen für Freie Energie, Spannungstensor und Entropie die verallgemeinerten
Potentialbeziehungen (2.33,34) gelten, und wenn das Energiefunktional zusätzlich noch
die folgenden beiden Eigenschaften besitzt:

(1)   Der Gedächtnisanteil muß positiv (semi-) definit sein, das heißt physikalisch: Die
      Freie Energie muß jeweils für eine zeitunabhängige (statische) Verzerrungs- und
      Temperaturgeschichte ein relatives Minimum annehmen [(2.56), (3.43)].

(2)   Die Dissipationsungleichung (2.37) muß gelten, das heißt: Das Differential des
      Gedächtnisanteils in " Richtung" der Geschichte der Verzerrungs- und Temperatur-
      geschwindigkeit muß positiv (semi-) definit sein [(2.58), (3.44)].

(die Forderung (2.35), die bei gegebenem Energiefunktional eine einschränkende Bedingung für das Funktional des Wärmeflußvektors ist, wird innerhalb dieser Arbeit nicht
weiter diskutiert bzw. ausgewertet.)

Es ist physikalisch und mathematisch sinnvoll, allgemeine Verfahren zu entwickeln, die die
identische Erfüllung derartiger Forderungen sicherstellen: Gesucht sind REDUZIERTE FOR-
MEN des Energiefunktionals, die mit der CLAUSIUS-DUHEM Ungleichung verträglich sind.
Im Unterschied zum Prinzip der materiellen Objektivität, dessen identische Erfüllung auf

einfache Weise in voller Allgemeinheit gelingt (Satz 2.1), kann dieses Problem allerdings nur in speziellen Fällen befriedigend gelöst werden. Innerhalb der linearen Thermoviskoelastizität gibt es dazu Untersuchungen von CHRISTENSEN und NAGHDI [39] (s. auch [105 - 107] sowie [55]).

In diesem Kapitel sollen EINSCHRÄNKENDE BEDINGUNGEN für die MATERIALFUNKTIONEN abgeleitet werden, die für das Energiefunktional die Eigenschaften (1) und (2) garantieren. Den Ausgangspunkt bildet dabei die Approximation (4.19) bzw. (4.21) des Gedächtnisanteils der Freien Energie durch eine Quadratische Form der thermokinematischen Prozeßgeschichte.

Alle Überlegungen dieses Kapitels gehen von der ANNAHME aus, daß der Gedächtnisanteil der Freien Energie sowie die Dissipationsleistung POSITIV DEFINIT sein sollen, daß also das Gleichheitszeichen in (2.37,56) bzw. (3.43,44) genau für die Prozesse gilt, die zeitlich konstant sind. (Dies ist eine Verschärfung der Forderungen (1) und (2).)

Analog zum vorigen Kapitel wird ferner unterstellt, daß alle linearen Operatoren $\mathcal{L} \in \mathrm{Lin}(\mathcal{H}_h)$, die im Zusammenhang mit der Thermoviskoelastizität auftreten, HILBERT-SCHMIDT - Operatoren sind (s.S. 87).

5.2   Positiv definite Quadratische Formen

5.21   Darstellungssatz für definite Quadratische Formen

Nach Satz 4.1 wird eine beschränkte symmetrische Bilinearfom

$$\mathcal{B} : \mathcal{H} \times \mathcal{H} \longrightarrow \mathbb{R} \qquad \text{(Der Index } h \text{ wird im Folgenden unterdrückt)}$$

durch ein Doppelintegral dargestellt, sofern der zugeordnete lineare Operator vom HILBERT-SCHMIDT Typ ist. Der Kern dieses Integrals, die Funktion

$$\mathbf{K} : \mathbb{R}^+ \times \mathbb{R}^+ \longrightarrow \mathrm{Lin}(\mathcal{V}^n)$$

repräsentiert einen linearen Operator

$$\mathcal{A} : \mathcal{H} \longrightarrow \mathcal{H} \quad ,$$

für dessen Selbstadjungiertheit und Beschränktheit die Beziehungen (4.5,6) notwendig und hinreichend sind.

Der folgende Satz liefert eine allgemeine Methode zur Konstruktion positiv definiter Quadratischer Formen auf $\mathcal{H}$:

Satz 5.1

Die Quadratische Form

$$\mathcal{Q} : \mathcal{H} \longrightarrow \mathbb{R}$$

$$\Gamma(\cdot) \longmapsto \mathcal{Q}[\Gamma(\cdot)] = \frac{1}{2} \int_0^\infty \int_0^\infty \Gamma(s_1) \cdot \mathbf{K}(s_1, s_2) \Gamma(s_2) \, ds_1 \, ds_2 \qquad (5.1)$$

sei BESCHRÄNKT und POSITIV DEFINIT. Der Kern $\mathbf{K}(\cdot, \cdot)$ sei ,STETIG.

Dann gilt

$$\mathbf{K}(s_1, s_2) = \frac{1}{2} \int_0^\infty \mathbf{L}^\mathsf{T}(\tau, s_1) \, \mathbf{L}(\tau, s_2) \, d\tau \; ; \qquad (5.2)$$

die Funktion

$$\mathbf{L} : \mathbb{R}^+ \times \mathbb{R}^+ \longrightarrow \mathrm{Lin}\,(\mathcal{V}^n)$$

erfüllt die Ungleichung

$$\int_0^\infty \int_0^\infty |\mathbf{L}(\tau, s)|^2 h^{-2}(s) \, ds \, d\tau < \infty \; ; \qquad (5.3)$$

der Tensor $\mathbf{L}(\tau, s)$ ist bis auf höchstens abzählbar viele $s_\nu \in \mathbb{R}^+$ invertierbar.

Explizit gilt

$$\mathcal{Q}[\Gamma(\cdot)] = \int_0^\infty \left\{ \int_0^\infty \mathbf{L}(\tau, s) \Gamma(s) \, ds \right\}^2 d\tau \; . \qquad (5.4)$$

(Mit der Rechenoperation $\{\cdots\}^2$ ist das Skalarprodukt in $\mathcal{V}^n$ gemeint.)

100

<u>Beweis:</u>

Der durch $\mathcal{A}$ definierte lineare Operator

$$\mathcal{A}: \quad \mathcal{H} \longrightarrow \mathcal{H}$$
$$\Gamma(\cdot) \longmapsto \mathcal{A}\,\Gamma(\cdot) = \int_0^\infty \widetilde{\mathbf{K}}\,(\cdot\,,s\,)\Gamma(s)\,h^2(s)\,ds \tag{5.5}$$

mit

$$\widetilde{\mathbf{K}}\,(s_1\,,\,s_2) = h^{-2}(s_1)\,\mathbf{K}\,(s_1,\,s_2)\,h^{-2}(s_2) \tag{5.6}$$

[s. Satz 4.1 und Gleichung (4.10)]

ist selbstadjungiert und positiv definit. Nach einem Satz aus der Funktionalanalysis
[101, Kap. VII, § 3, Satz 2] existiert folglich eindeutig die positive QUADRAT-
WURZEL, d.h., ein linearer Operator

$$\mathcal{L}: \quad \mathcal{H} \longrightarrow \mathcal{H}$$

mit der Eigenschaft

$$\mathcal{A} = \mathcal{L}^2 \quad , \tag{5.7}$$

wobei $\mathcal{L}$ selbstadjungiert und positiv definit ist. Verzichtet man auf diese Eigenschaften,
so ist $\mathcal{L}$ nicht mehr eindeutig bestimmt; jedoch sind alle positiven Operatoren auf diese
Weise darstellbar: Ist $\mathcal{L}: \mathcal{H} \longrightarrow \mathcal{H}$ ein beliebiger INJEKTIVER linearer Operator (nicht
notwendig positiv definit) und $\mathcal{L}^*: \mathcal{H} \longrightarrow \mathcal{H}$ der adjungierte Operator ($\mathcal{L}^* \neq \mathcal{L}$), so
ist der Operator

$$\mathcal{A} := \mathcal{L}^*\mathcal{L} \tag{5.8}$$

positiv definit :

$$\langle \Gamma(\cdot),\ \mathcal{L}^*\mathcal{L}\,\Gamma(\cdot)\rangle_h\ = \langle \mathcal{L}\Gamma(\cdot)\,,\ \mathcal{L}\,\Gamma(\cdot)\rangle_h \qquad > 0$$

[vgl. (1.15,18)]

Als HILBERT-SCHMIDT Operator besitzt $\mathcal{L}$ eine Integraldarstellung:

$$\mathcal{L}\,\Gamma(\cdot) \quad = \int_0^\infty \widetilde{\mathbf{L}}\,(\cdot,\ s\ )\Gamma(s\,)\,h^2(s\,)\ ds \tag{5.9}$$

[s. Gl. (4.8)]

Daraus folgt

$$\mathcal{L}^*\Gamma(\cdot) \;=\; \int\limits_0^\infty \tilde{\mathbf{L}}^{\mathsf{T}}(s\,,\cdot)\,\Gamma(s)\,h^2(s)\;ds\,, \tag{5.10}$$

bzw., mit (5.8)

$$\mathcal{Q}\,\Gamma(\cdot) \;=\; \mathcal{L}^*\mathcal{L}\,\Gamma(\cdot)$$

$$=\; \int\limits_0^\infty\int\limits_0^\infty \tilde{\mathbf{L}}^{\mathsf{T}}(\tau,\cdot)\,\tilde{\mathbf{L}}(\tau,s)\,h^2(\tau)\,h^2(s)\,\Gamma(s)\,d\tau\,ds\,. \tag{5.11}$$

Vergleich mit Gleichung (5.5) liefert

$$\tilde{\mathbf{K}}(\cdot,\cdot) \;=\; \int\limits_0^\infty \tilde{\mathbf{L}}^{\mathsf{T}}(\tau,\cdot)\,\tilde{\mathbf{L}}(\tau,\cdot)\,h^2(\tau)\,d\tau\quad, \tag{5.12}$$

und mit (5.6) folgt

$$\mathbf{K}(s_1,s_2) \;=\; h^2(s_1)\int\limits_0^\infty \tilde{\mathbf{L}}^{\mathsf{T}}(\tau,s_1)\,\tilde{\mathbf{L}}(\tau,s_2)\,h^2(\tau)\,d\tau\; h^2(s_2)\,. \tag{5.13}$$

Definiert man eine neue Funktion $\mathbf{L}(\cdot,\cdot)$ durch

$$\mathbf{L}(\tau,s) \;:=\; h(\tau)\,\tilde{\mathbf{L}}(\tau,s)\,h^2(s)\quad, \tag{5.14}$$

so ergibt sich Gleichung (5.2).

Um die Beschränktheit des Operators $\mathcal{L}$ zu sichern, muß nach (4.9) die Relation

$$\int\limits_0^\infty\int\limits_0^\infty h^2(\tau)\,\big|\,\tilde{\mathbf{L}}(\tau,s)\,\big|^2\,h^2(s)\,d\tau\,ds \;<\; \infty \tag{5.15}$$

gelten; durch Einsetzen von $\tilde{\mathbf{L}}$ nach (5.14) erhält man (5.3); Einsetzen von (5.2) in (5.1) liefert (5.4).

Aus der Tatsache, daß $\mathcal{L}$ ein injektiver Operator ist, folgt, falls die Funktion $\mathbf{L}(\cdot,\cdot)$ bzw. $\mathbf{K}(\cdot,\cdot)$ stetig ist, daß $\mathbf{L}$ höchsten an abzählbar vielen Punkten singulär sein kann.

5.22 Positive Quadratische Formen mit positivem Differential

Die physikalische Bedeutung des Satzes 5.1 besteht darin, daß er die Minimumeigenschaft (2.46) des Energiefunktionals für beliebige Materialfunktionen $\mathbf{L}(\cdot)$ garantiert.(Die Funktionen $\mathbf{L}$ müssen lediglich die Eigenschaft (5.3) haben.)

Dagegen erfordert die zusätzliche Berücksichtigung der Dissipationsungleichung (2.37)
einschränkende Bedingungen für den Verlauf der Materialfunktionen.

Einen allgemeinen Rahmen zur Formulierung derartiger Bedingungen liefert

Satz 5.2

Gegeben sei eine definite Quadratische Form (vgl. Satz 5.1)

$$\mathcal{Q}: \quad \mathcal{H} \longrightarrow \mathbb{R}^+$$

$$\Gamma(\cdot) \longmapsto \mathcal{Q}[\Gamma(\cdot)] = \frac{1}{2} \int_0^\infty \left\{ \int_0^\infty \mathbf{L}(\tau, s)\Gamma(s)\,ds \right\}^2 d\tau \qquad (5.16)$$

Der Definitionsbereich von $\mathcal{Q}$ sei eingeschränkt auf den Unterraum

$$\mathcal{H}_0 := \left\{ \Gamma(\cdot) \,\middle|\, \Gamma(0) = 0 \right\} < \mathcal{H}; \qquad (5.17)$$

die Funktion $(\tau, s) \longmapsto \mathbf{L}(\tau, s)$ sei stetig differenzierbar nach s .

Dann ist das GATEAUX - Differential (s. (2.22))

$$d_\Gamma \mathcal{Q}\left[\Gamma(\cdot) \,\middle|\, \frac{d}{ds}\Gamma(\cdot)\right] := \frac{d}{d\nu} \mathcal{Q}\left[\Gamma(\cdot) + \nu\,\Omega(\cdot)\right]\bigg|_{\nu=0}\bigg|_{\Omega \,=\, \frac{d}{ds}\Gamma(\cdot)} \qquad (5.18)$$

genau dann POSITIV DEFINIT, wenn eine tensorwertige Funktion

$$\mathbf{M}(\cdot, \cdot) \quad : \quad \mathbb{R}^+ \times \mathbf{R}^+ \longrightarrow \mathrm{Lin}(\mathcal{V}^n)$$

existiert, mit der Eigenschaft, daß

$$\frac{\partial}{\partial s_1} \int_0^\infty \mathbf{L}^\mathsf{T}(\tau, s_1)\, \mathbf{L}(\tau, s_2)\, d\tau = - \int_0^\infty \mathbf{M}^\mathsf{T}(\tau, s_1)\, \mathbf{M}(\tau, s_2)\, d\tau \qquad (5.19)$$

gilt. Die Funktion $\mathbf{M}(\cdot, \cdot)$ kann dabei beliebig sein, bis auf die folgenden Einschränkungen :

(1) Der durch $\mathbf{M}$ definierte lineare (HILBERT-SCHMIDT) Operator

$$\mathcal{M}: \quad \mathcal{H} \longrightarrow \mathcal{H}$$

$$\Gamma(\cdot) \longmapsto \mathcal{M}\Gamma(\cdot) = \int_0^\infty \mathbf{M}(\cdot, s)\,\Gamma(s)\,ds$$

ist injektiv.

(2) Der Operator $\mathfrak{M}^{*}\mathfrak{M}$ ist beschränkt: $M(\cdot,\cdot)$ erfüllt (5.3).

<u>Beweis:</u>

Aus (5.16) und (5.18) folgt

$$d_r \mathcal{O}[\Gamma(\cdot) \mid \Omega(\cdot)] = \int\limits_0^\infty \left\{ \int\limits_0^\infty L(\tau, s)\Gamma(s)\, ds \right\} \cdot \left\{ \int\limits_0^\infty L(\tau, s)\Omega(s)\, ds \right\} d\tau \,,$$

bzw.

$$d_r \mathcal{O}[\Gamma(\cdot) \mid \tfrac{d}{ds}\Gamma(\cdot)] = \int\limits_0^\infty \left\{ \int\limits_0^\infty L(\tau, s)\Gamma(s)\, ds \right\} \cdot \left\{ \int\limits_0^\infty L(\tau, s)\tfrac{d}{ds}\Gamma(s)\, ds \right\} d\tau \,.$$

Partielle Integration ergibt mit $\Gamma(0) = 0$ und $\lim\limits_{s \to \infty} L(\tau, s) = O$

$$\int\limits_0^\infty L(\tau, s)\tfrac{d}{ds}\Gamma(s)\, ds = L(\tau, s)\Gamma(s)\Big|_0^\infty - \int\limits_0^\infty \frac{\partial}{\partial s} L(\tau, s)\Gamma(s)\, ds$$

$$= - \int\limits_0^\infty \frac{\partial}{\partial s} L(\tau, s)\Gamma(s)\, ds \,,$$

und man erhält

$$d_r \mathcal{O}[\Gamma(\cdot) \mid \tfrac{d}{ds}\Gamma(\cdot)] =$$

$$= - \int\limits_0^\infty \left\{ \int\limits_0^\infty L(\tau, s)\Gamma(s)\, ds \right\} \cdot \left\{ \int\limits_0^\infty \frac{\partial}{\partial s}L(\tau, s)\Gamma(s)\, ds \right\} d\tau$$

$$= - \int\limits_0^\infty\int\limits_0^\infty\int\limits_0^\infty \Gamma(s_1) \cdot \frac{\partial}{\partial s_1} L^T(\tau, s_1) L(\tau, s_2)\Gamma(s_2)\, ds_1\, ds_2\, d\tau \,. \tag{5.20}$$

Ist die Quadratische Form (5.20) positiv definit, so gilt andererseits nach Satz 5.1 die Darstellung

$$d_r \mathcal{O}[\Gamma(\cdot) \mid \tfrac{d}{ds}\Gamma(\cdot)] = \int\limits_0^\infty \left\{ \int\limits_0^\infty M(\tau, s)\Gamma(s)\, ds \right\}^2 d\tau \tag{5.21}$$

$$= \int\limits_0^\infty\int\limits_0^\infty\int\limits_0^\infty \Gamma(s_1) \cdot M^T(\tau, s_1) M(\tau, s_2)\Gamma(s_2)\, ds_1\, ds_2\, d\tau \,, \tag{5.22}$$

wobei die tensorwertige Funktion $M(\cdot,\cdot)$ den Einschränkungen (1) und (2) unterliegt.

Vergleich von (5.22) und (5.20) liefert die Behauptung (5.19) . $|$

Zur physikalischen Motivation der Voraussetzung (5.17) ist zu bemerken, daß die Funktionen $\Gamma(\cdot)$ in den physikalischen Anwendungen mit den thermokinematischen Prozeßgeschichten

$$\Lambda_d^t(\cdot) \quad = \quad \left\{ C_d^t(\cdot),\, \theta_d^t(\cdot) \right\} \quad \text{bzw.} \quad \hat{C}_d^z(\cdot)$$

identifiziert werden, die die Voraussetzung (5.17) per definitionem erfüllen (s. Definition 2.1, S. 40, bzw. Gleichung (3.8)).

5.3 Thermodynamisch konsistente Materialfunktionen

Die Funktionalgleichung (5.19) ist notwendig und hinreichend dafür, daß die Dissipationsungleichung (2.37) für alle thermokinematischen Prozesse identisch erfüllt ist, und es entsteht nun die Aufgabe, EINSCHRÄNKENDE BEDINGUNGEN anzugeben , die hinreichend dafür sind, daß die Materialfunktionen $L\,(\cdot,\cdot)$ der Gleichung (5.19) genügen. Hierzu sollen in diesem Abschnitt verschiedene Möglichkeiten dargestellt werden.

5.31 Einschränkende Bedingungen für die Materialfunktionen

Die einfachste hinreichende (wenn auch nicht notwendige) Möglichkeit zur Erfüllung der Funktionalgleichung (5.19) besteht darin, daß man die Integranden auf beiden Seiten punktweise gleichsetzt:

$$\frac{\partial}{\partial s_1}\, L^T(\tau,\, s_1)\, L\,(\tau, s_2) \;=\; -\; M^T(\tau, s_1)\, M(\tau, s_2) \tag{5.23}$$

Die Konsequenz daraus ist

Satz 5.3

Gleichung (5.23) ist hinreichend für

$$d_r\, \mathcal{Q}\,[\,\Gamma(\cdot)\ \Big|\ \frac{d}{ds}\,\Gamma(\cdot)\,]\ \;\geq\;\ 0\ ; \tag{5.24}$$

Für die tensorwertige Materialfunktion $L\,(\cdot,\cdot)$ gilt dann die Differentialgleichung

$$\frac{\partial}{\partial s}\, \mathbf{L}\,(\tau,\, s) \;=\; -\,\mathbf{A}^{\mathsf{T}}(\tau)\;\mathbf{A}\,(\tau)\;\mathbf{L}\,(\tau,\, s)\;.\qquad\qquad (5.25)$$

Dabei ist

$$\mathbf{A}\;:\;\mathbb{R}^{+}\longrightarrow \mathrm{Lin}^{+}\,(\mathcal{V}^{n})$$
$$\tau \longmapsto \mathbf{A}\,(\tau)$$

eine beliebige stetige tensorwertige Funktion mit der Einschränkung, daß der Funktionswert für alle Werte der Variablen τ ein invertierbarer Tensor sein soll. Explizit gilt:

$$d_{\Gamma}\,\mathcal{O}\!\left[\,\Gamma\,(\cdot)\,\Big|\frac{d}{d\,s}\;\Gamma\,(\cdot)\,\right] \;=\; \int\limits_{0}^{\infty}\!\left\{\int\limits_{0}^{\infty}\mathbf{A}\,(\tau)\,\mathbf{L}\,(\tau,\, s)\,\Gamma\,(s)\,d\,s\right\}^{2}\,d\tau \qquad (5.26)$$

<u>Beweis:</u>

Bis auf singuläre Punkte ist (5.23) gleichbedeutend mit

$$\mathbf{M}^{\mathsf{T}-1}\,(\tau,\, s_{1})\;\frac{\partial}{\partial s_{1}}\,\mathbf{L}^{\mathsf{T}}(\tau,\, s_{1}) \;=\; -\,\mathbf{M}\,(\tau,\, s_{2})\,\mathbf{L}^{-1}(\tau,\, s_{2})\;.\qquad (5.27)$$

Da in (5.27) die rechte Seite nicht von s_{1} und die linke Seite nicht von s_{2} abhängt,
kann man beide Seiten einem Tensor $\mathbf{A}$ gleichsetzen, der noch von τ abhängen kann,
das heißt, es gilt

$$\mathbf{M}^{\mathsf{T}-1}(\tau,\, s_{1})\,\frac{\partial}{\partial s_{1}}\,\mathbf{L}^{\mathsf{T}}\,(\tau,\, s_{1}) \;=\; \mathbf{A}\,(\tau)$$

$$-\,\mathbf{M}\,(\tau,\, s_{2})\,\mathbf{L}^{-1}\,(\tau,\, s_{2}) \;=\; \mathbf{A}\,(\tau)\;,$$

bzw.

$$\frac{\partial}{\partial s}\,\mathbf{L}\,(\tau,\, s) \;=\; \mathbf{A}^{\mathsf{T}}\,(\tau)\,\mathbf{M}\,(\tau,\, s)$$

und

$$\mathbf{M}\,(\tau,\, s) \;=\; -\,\mathbf{A}\,(\tau)\,\mathbf{L}\,(\tau,\, s)\;;$$

daraus folgt (5.25) . Einsetzen von (5.25) in (5.20) ergibt (5.26). $\Big|$

Die Differentialgleichung (5.25) führt auf Materialfunktionen vom Exponentialtyp :
die Lösung lautet mit der tensorwertigen Funktion

$$\mathbf{C}(\cdot) : \qquad \mathbf{R}^+ \longrightarrow \mathrm{Lin}(\,\mathcal{V}^n)$$

$$\mathbf{L}(\tau,s) \;=\; \left[e^{-\mathbf{A}^T(\tau)\mathbf{A}(\tau)s} \right] \mathbf{C}(\tau) \tag{5.28}$$

Im Hinblick auf physikalische Anwendungen ist die folgende Umformung von (5.28) zweckmäßig:

Sei $\left\{ B_i \right\}_{i=1,\cdots n}$ eine ORTHONORMALBASIS in $\mathcal{V}^n$ sowie $\left\{ \alpha_i^2(\tau),\, A_i(\tau) \right\}_{i=1,\ldots n}$

die EIGENWERTE bzw. – VEKTOREN von $\mathbf{A}^T(\cdot)\,\mathbf{A}(\cdot)$ an der Stelle τ :

$$\mathbf{A}_i^T(\tau)\,\mathbf{A}_i(\tau)\; A_i(\tau) \;=\; \alpha_i^2(\tau)\, A_i(\tau) \qquad (\,i=1,\,..\,n\,)\;.$$

(Da $\mathbf{A}$ nicht singulär ist, gilt $\alpha_i^2(\tau) > 0$; ferner bilden die A_i ein Orthonormalsystem in $\mathcal{V}^n$.)

Dann ist der Tensor

$$\mathbf{Q}(\tau) := \sum_{i=1}^{n} B_i \otimes A_i(\tau) \tag{5.29}$$

orthogonal ($\mathbf{Q} \in \mathrm{Orth}(\,\mathcal{V}^n\,)$; $\otimes$ bezeichnet das Tensorprodukt in $\mathcal{V}^n$), und aus

$$\mathbf{A}^T(\tau)\,\mathbf{A}(\tau) = \sum_{i=1}^{n} \alpha_i^2(\tau)\, A_i(\tau) \otimes A_i(\tau) \tag{5.30}$$

folgt

$$\mathbf{Q}(\tau)\,\mathbf{A}^T(\tau)\,\mathbf{A}(\tau)\,\mathbf{Q}^T(\tau) \;=\; \sum_{i=1}^{n} \alpha_i^2(\tau)\, B_i \otimes B_i \;, \tag{5.31}$$

bzw.

$$e^{-\mathbf{Q}(\tau)\mathbf{A}^T(\tau)\mathbf{A}(\tau)\mathbf{Q}^T(\tau)} \;=\; \Phi(\tau,s)\;, \tag{5.32}$$

mit

$$\Phi(\tau;s) := \sum_{i=1}^{n} e^{-\alpha_i^2(\tau)s}\, B_i \otimes B_i \;. \tag{5.33}$$

Andererseits ist für alle $\mathbf{A} \in \mathrm{Lin}(\mathcal{V}^n)$,

$\mathbf{Q} \in \mathrm{Orth}(\,\mathcal{V}^n)$ und $s \in \mathbf{R}$

$$e^{-\mathbf{A}^T\mathbf{A}s} \;=\; \mathbf{Q}^T\, e^{-\mathbf{Q}\mathbf{A}^T\mathbf{A}\mathbf{Q}^T s}\, \mathbf{Q}\;. \tag{5.34}$$

Damit erhält die Lösung (5.28) die Form

$$\mathbf{L}(\tau,s) = \mathbf{Q}^T(\tau)\,\Phi(\tau,s)\,\mathbf{Q}(\tau)\,\mathbf{C}(\tau)\;. \tag{5.35}$$

Daraus folgt mit $\boldsymbol{\Phi}^{\mathsf{T}} = \boldsymbol{\Phi}$ und

$$\boldsymbol{\Phi}(\tau, s_1)\, \boldsymbol{\Phi}(\tau, s_2) = \boldsymbol{\Phi}(\tau, s_1 + s_2)$$

$$\mathbf{L}^{\mathsf{T}}(\tau, s_1)\, \mathbf{L}(\tau, s_2) = \mathbf{C}^{\mathsf{T}}(\tau)\, \mathbf{Q}^{\mathsf{T}}(\tau)\, \boldsymbol{\Phi}(\tau, s_1 + s_2)\, \mathbf{Q}(\tau)\, \mathbf{C}(\tau) \ . \tag{5.36}$$

Definiert man eine neue tensorwertige Funktion

$$\mathbf{D} \ : \ \mathbb{R}^+ \longrightarrow \mathrm{Lin}(\mathcal{V}^n)$$

$$\tau \longmapsto \mathbf{D}(\tau) := \mathbf{Q}(\tau)\, \mathbf{C}(\tau) \ , \tag{5.37}$$

so erhält man als Resultat

<u>Satz 5.4</u>

Hinreichend für

$$\mathcal{O}[\,\Gamma(\cdot)\,] := \int_0^\infty \int_0^\infty \Gamma(s_1) \cdot \mathbf{K}(s_1, s_2)\, \Gamma(s_2)\ ds_1\, ds_2 \ \geq \ 0$$

und

$$d_\Gamma \mathcal{O}[\,\Gamma(\cdot)\,\big|\,\tfrac{d}{ds}\,\Gamma(\cdot)\,] \ \geq \ 0$$

für alle $\Gamma(\cdot) \in \mathcal{H}_0$ $(\Gamma(0) = 0)$ ist die folgende REDUZIERTE FORM der Materialfunktion $\mathbf{K}(\cdot, \cdot)$:

$$\mathbf{K}(s_1, s_2) = \int_0^\infty \mathbf{D}^{\mathsf{T}}(\tau)\, \boldsymbol{\Phi}(\tau, s_1 + s_2)\, \mathbf{D}(\tau)\ d\tau \tag{5.38}$$

Dabei ist $\boldsymbol{\Phi}(\cdot, \cdot)$ durch Gleichung (5.33) definiert und $\mathbf{D}(\cdot)$ eine tensorwertige Funktion einer reellen Variablen.

Der folgende Satz bereitet einen allgemeineren Einblick in die Lösungsmannigfaltigkeit der Funktionalgleichung (5.19) vor :

<u>Satz 5.5</u>

Sei
$$f \ : \ \mathbb{R}^+ \times \mathbb{R}^+ \longrightarrow \mathbb{R}$$
$$(\tau, s) \longmapsto f(\tau, s)$$

eine reellwertige Funktion mit der Eigenschaft, daß sowohl $f(\cdot,\cdot)$ als auch $\frac{\partial}{\partial s} f(\cdot,\cdot)$ auf $\mathbb{R}^+$ quadratisch integrierbar ist.

Dann sind die folgenden Aussagen äquivalent:

(1)   Es gibt eine (über $\mathbb{R}^+$ quadratisch integrierbare) Funktion

$$g: \quad (\tau, s) \longmapsto g(\tau, s),$$

so daß die Darstellung

$$\frac{\partial}{\partial s_1} \int_0^\infty f(\tau, s_1) f(\tau, s_2)\, d\tau = - \int_0^\infty g(\tau, s_1)\, g(\tau, s_2)\, d\tau \tag{5.39}$$

gilt.

(2)   Die Funktion $f(\cdot,\cdot)$ erfüllt die Gleichung

$$\frac{\partial}{\partial s} f(\tau,s) = - \int_0^\infty \int_0^\infty a(\varsigma,\tau)\, a(\varsigma,\sigma)\, f(\sigma,s)\, d\varsigma\, d\sigma \quad , \tag{5.40}$$

mit $a: \quad \mathbb{R}^+ \times \mathbb{R}^+ \longrightarrow \mathbb{R}$.

<u>Beweis:</u>

Sei $\left\{\varphi_\mu(\cdot)\right\}_{\mu = 1,2,\ldots}$ ein Orthonormalsystem im Hilbertraum der auf $\mathbb{R}^+$ quadratisch integrierbaren reellwertigen Funktionen einer Variablen. Dann hat man die FOURIER - Reihen

$$
\left.
\begin{aligned}
f(\tau, s) &= \sum_{\mu=1}^\infty \alpha_\mu(\tau)\, \varphi_\mu(s) \\[2ex]
\frac{\partial}{\partial s} f(\tau, s) &= \sum_{\mu=1}^\infty \alpha_\mu^*(\tau)\, \varphi_\mu(s) \\[2ex]
g(\tau, s) &= \sum_{\mu=1}^\infty \beta_\mu(\tau)\, \varphi_\mu(s) ,
\end{aligned}
\right\} \tag{5.41}
$$

mit den (von τ abhängigen) FOURIER - Koeffizienten

$$
\left.
\begin{aligned}
\alpha_\mu(\tau) &= \int_0^\infty f(\tau,s)\, \varphi_\mu(s)\, ds \\[2ex]
\alpha_\mu^*(\tau) &= \int_0^\infty \frac{\partial}{\partial s} f(\tau,s)\, \varphi(s)\, ds \\[2ex]
\beta_\mu(\tau) &= \int_0^\infty g(\tau,s)\, \varphi_\mu(s)\, ds
\end{aligned}
\right\} \tag{5.42}
$$

Aus (1), bzw. (5.39) folgt dann

$$\sum_{\mu,\nu=1}^{\infty} \left\{ \int_0^{\infty} [\alpha_{\mu}^{*}(\tau)\alpha_{\nu}(\tau) + \beta_{\mu}(\tau)\beta_{\nu}(\tau)]\,d\tau \right\} \varphi_{\mu}(s_1)\varphi_{\nu}(s_2) = 0 \qquad (5.43)$$

bzw., für alle $\mu,\nu = 1, 2, \ldots$

$$\int_0^{\infty} \alpha_{\mu}^{*}(\tau)\,\alpha_{\nu}(\tau)\,d\tau = - \int_0^{\infty} \beta_{\mu}(\tau)\,\beta_{\nu}(\tau)\,d\tau \quad . \qquad (5.44)$$

Gesucht ist nun ein Operator

$$\mathcal{F} : \ \alpha\,(\cdot) \longmapsto \beta\,(\cdot) \ \ := \mathcal{F}[\alpha\,(\cdot)\,] \qquad (5.45)$$

derart, daß für alle Funktionen $\alpha_{\mu}\,(\cdot)$, $\alpha_{\nu}(\cdot)$, die Gleichung

$$\int_0^{\infty} \alpha_{\mu}^{*}(\tau)\,\alpha_{\nu}(\tau)\,d\tau = - \int_0^{\infty} \mathcal{F}[\alpha_{\mu}(\cdot)\,](\tau)\,\mathcal{F}[\alpha_{\nu}(\cdot)\,](\tau)\,d\tau \qquad (5.46)$$

gilt.

Ohne Beschränkung der Allgemeinheit kann angenommen werden, daß der Operator $\mathcal{F}$ surjektiv ist. Dann ist, wie die folgende Überlegung zeigt, der Operator $\mathcal{F}$ linear:
Bei festem $\alpha_{\mu}(\cdot)$ (und $\alpha_{\mu}^{*}(\cdot)$) gilt für alle $\lambda_1, \lambda_2 \in \mathbb{R}$

$$- \int_0^{\infty} \mathcal{F}[\alpha_{\mu}(\cdot)](\tau)\,\mathcal{F}[\lambda_1\alpha_{\nu}^{1}(\cdot) + \lambda_2\alpha_{\nu}^{2}(\cdot)](\tau)\,d\tau \ \overset{(5.46)}{=}$$

$$= \int_0^{\infty} \alpha_{\mu}^{*}(\tau)[\lambda_1\alpha_{\nu}^{1}(\tau) + \lambda_2\alpha_{\nu}^{2}(\tau)]\,d\tau$$

$$= \lambda_1 \int_0^{\infty} \alpha_{\mu}^{*}(\tau)\alpha_{\nu}^{1}(\tau)\,d\tau + \lambda_2 \int_0^{\infty} \alpha_{\mu}^{*}(\tau)\alpha_{\nu}^{2}(\tau)\,d\tau \ \overset{(5.46)}{=}$$

$$= - \int^{\infty} \mathcal{F}[\alpha_{\mu}(\cdot)](\tau)\left\{ \lambda_1 \mathcal{F}[\alpha_{\nu}^{1}(\cdot)](\tau) + \lambda_2 \mathcal{F}[\alpha_{\nu}^{2}(\cdot)](\tau)\right\}d\tau \quad .$$

Unter der Voraussetzung, daß die Abbildung $\mathcal{F}$ surjektiv ist, durchläuft mit $\alpha_{\mu}(\cdot)$ auch $\mathcal{F}[\alpha_{\mu}(\cdot)]$ den gesamten Raum der quadratisch integrierbaren Funktionen. Daraus folgt

$$\mathcal{F}[\lambda_1\alpha_{\nu}^{1}(\cdot) + \lambda_2\alpha_{\nu}^{2}(\cdot)](\tau) = \lambda_1\mathcal{F}[\alpha_{\nu}^{1}(\cdot)](\tau) + \lambda_2\mathcal{F}[\alpha_{\nu}^{2}(\cdot)](\tau), \quad (5.47)$$

das heißt, $\mathcal{F}$ ist ein linearer Operator. Als HILBERT-SCHMIDT Operator besitzt $\mathcal{F}$ mit der Funktion $a(\cdot,\cdot): \quad \mathbb{R}^{+} \times \mathbb{R}^{+} \longrightarrow \mathbb{R}$

die Darstellung

$$\mathcal{F}\,[\alpha(\cdot)](\tau) = \int\limits_0^\infty a(\tau,\sigma)\alpha(\sigma)\,d\sigma \;. \tag{5.48}$$

Aus (5.46) folgt damit für alle Funktionen $\alpha_\nu(\cdot)$

$$\int\limits_0^\infty \alpha_\mu^*(\tau)\,\alpha_\nu(\tau)\,d\tau \;=$$

$$= -\;\int\limits_0^\infty \Big\{\int\limits_0^\infty a(\tau,\sigma)\alpha_\mu(\sigma)\,d\sigma\Big\}\Big\{\int\limits_0^\infty a(\tau,\varrho)\alpha_\nu(\varrho)\,d\varrho\Big\}\,d\tau$$

$$= -\;\int\limits_0^\infty\int\limits_0^\infty\int\limits_0^\infty a(\tau,\varrho)\,a(\tau,\sigma)\,\alpha_\mu(\sigma)\,\alpha_\nu(\varrho)\,d\varrho\,d\sigma\,d\tau$$

$$= -\;\int\limits_0^\infty \Big\{\int\limits_0^\infty\int\limits_0^\infty a(\varrho,\tau)\,a(\varrho,\sigma)\,\alpha_\mu(\sigma)\,d\varrho\,d\sigma\Big\}\,\alpha_\nu(\tau)\,d\tau \;,$$

bzw.

$$\alpha_\mu^*(\tau) \;=\; -\;\int\limits_0^\infty\int\limits_0^\infty a(\varrho,\tau)\,a(\varrho,\sigma)\,\alpha_\mu(\sigma)\,d\varrho\,d\sigma \;.$$

Mit der Definition (5.42) der FOURIER – Koeffizienten folgt daraus, daß für alle Funktionen $\varphi_\mu(\cdot)$ aus der Orthonormalbasis die Gleichung

$$\int\limits_0^\infty \Big[\frac{\partial}{\partial s} f(\tau,s) + \int\limits_0^\infty\int\limits_0^\infty a(\varrho,\tau)\,a(\varrho,\sigma)\,f(\sigma,s)\,d\varrho\,d\sigma\Big]\,\varphi_\mu(s)\,ds \;=\; 0$$

gilt ; dies ergibt die Gleichung (5.40).

Zum Beweis der Umkehrung setzt man

$$g(\tau,s) := \int\limits_0^\infty a(\tau,\sigma)\,f(\sigma,s)\,d\sigma \;.$$

Dann ist

$$\int\limits_0^\infty g(\tau,s_1)\,g(\tau,s_2)\,d\tau \;=$$

$$= \int\limits_0^\infty \Big\{\int\limits_0^\infty a(\tau,\sigma)\,f(\sigma,s_1)\,d\sigma\Big\}\Big\{\int\limits_0^\infty a(\tau,\varrho)\,f(\varrho,s_2)\,d\varrho\Big\}\,d\tau$$

$$= \int\limits_0^\infty\int\limits_0^\infty\int\limits_0^\infty a(\tau,\sigma)\,a(\tau,\varrho)\,f(\sigma,s_1)\,f(\varrho,s_2)\,d\varrho\,d\sigma\,d\tau$$

$$= \int\limits_0^\infty\int\limits_0^\infty\int\limits_0^\infty a(\varrho,\sigma)\,a(\varrho,\tau)\,f(\sigma,s_1)\,f(\tau,s_2)\,d\varrho\,d\sigma\,d\tau$$

$$= \int_0^\infty \left\{ \int_0^\infty \int_0^\infty a(\varrho,\sigma)\, a(\varrho,\tau)\, f(\sigma,s_1)\, d\varrho\; d\sigma \right\} f(\tau, s_2)\, d\tau,$$

und aus (5.40) folgt (5.39). |

Die Beweisidee von Satz 5.5 läßt sich auch auf tensorwertige Funktionen $\mathbf{L}(\cdot,\cdot)$ anwenden. Der folgende Satz bietet dazu nicht die allgemeinste Möglichkeit, er dürfte jedoch für physikalische Anwendungszwecke ausreichen.

<u>Satz 5.6</u>

Hinreichend für (5.19) ist die folgende einschränkende Bedingung für $\mathbf{L}(\cdot,\cdot)$:

$$\frac{\partial}{\partial s} \mathbf{L}(\tau,s) = - \int_0^\infty \int_0^\infty \mathbf{A}^{\mathsf{T}}(\varrho,\tau)\, \mathbf{A}(\varrho,\sigma)\, \mathbf{L}(\sigma,s)\, d\varrho\, d\sigma \tag{5.49}$$

Explizit gilt dann

$$d_\tau \bigcirc [\ \Gamma(\cdot) \Big| \frac{d}{ds}\ \Gamma(\cdot)\ ] =$$

$$= \int_0^\infty \left\{ \int_0^\infty \int_0^\infty \mathbf{A}(\varrho,\sigma)\, \mathbf{L}(\sigma,s)\,\Gamma(s)\ d s\ d\sigma \right\}^2 d\varrho \quad . \tag{5.50}$$

<u>Beweis:</u>

Mit $\qquad \mathbf{M}(\tau,s) := \int_0^\infty \mathbf{A}(\tau,\varrho)\, \mathbf{L}(\varrho,s)\, d\varrho$

folgt:

$$\int_0^\infty \mathbf{M}^{\mathsf{T}}(\tau,s_1)\, \mathbf{M}(\tau,s_2)\ d\tau$$

$$= \int_0^\infty \left\{ \int_0^\infty \mathbf{L}^{\mathsf{T}}(\sigma,s_1)\, \mathbf{A}^{\mathsf{T}}(\tau,\sigma)\, d\sigma \right\} \left\{ \int_0^\infty \mathbf{A}(\tau,\varrho)\, \mathbf{L}(\varrho,s_2)\, d\varrho \right\} d\tau$$

$$= \int_0^\infty \int_0^\infty \int_0^\infty \mathbf{L}^{\mathsf{T}}(\sigma,s_1)\, \mathbf{A}^{\mathsf{T}}(\tau,\sigma)\, \mathbf{A}(\tau,\varrho)\, \mathbf{L}(\varrho,s_2)\, d\varrho\, d\sigma\, d\tau$$

$$= \int_0^\infty \int_0^\infty \int_0^\infty \mathbf{L}^{\mathsf{T}}(\sigma,s_1)\, \mathbf{A}^{\mathsf{T}}(\varrho,\sigma)\, \mathbf{A}(\varrho,\tau)\, \mathbf{L}(\tau,s_2)\, d\varrho\, d\sigma\, d\tau$$

$$= \int_0^\infty \left\{ \int_0^\infty \int_0^\infty \mathbf{L}^{\mathsf{T}}(\sigma,s_1)\, \mathbf{A}^{\mathsf{T}}(\varrho,\sigma)\, \mathbf{A}(\varrho,\tau)\, d\varrho\, d\sigma \right\} \mathbf{L}(\tau,s_2)\, d\tau$$

$$\overset{(5.49)}{=} - \int_0^\infty \frac{\partial}{\partial s_1} \mathbf{L}^{\mathsf{T}}(\tau,s_1)\, \mathbf{L}(\tau,s_2)\, d\tau;\ \text{das ist (5.19).}$$

Gleichung (5.50) folgt aus (5.20) und (5.49). |

5.32 Approximation der Materialfunktionen durch Näherungssummen

Die physikalische Anwendung der obigen Sätze liefert thermodynamisch konsistente
Materialgleichungen für viskoelastische Stoffe mit KONTINUIERLICHEM RELAXA-
TIONSSPEKTRUM. Zu Stoffen mit DISKRETEN RELAXATIONSSPEKTREN kommt man,
indem man die in den Materialfunktionen auftretenden Integrale durch Näherungssummen
approximiert. [Diese Approximation, bzw. dieser Übergang von den kontinuierlichen zu
den diskreten Relaxationsspektren entspricht der Tatsache, daß jeder HILBERT-SCHMIDT
Operator durch einen linearen Operator approximiert werden kann, dessen Wertebereich
endlichdimensional ist (vgl. S. 88).]

Die Sätze 5.1 - 5.6 lassen sich sinngemäß auf diese Näherungssummen übertragen:

Satz 5.7

Die positive Quadratische Form (5.1):

$$\mathcal{Q}[\Gamma(\cdot)] = \int_0^\infty \int_0^\infty \Gamma(s_1) \cdot \mathbf{K}(s_1, s_2) \Gamma(s_2) \, ds_1 \, ds_2$$

ist approximierbar durch Materialfunktionen von der Form

$$\mathbf{K}(s_1, s_2) = \sum_{k=1}^{N} \mathbf{L}_k^\mathsf{T}(s_1) \mathbf{L}_k(s_2) \quad , \tag{5.51}$$

und es gilt (vgl. Gleichung (5.4)):

$$\mathcal{Q}[\Gamma(\cdot)] = \sum_{k=1}^{N} \left\{ \int_0^\infty \mathbf{L}_k(s) \Gamma(s) \, ds \right\}^2 \tag{5.52}$$

Die Funktionen

$$\mathbf{L}_k : \quad \mathbb{R} \longrightarrow \mathrm{Lin}(\mathcal{V}^n)$$

genügen dabei der Ungleichung

$$\int_0^\infty |\mathbf{L}_k(s)|^2 h^{-2}(s) \, ds \quad < \quad \infty \qquad (k = 1, 2, \ldots N). \tag{5.53}$$

Beweis: Satz 5.1

Satz 5.8

Das Differential

$$d_r \mathcal{Q}[\Gamma(\cdot) \mid \frac{d}{ds}\Gamma(\cdot)]$$

der Quadratischen Form (5.52) ist genau dann positiv definit auf $\mathcal{H}_0$, wenn tensorwertige

Funktionen $\mathbf{M}_k(\cdot)$ existieren mit der Eigenschaft, daß

$$\frac{\partial}{\partial s_1} \sum_{k=1}^{N} \mathbf{L}_k^{\mathsf{T}}(s_1)\mathbf{L}_k(s_2) \quad = \quad - \sum_{k=1}^{N} \mathbf{M}_k^{\mathsf{T}}(s_1)\mathbf{M}_k(s_2) \tag{5.54}$$

gilt.

Beweis: Satz 5.2 |

Satz 5.9

Hinreichend für $\quad d_r \mathcal{Q}[\Gamma(\cdot) \mid \frac{d}{ds}\Gamma(\cdot)] \geq 0$, mit $\mathcal{Q}$ nach (5.32) ist

$$\frac{d}{ds}\mathbf{L}_k(s) = -\mathbf{A}_k^{\mathsf{T}}\mathbf{A}_k\mathbf{L}_k(s), \tag{5.55}$$

und es gilt

$$d_r \mathcal{Q}[\Gamma(\cdot) \mid \frac{d}{ds}\Gamma(\cdot)] = \sum_{k=1}^{N}\left\{\int_0^{\infty}\mathbf{A}_k\mathbf{L}_k(s)\Gamma(s)\,ds\right\}^2. \tag{5.56}$$

Beweis: Satz 5.3 |

Satz 5.10

Hinreichend für $\mathcal{Q} \geq 0$ und $d_r \mathcal{Q} \geq 0$ ist die Darstellung

$$\mathbf{K}(s_1, s_2) = \sum_{k=1}^{N}\mathbf{D}_k^{\mathsf{T}}\boldsymbol{\Phi}_k(s_1 + s_2)\mathbf{D}_k, \tag{5.57}$$

mit $\quad\mathbf{D}_k \in \mathrm{Lin}(\mathcal{V}^n)$ und

$$\boldsymbol{\Phi}_k(s) = \sum_{i=1}^{n} e^{-\alpha_{ik}^2 s}\,\mathbf{B}_i \otimes \mathbf{B}_i \tag{5.58}$$

($\{\mathbf{B}_i\}_{i=1,\ldots n}$ Orthonormalsystem in $\mathcal{V}^n$).

Beweis: Satz 5.4 |

114

<u>Satz 5.11</u>

Hinreichend für $\mathcal{O}\!\!\text{l} \geq 0$ und $d_r\,\mathcal{O}\!\!\text{l} \geq 0$ ist (5.51) und das Differentialgleichuns-system

$$\frac{d}{ds}\,\mathbf{L}_k(s) \;=\; -\sum_{j,l=1}^{N} \mathbf{A}_{jk}^{\mathsf{T}}\,\mathbf{A}_{jl}\,\mathbf{L}_l(s) \tag{5.59}$$

$(k = 1,2,\ldots N)$, mit

$$\mathbf{A} \in \mathrm{Lin}\,(\mathcal{V}^n) \quad \text{für } j,\,k = 1,2\,\ldots N.$$

<u>Beweis:</u> Satz 5.6 $\Big|$

5.4   <u>Anwendungen</u>

Dieser Abschnitt soll ANWENDUNGSMÖGLICHKEITEN der allgemeinen Ergebnisse der vorigen Abschnitte andeuten. Die Anwendungen beziehen sich auf die thermodynamisch konsistente Finite Lineare Viskoelastizität, in der der Gedächtnisanteil des Energie-funktionals vom gegenwärtigen Verzerrungs- und Temperaturzustand unabhängig ist (vgl. Satz 4.3). Mit Ausnahme von (5.63,64) (5.66, 67) und (5.73, 74) gelten alle Gleichungen jedoch auch für den allgemeineren Fall, wenn man den Parameter $\{C,\theta\}$ bzw. $\{\hat{C},\hat{\theta}\}$ in die Materialfunktionen als zusätzliche unabhängige Variable einträgt.

5.41   <u>Thermodynamisch einfache Stoffe</u>

Bei thermodynamisch einfachen Stoffen hat man den Vektorraum $\mathcal{V}^n$ mit dem 7 - dimensionalen Vektorraum $\mathrm{Sym} \times \mathbb{R}$ zu identifizieren:

$$\Lambda \;:=\; \{\,C,\theta\,\}$$
$$\Gamma(\cdot) \;:=\; \{\,C_d^{\,t}(\cdot),\,\theta_d^{\,t}(\cdot)\,\}$$

Ferner ist nach Gleichung (4.14) zu berücksichtigen, daß ein linearer Operator

$$\mathbf{L} : \quad \mathcal{V}^7 \longrightarrow \mathcal{V}^7$$

*

dargestellt wird durch das Tupel

$$(\mathbb{L}, L, \tilde{L}, \ell).$$

(Darin ist $\mathbb{L} \in \text{Lin(Sym)}$, $L \in \text{Sym}$, $\tilde{L} \in \text{Sym}$ und $\ell \in \mathbf{R}$).

Es gilt

$$\mathbf{L}\{S, \alpha\} \;=\; \{\mathbb{L}[S] + L\alpha\,,\; \tilde{L}\cdot S + \ell\alpha\}\,. \tag{5.60}$$

Damit liefert Satz 5.1 [Gl.(5.4)] für den Gedächtnisanteil des Energiefunktionals die Darstellung

$$\mathcal{P}[\,C_d^t(\cdot)\,,\,\theta_d^t(\cdot)\,] \;=\; \mathcal{Q}[\Gamma(\cdot)] \quad (\;=\; \mathcal{Q}[\Gamma(\cdot);\Lambda\,])$$

$$=\; \frac{1}{2}\;\int_0^\infty \Big\{ \int_0^\infty \big[\,\mathbb{L}(\tau,s)[\,C_d^t(s)\,] + L(\tau,s)\,\theta_d^t(s)\big]\,ds \Big\}^2 d\tau\;+$$

$$+\; \frac{1}{2}\;\int_0^\infty \Big\{ \int_0^\infty \big[\,\tilde{L}(\tau,s)\cdot C_d^t(s) + \ell(\tau,s)\,\theta_d^t(s)\big]\,ds \Big\}^2 d\tau\;. \tag{5.61}$$

Mit den RELAXATIONSFUNKTIONEN

$$\left. \begin{aligned}
\mathbb{L}^*(\tau,s) &:= -\int_s^\infty \mathbb{L}(\tau,\sigma)\,d\sigma \\[4pt]
\tilde{L}^*(\tau,s) &:= -\int_s^\infty \tilde{L}(\tau,\sigma)\,d\sigma \\[4pt]
L^*(\tau,s) &:= -\int_s^\infty L(\tau,\sigma)\,d\sigma \\[4pt]
\ell^*(\tau,s) &:= -\int_s^\infty \ell(\tau,\sigma)\,d\sigma \;\big(\;\Longleftrightarrow\;\; \mathbb{L}(\tau,s) = \frac{\partial}{\partial s}\,\mathbb{L}^*(\tau,s)\;\text{etc.}\;\big)
\end{aligned} \right\} \tag{5.62}$$

erhält man aus (5.61) nach (2.59,60) die folgenden Materialgleichungen für den Spannungstensor und die Entropie :

$$\frac{1}{2\rho_R}\,\tilde{T} \;=\; \partial_C\varphi(C,\theta)\;+$$

$$+\;\int_0^\infty \int_0^\infty \big\{\, \mathbb{L}^{*T}(\tau,0)\,\mathbb{L}(\tau,s) + \tilde{L}^*(\tau,0)\otimes\tilde{L}(\tau,s)\big\}[\,C_d^t(s)\,]\,d\tau\,ds\;+$$

$$+\;\int_0^\infty \int_0^\infty \big\{\, \mathbb{L}^{*T}(\tau,0)[\,L(\tau,s)\,] + \tilde{L}^*(\tau,0)\,\ell(\tau,s)\big\}\,\theta_d^t(s)\,d\tau\,ds \tag{5.63}$$

$$\eta = - \partial_\theta \varphi(C,\theta) -$$

$$- \int_0^\infty \int_0^\infty \left\{ \mathbb{L}^T(\tau,s)\,[\,L^*(\tau,0)\,] + \ell^*(\tau,0)\tilde{L}(\tau,s) \right\} \cdot C_d^{\,t}(s)\; d\tau\, ds \quad -$$

$$- \int_0^\infty \int_0^\infty \left\{ L^*(\tau,0)\cdot L(\tau,s) + \ell^*(\tau,0)\ell(\tau,s) \right\} \theta_d^{\,t}(s)\, d\tau\, ds \qquad (5.64)$$

Die Gleichungen (5.61) bzw. (5.63,64) beschreiben thermoviskoelastische Stoffe mit KONTINUIERLICHEM RELAXATIONSSPEKTRUM.

Dem Satz 5.7 entspricht die Darstellung

$$\mathcal{R}\,[\,C_d^{\,t}(\cdot),\theta_d^{\,t}(\cdot)\,] =$$

$$= \frac{1}{2}\sum_{k=1}^{N}\left\{ \int_0^\infty [\mathbb{L}_k(s)[\,C_d^{\,t}(s)\,] + L_k(s)\,\theta_d^{\,t}(s)\,]\; ds \right\}^2 +$$

$$+ \frac{1}{2}\sum_{k=1}^{N}\left\{ \int_0^\infty [\,\tilde{L}_k(s)\cdot C_d^{\,t}(s) + \ell_k(s)\,\theta_d^{\,t}(s)\,]\; ds \right\}^2 ; \qquad (5.65)$$

daraus folgt

$$\frac{1}{2\rho_R}\tilde{T} = \partial_C \varphi(C,\theta) +$$

$$+ \int_0^\infty \sum_{k=1}^{N}\left\{ \mathbb{L}_k^{*T}(0)\mathbb{L}_k(s) + \tilde{L}_k^{*}(0)\otimes\tilde{L}_k(s) \right\} [\,C_d^{\,t}(s)\,]\; ds +$$

$$+ \int_0^\infty \sum_{k=1}^{N}\left\{ \mathbb{L}_k^{*T}(0)\,[\,L_k(s)\,] + \tilde{L}_k^{*}(0)\ell_k(s) \right\} \theta_d^{\,t}(s)\; ds \quad , \qquad (5.66)$$

bzw.

$$\eta = - \partial_\theta \varphi(C,\theta) -$$

$$- \int_0^\infty \sum_{k=1}^{N}\left\{ \mathbb{L}_k^T(s)[\,L_k^{*}(0)\,] + \ell_k^{*}(0)\tilde{L}_k(s) \right\} \cdot C_d^{\,t}(s)\; ds -$$

$$- \int_0^\infty \sum_{k=1}^{N}\left\{ L_k^{*}(0)\cdot L_k(s) + \ell_k^{*}(0)\ell_k(s) \right\} \theta_d^{\,t}(s)\; ds \qquad (5.67)$$

Die Gleichungen (5.65 - 67) beschreiben thermoviskoelastische Stoffe mit DISKRETEM RELAXATIONSSPEKTRUM.

Zur Herleitung der verschiedenen Darstellungen der Dissipationsleistung

$$\delta = d_r\mathcal{O}\vert\ [\ \Gamma(\cdot)\ \vert\tfrac{d}{ds}\ \Gamma(\cdot)\ ]$$

braucht man die folgende Rechenregel über die Hintereinanderschaltung zweier Operatoren
A und **B** :

Ist $\qquad \mathbf{A}\ =\ (\mathbb{A}\ ,\ A\ ,\ \tilde{A}\ ,\ a\ )$

und $\qquad \mathbf{B}\ =\ (\ \mathbb{B}\ ,\ B\ ,\ \tilde{B}\ ,\ b\ )\ ,$

so gilt

$$\mathbf{A}\,\mathbf{B}\ =\ (\mathbb{A}\,\mathbb{B} + A\otimes\tilde{B}\ ,\ \mathbb{A}[B] + Ab\ ,\ B^{\mathsf{T}}[\tilde{A}] + a\tilde{B}\ ,\ \tilde{A}\cdot B + ab\ )\ ,\quad (5.68)$$

denn: Zweimalige Anwendung der Gleichung (5.60) liefert

$$\mathbf{B}\{C,\theta\}\ =\ \{\mathbb{B}[C] + B\theta\ ,\ \tilde{B}\cdot C + b\theta\}\ ,$$

bzw.

$$\mathbf{A}\,\mathbf{B}\{C,\theta\}\ =\ \{\mathbb{A}[\mathbb{B}[C] + B\theta] + A(\tilde{B}\cdot C + b\theta)\ ,$$
$$\tilde{A}\cdot(\mathbb{B}[C] + B\theta) + a(\tilde{B}\cdot C + b\theta)\}$$

$$=\ \{(\mathbb{A}\,\mathbb{B} + A\otimes B)[C] + (\mathbb{A}[B] + Ab)\theta\ ,$$
$$(\mathbb{B}^{\mathsf{T}}[\tilde{A}] + a\tilde{B})\cdot C + (\tilde{A}\cdot B + ab)\theta\}\ .$$

Insbesondere ist mit $\quad \Gamma(\cdot)\ =\ \{C_d^t(\cdot)\ ,\ \theta_d^t(\cdot)\}\ $ und $\ \mathbf{L}\ =\ (\mathbb{L}\ ,\ L\ ,\ \tilde{L}\ ,\ \ell)$

$$\mathbf{A}\,\mathbf{L}\,\Gamma\ =\ \{(\mathbb{A}\,\mathbb{L} + A\otimes\tilde{L})[C_d^t] + (\mathbb{A}[L] + A\ell)\theta_d^t\ ,$$
$$(\mathbb{L}^{\mathsf{T}}[\tilde{A}] + a\tilde{L})\cdot C_d^t + (\tilde{A}\cdot L + a\ell)\theta_d^t\}\ .$$

Satz 5.3, bzw. Gleichung (5.26) liefert dann für die Dissipationsleistung $\ \delta\ $ die Darstellung

$$\delta\ =\ \int_0^\infty \{\ \int_0^\infty [(\mathbb{A}(\tau)\mathbb{L}(\tau,s) + A(\tau)\otimes\tilde{L}(\tau,s))[C_d^t(s)]\ +$$
$$+\ (\mathbb{A}(\tau)[L(\tau,s)] + A(\tau)\,\ell(\tau,s))\,\theta_d^t(s)]\ ds\ \}^2 d\tau\ +$$
$$+\ \int_0^\infty \{\ \int_0^\infty [(\mathbb{L}^{\mathsf{T}}(\tau,s)[\tilde{A}(\tau)] + a(\tau)\tilde{L}(\tau,s))\cdot C_d^t(s)\ +$$
$$+\ (\tilde{A}(\tau)\cdot L(\tau,s) + a(\tau)\,\ell(\tau,s))\,\theta_d^t(s)]\,ds\}^2 d\tau\ ,\quad (5.69)$$

wobei die Materialfunktionen dem Differentialgleichungssystem (5.25) genügen müssen.

Satz 5.6, bzw. Gleichung (5.50) liefert entsprechend:

$$\delta = \int\limits_0^\infty \Big\{ \int\limits_0^\infty \int\limits_0^\infty \Big[\big(\mathbb{A}\,(\varrho,\sigma)\ \mathbb{L}\,(\sigma,s) + A\,(\varrho,\sigma)\otimes\tilde{L}\,(\sigma,s)\ \big)\ [C_d^t\,(s)]$$
$$+ \big(\mathbb{A}\,(\varrho,\sigma)[L(\sigma,s)] + A\,(\varrho,\sigma)\,\ell\,(\sigma,s)\ \big)\ \theta_d^t\,(s)\ \Big]\ d\sigma\ ds \Big\}^2 d\varrho\ +$$
$$+ \int\limits_0^\infty \Big\{ \int\limits_0^\infty \int\limits_0^\infty \Big[\big(\mathbb{L}^\mathsf{T}(\sigma,s)\ [\tilde{A}\,(\varrho,\sigma)] + a\,(\varrho,\sigma)\,\tilde{L}\,(\sigma,s)\ \big)\cdot C_d^t\,(s)$$
$$+ \big(\tilde{A}\,(\varrho,\sigma)\cdot L\,(\sigma,s) + a\,(\varrho,\sigma)\,\ell\,(\sigma,s)\ \big)\ \theta_d^t\,(s)\ \Big]\ d\sigma\ ds \Big\}^2 d\varrho \qquad (5.70)$$

Die Materialfunktionen genügen dabei dem Gleichungssystem (5.49) .

Die dem Satz 5.9 entsprechende Darstellung (5.56) erhält man, wenn man in (5.69) die Integration über τ formal durch eine endliche Summe ersetzt.

Die entsprechende Darstellung nach Satz 5.11 ergibt sich aus (5.70), indem man die Integration über ϱ und σ jeweils durch endliche Summation ersetzt.

Die jeweiligen Gleichungssysteme (5.25), (5.49), (5.55) und (5.59) ergeben sich durch sinngemäße Anwendung von (5.60) und (5.68) (vgl. Abschnitt 5.5).

5.42 Thermorheologisch einfache Stoffe

Bei thermorheologisch einfachen Stoffen identifiziert man die thermokinematische Prozeßgeschichte $\Gamma(\cdot)$ mit der (im z-Bereich dargestellten) Verzerrungsgeschichte:

$$\Gamma(\cdot) := \hat{C}_d^z\,(\cdot)$$
$$\Lambda := \{\hat{C},\ \hat{\theta}\}$$

Der lineare Operator $\mathbf{L}$ kann dann insbesondere dem Operator $\hat{\mathbb{L}}\ \epsilon\ \mathrm{Lin}\,(\mathrm{Sym})$ gleichgesetzt werden. Dies führt zu einer erheblichen Vereinfachung der Materialgleichungen:

Der Gedächtnisanteil des Energiefunktionals ist nach Satz 5.1 gegeben durch

$$\hat{p}\,[\hat{C}_d^z(\cdot)] = \hat{\sigma}[\Gamma(\cdot)] \quad (= \hat{\sigma}\,[\Gamma(\cdot);\Lambda\,])$$
$$= \frac{1}{2}\int\limits_0^\infty \{\int\limits_0^\infty \hat{\mathbb{L}}\,(\tau,\sigma)[\hat{C}_d^z(\sigma)]\,d\sigma\,\}^2 d\tau\ , \qquad (5.71)$$

und man erhält mit der RELAXATIONSFUNKTION

$$\hat{\mathbb{L}}^{*}(\tau,\sigma) \; := \; - \int_{\sigma}^{\infty} \hat{\mathbb{L}}(\tau,\nu)d\nu \tag{5.72}$$

$$(\; \Longleftrightarrow \qquad \hat{\mathbb{L}}(\tau,\sigma) \; = \; \frac{\partial}{\partial\sigma} \hat{\mathbb{L}}^{*}(\tau,\sigma) \;)$$

für den Spannungstensor und die Entropie die Materialgleichungen

$$\frac{1}{2\rho_R} \hat{\tilde{T}} \; = \; \partial_{\hat{C}}\varphi(\hat{C},\hat{\theta}) \; + \; \int_{0}^{\infty}\int_{0}^{\infty} \hat{\mathbb{L}}^{*\top}(\tau,0) \, \hat{\mathbb{L}}(\tau,\sigma)[\hat{C}_d^z(\sigma)]\,d\tau\,d\sigma \; , \tag{5.73}$$

bzw.

$$\hat{\eta} \; = \; - \; \partial_{\hat{\theta}}\varphi(\hat{C},\hat{\theta}) \quad . \tag{5.74}$$

Für die Dissipationsleistung liefert Satz 5.3 die Darstellung

$$\hat{\delta} \; = \; \int_{0}^{\infty}\Big\{\int_{0}^{\infty}\hat{A}(\tau)\hat{\mathbb{L}}(\tau,\sigma)[\hat{C}_d^z(\sigma)]\,d\sigma\Big\}^2 d\tau \; , \tag{5.75}$$

wobei für die Materialfunktion $\hat{\mathbb{L}} \; : \; R^{+} \; \times \; R^{+} \longrightarrow \text{Lin}(\text{Sym})$ die Differentialgleichung

$$\frac{\partial}{\partial\sigma} \hat{\mathbb{L}}(\tau,\sigma) \; = \; - \; \hat{A}^{\top}(\tau)\hat{A}(\tau)\hat{\mathbb{L}}(\tau,\sigma) \tag{5.76}$$

gilt [vgl. (5.25)].

Satz 5.6 ergibt

$$\hat{\delta} = \int_{0}^{\infty}\Big\{\int_{0}^{\infty}\int_{0}^{\infty} \hat{A}(\varrho,\tau)\hat{\mathbb{L}}(\tau,\sigma)[\hat{C}_d^z(\sigma)]\,d\tau\,d\sigma\Big\}^2 d\varrho \; , \tag{5.77}$$

mit

$$\frac{\partial}{\partial\sigma} \hat{\mathbb{L}}(\tau,\sigma) = - \int_{0}^{\infty}\int_{0}^{\infty} \hat{A}^{\top}(\varrho,\tau)\hat{A}(\varrho,\omega)\hat{\mathbb{L}}(\omega,\sigma)\,d\varrho\,d\omega, \tag{5.78}$$

entsprechend Gleichung (5.49) .

Die entsprechende Darstellung nach Satz 5.9 lautet

$$\hat{\delta} \; = \; \sum_{k=1}^{N}\Big\{\int_{0}^{\infty}\hat{A}_k\,\hat{\mathbb{L}}_k(\sigma)[\hat{C}_d^z(\sigma)]\,d\sigma\Big\}^2 \; , \tag{5.79}$$

mit

$$\frac{d}{d\sigma} \hat{\mathbb{L}}_k(\sigma) \; := \; - \; \hat{A}_k^{\top}\hat{A}_k\hat{\mathbb{L}}_k(\sigma) \qquad (k=1,2,\dots N) \; . \tag{5.80}$$

Satz 5.11 liefert

$$\hat{\delta} = \sum_{k,l=1}^{N} \left\{ \int_{0}^{\infty} \hat{\mathbb{A}}_{kl} \hat{\mathbb{L}}_{l}(\sigma) \left[\hat{C}_{d}^{z}(\sigma) \right] d\sigma \right\}^{2} \quad , \tag{5.81}$$

mit

$$\frac{d}{d\sigma} \hat{\mathbb{L}}_{k}(\sigma) = \sum_{l,m=1}^{N} \hat{\mathbb{A}}_{lk}^{T} \hat{\mathbb{A}}_{lm} \hat{\mathbb{L}}_{m}(\sigma) \tag{5.82}$$

$(k = 1,2,\ldots N)$.

5.5 Isotrope Stoffe

Bei isotropen Materialien ist die Freie Energie

$$\psi[\ldots] = \varphi(C,\theta) + \mathbb{P}[C_{d}^{t}(\cdot), \theta_{d}^{t}(\cdot); C, \theta] \quad ,$$

bzw.

$$\hat{\psi}[\ldots] = \varphi(\hat{C},\hat{\theta}) + \hat{\mathbb{P}}[\hat{C}_{d}^{z}(\cdot); \hat{C}, \hat{\theta}]$$

ein Funktional, das ISOTROP von allen Variablen abhängt (s. Satz 2.4, S. 62).

Dies führt zu einer Konkretisierung der Materialfunktionen $\varphi(\cdot)$ bzw. $\mathbf{L}(\cdot)$, wenn man die aus der Theorie der isotropen Tensorfunktionen bekannten DARSTELLUNGSSÄTZE anwendet.

Mit einem Gedächtnisanteil von der Form (5.61) sind zur vollständigen Kennzeichnung des Energiefunktionals die folgenden Materialfunktionen erforderlich:

$$\varphi \quad : \quad (C,\theta) \longmapsto \varphi(C,\theta) \qquad \epsilon \quad \mathbf{R}$$

$$\mathbb{L} \quad : \quad (C,\theta,\tau,s) \longmapsto \mathbb{L}(C,\theta,\tau,s) \qquad \epsilon \quad \text{Lin}\,(\text{Sym})$$

$$L \quad : \quad (\text{---}''\text{---}) \longmapsto L(\text{---}''\text{---}) \qquad \epsilon \quad \text{Sym}$$

$$L \quad : \quad (\text{---}''\text{---}) \longmapsto L(\text{---}''\text{---}) \qquad \epsilon \quad \text{Sym}$$

$$\ell \quad : \quad (\text{---}''\text{---}) \longmapsto \ell(\text{---}''\text{---}) \qquad \epsilon \quad \mathbf{R}$$

Zur Darstellung der Dissipationsleistung in der allgemeinen Form nach Satz 5.6 benötigt man noch weitere Funktionen, nämlich:

$$\mathbb{A} \quad : \quad (\tau,s) \longmapsto \mathbb{A}(\tau,s) \quad \epsilon \quad \text{Lin (Sym)}$$

$$A \quad : \quad (\tau,s) \longmapsto A(\tau,s) \quad \epsilon \quad \text{Sym}$$

$$\tilde{A} \quad : \quad (\tau,s) \longmapsto \tilde{A}(\tau,s) \quad \epsilon \quad \text{Sym}$$

$$a \quad : \quad (\tau,s) \longmapsto a(\tau,s) \quad \epsilon \quad \mathbb{R}$$

Der gesamte Satz der Materialfunktionen wird durch bekannte Gleichungssysteme, beispielsweise durch (5.25) oder (5.49), eingeschränkt, wobei die Gleichungen (4.14) bzw. (5.60,68) sinngemäß anzuwenden sind.

Bei isotropen Stoffen sind die Funktionen $\varphi(\cdot)$, $\mathbb{L}(\cdot)$, $L(\cdot)$, $\tilde{L}(\cdot)$ und $\ell(\cdot)$ ISOTROPE FUNKTIONEN ihrer Variablen, und es gelten die folgenden Darstellungen [11]:

$$\varphi(C,\theta) = \varphi(I_C, II_C, III_C, \theta) \tag{5.83}$$

$$\mathbb{L}(C,\theta,\tau,s)[C_d^t] = \mathcal{R}^{(1)}C_d^t + C_d^t\mathcal{R}^{(1)} + $$
$$+ (\mathcal{R}^{(2)} \cdot C_d^t)\underline{1} + (\mathcal{R}^{(3)} \cdot C_d^t)C + (\mathcal{R}^{(4)} \cdot C_d^t)C^2 \tag{5.84}$$

$$L(C,\theta,\tau,s) = \mathcal{R}^{(5)} \tag{5.85}$$

$$\tilde{L}(C,\theta,\tau,s) = \mathcal{R}^{(6)} \tag{5.86}$$

$$\ell(C,\theta,\tau,s) = \ell(I_C, II_C, III_C, \theta,\tau,s) \tag{5.87}$$

Darin sind die $\mathcal{R}^{(\nu)}(\nu = 1,\dots 6)$ tensorwertige isotrope Funktionen der Variablen (C,θ,τ,s) mit der Darstellung

$$\mathcal{R}^{(\nu)}(C,\theta,\tau,s) = \varphi_o^{(\nu)}\underline{1} + \varphi_1^{(\nu)}C + \varphi_2^{(\nu)}C^2 \tag{5.88}$$

$(\nu = 1,\dots 6)$; die Koeffizienten sind skalarwertige isotrope Funktionen von (C,θ,τ,s) :

$$\varphi_k^{(\nu)} = \varphi_k^{(\nu)}(I_C, II_C, III_C, \theta,\tau,s) \tag{5.89}$$
$(k = 0,1,2 ; \nu = 1,\dots 6)$.

Für die (isotropen) Funktionen $\mathbb{A}$, A, $\tilde{A}$, a, die per Annahme von C und θ unabhängig sein sollen, gilt dann

$$
\begin{aligned}
\mathbb{A}\,(\tau,s) &= \alpha^{(1)}(\tau,s)\,\mathbb{E}' + \alpha^{(2)}(\tau,s)\,\underline{1}\otimes\underline{1} \\
A\,(\tau,s) &= \alpha^{(3)}(\tau,s)\,\underline{1} \\
\tilde{A}\,(\tau,s) &= \alpha^{(4)}(\tau,s)\,\underline{1} \\
a\,(\tau,s) &= \alpha^{(5)}(\tau,s)
\end{aligned}
\qquad (5.90)
$$

$(\,\mathbb{E}' := \mathbb{E} - \dfrac{1}{3}\,\underline{1}\otimes\underline{1}\;$; $\;\mathbb{E}$ ist die identische Abbildung in $\mathrm{Lin\,(Sym)}$ [d.h., der " Einheitstensor vierter Stufe "]).

Zur Kennzeichnung des Energiefunktionals eines isotropen thermodynamisch einfachen Materials sind innerhalb der Approximation (4.19) demnach insgesamt 25 reellwertige Materialfunktionen erforderlich, nämlich:

    1 Funktion von 4 Variablen ,

   19 Funktionen von 6 Variablen und

    5 Funktionen von 2 Variablen.

Es ist festzuhalten, daß diese Funktionen nicht alle voneinander unabhängig sind; die Frage, wieviele UNABHÄNGIGE Funktionen zur Kennzeichnung eines speziellen thermo-viskoelastischen Materials benötigt werden, muß man in jedem Einzelfall durch Auswertung der einschränkenden Bedingungen untersuchen (s. dazu Abschnitt 5.6).

Die Anwendung der Darstellungssätze für isotrope Funktionen macht im übrigen besonders deutlich, daß selbst die spezielle Approximation des Energiefunktionals durch eine Qua-dratische Form der thermokinematischen Prozeßgeschichte noch zu allgemein ist: Unter dem Gesichtspunkt physikalisch-technischer Anwendungen sind die 25 Materialfunktionen, die die Stoffeigenschaften kennzeichnen, eine sehr große Informationsmenge; alle diese Funktionen müßten im konkreten Fall experimentell bestimmt werden, ein Aufwand, der kaum praktikabel sein dürfte.

Daraus ergibt sich die Notwendigkeit, die allgemeinen Materialgleichungen in praktischen Fällen durch noch speziellere Approximationen zu ersetzen (vgl. Kap. 6).

Innerhalb der Theorie der thermodynamisch konsistenten Finiten Linearen Thermovisko-elastizität, in der der Gedächtnisanteil α der Freien Energie vom gegenwärtigen Ver-

zerrungs- und Temperaturzustand unabhängig ist, reduziert sich die Zahl der Materialfunktionen erheblich: Es gilt dann

$$
\begin{aligned}
\mathbb{L}(\tau,s) &= \gamma^{(1)}(\tau,s)\mathbb{E}' + \gamma^{(2)}(\tau,s)\underline{1}\otimes\underline{1}\\[2mm]
L(\tau,s) &= \gamma^{(3)}(\tau,s)\underline{1}\\[2mm]
\tilde{L}(\tau,s) &= \gamma^{(4)}(\tau,s)\underline{1}\\[2mm]
\ell(\tau,s) &= \gamma^{(5)}(\tau,s)\ ,
\end{aligned}
\qquad (5.91)
$$

so daß zur vollständigen Kennzeichnung des Energiefunktionals insgesamt eine Funktion
von vier Variablen und zehn Funktionen von zwei Variablen erforderlich sind.

Diese Funktionen sind nicht voneinander unabhängig: Die allgemeine Gleichung (5.49),
die diese Materialfunktionen einschränkt, nimmt für diesen Sonderfall eine relativ über-
sichtliche Form an; Einsetzen von (5.90,91) in (5.49) liefert mit (5.68) die folgenden
Komponentengleichungen:

$$
\begin{aligned}
\frac{\partial}{\partial s}\gamma^{(1)}(\tau,s) &= -\int_0^\infty a^{(1)}(\tau,\sigma)\,\gamma^{(1)}(\sigma,s)\,d\sigma\\[2mm]
\frac{\partial}{\partial s}\gamma^{(2)}(\tau,s) &= -\int_0^\infty \left[\,a^{(2)}(\tau,\sigma)\gamma^{(2)}(\sigma,s) + a^{(3)}(\tau,\sigma)\,\gamma^{(4)}(\sigma,s)\,\right]d\sigma\\[2mm]
\frac{\partial}{\partial s}\gamma^{(3)}(\tau,s) &= -\int_0^\infty \left[\,a^{(2)}(\tau,\sigma)\gamma^{(3)}(\sigma,s) + a^{(3)}(\tau,\sigma)\,\gamma^{(5)}(\sigma,s)\,\right]d\sigma\\[2mm]
\frac{\partial}{\partial s}\gamma^{(4)}(\tau,s) &= -\int_0^\infty \left[\,a^{(4)}(\tau,\sigma)\gamma^{(4)}(\sigma,s) + 3\,a^{(3)}(\sigma,\tau)\,\gamma^{(2)}(\sigma,s)\,\right]d\sigma\\[2mm]
\frac{\partial}{\partial s}\gamma^{(5)}(\tau,s) &= -\int_0^\infty \left[\,a^{(4)}(\tau,\sigma)\gamma^{(5)}(\sigma,s) + 3\,a^{(3)}(\sigma,\tau)\,\gamma^{(3)}(\sigma,s)\,\right]d\sigma
\end{aligned}
\qquad (5.92)
$$

Dabei wurden die folgenden Abkürzungen verwendet:

$$
\begin{aligned}
a^{(1)}(\tau,\sigma) &= \int_0^\infty \alpha^{(1)}(\varrho,\tau)\,\alpha^{(1)}(\varrho,\sigma)\,d\varrho\\[2mm]
a^{(2)}(\tau,\sigma) &= \int_0^\infty \left[\,9\alpha^{(2)}(\varrho,\tau)\alpha^{(2)}(\varrho,\sigma) + 3\,\alpha^{(4)}(\varrho,\tau)\,\alpha^{(4)}(\varrho,\sigma)\,\right]d\varrho\\[2mm]
a^{(3)}(\tau,\sigma) &= \int_0^\infty \left[\,3\alpha^{(2)}(\varrho,\tau)\,\alpha^{(3)}(\varrho,\sigma) + \alpha^{(4)}(\varrho,\tau)\,\alpha^{(5)}(\varrho,\sigma)\,\right]d\varrho\\[2mm]
a^{(4)}(\tau,\sigma) &= \int_0^\infty \left[\,3\alpha^{(3)}(\varrho,\tau)\,\alpha^{(3)}(\varrho,\sigma) + \alpha^{(5)}(\varrho,\tau)\,\alpha^{(5)}(\varrho,\sigma)\,\right]d\varrho
\end{aligned}
\qquad (5.93)
$$

Die spezielle Darstellung der Dissipationsleistung nach Satz 5.3 erfordert die Materialfunktionen

$$
\begin{aligned}
\mathbb{A}\,(\tau) &= \alpha^{(1)}(\tau)\,\mathbb{E}' + \alpha^{(2)}(\tau)\,\underline{1} \otimes \underline{1} \\
A\,(\tau) &= \alpha^{(3)}(\tau)\,\underline{1} \\
\tilde{A}\,(\tau) &= \alpha^{(4)}(\tau)\,\underline{1} \\
a\,(\tau) &= \alpha^{(5)}(\tau)\,,
\end{aligned}
\qquad\qquad (5.94)
$$

und man hat das Differentialgleichungssystem

$$
\begin{aligned}
\frac{\partial}{\partial s}\,\gamma^{(1)}(\tau,s) &= -\,a^{(1)}(\tau)\,\gamma^{(1)}(\tau,s) \\[4pt]
\frac{\partial}{\partial s}\,\gamma^{(2)}(\tau,s) &= -\,[\,a^{(2)}(\tau)\,\gamma^{(2)}(\tau,s) + a^{(3)}(\tau)\,\gamma^{(4)}(\tau,s)\,] \\[4pt]
\frac{\partial}{\partial s}\,\gamma^{(3)}(\tau,s) &= -\,[\,a^{(2)}(\tau)\,\gamma^{(3)}(\tau,s) + a^{(3)}(\tau)\,\gamma^{(5)}(\tau,s)\,] \\[4pt]
\frac{\partial}{\partial s}\,\gamma^{(4)}(\tau,s) &= -\,[\,a^{(4)}(\tau)\,\gamma^{(4)}(\tau,s) + 3\,a^{(3)}(\tau)\,\gamma^{(2)}(\tau,s)\,] \\[4pt]
\frac{\partial}{\partial s}\,\gamma^{(5)}(\tau,s) &= -\,[\,a^{(4)}(\tau)\,\gamma^{(5)}(\tau,s) + 3\,a^{(3)}(\tau)\,\gamma^{(3)}(\tau,s)\,]\,,
\end{aligned}
\qquad\qquad (5.95)
$$

mit

$$
\begin{aligned}
a^{(1)}(\tau) &= \alpha^{(1)2}(\tau) \\
a^{(2)}(\tau) &= 9\alpha^{(2)2}(\tau) + 3\alpha^{(4)2}(\tau) \\
a^{(3)}(\tau) &= 3\alpha^{(2)}(\tau)\,\alpha^{(3)}(\tau) + \alpha^{(4)}(\tau)\,\alpha^{(5)}(\tau) \\
a^{(4)}(\tau) &= 3\alpha^{(3)2}(\tau) + \alpha^{(5)2}(\tau)\,.
\end{aligned}
\qquad\qquad (5.96)
$$

Für thermoviskoelastische Stoffe mit diskretem Relaxationsspektrum hat man nach
Satz 5.7 die Materialfunktionen

$$
\mathbb{L}_k(s),\ L_k(s),\ \tilde{L}_k(s),\ \ell_k(s) \quad (k = 1,\ \dots N)\,,
$$

bzw.

$$
\gamma_k^{(1)}(s)\,.\,,\ \dots\ \gamma_k^{(5)}(s) \quad (k = 1,\ \dots N)\,.
$$

Hinzu kommen nach Satz 5.11 die Materialkonstanten

$$
\alpha_{ik}^{(1)},\ \alpha_{ik}^{(2)},\ \dots\,,\ \alpha_{ik}^{(5)} \quad (i, k = 1, 2,\ \dots N)
$$

bzw., nach Satz 5.9, die Konstanten

$$
\alpha_k^{(1)},\ \alpha_k^{(2)},\ \dots\,,\ \alpha_k^{(5)} \quad (k = 1, 2,\ \dots N)\,.
$$

Die entsprechenden Differentialgleichungen für die Materialfunktionen lauten nach
Satz 5.11 :

$$\begin{aligned}
\frac{d}{ds}\gamma_k^{(1)}(s) &= -\sum_{l=1}^{N} a_{kl}^{(1)}\gamma_l^{(1)}(s) \\[2mm]
\frac{d}{ds}\gamma_k^{(2)}(s) &= -\sum_{l=1}^{N} \left[a_{kl}^{(2)}\gamma_l^{(2)}(s) + a_{kl}^{(3)}\gamma_l^{(4)}(s) \right] \\[2mm]
\frac{d}{ds}\gamma_k^{(3)}(s) &= -\sum_{l=1}^{N} \left[a_{kl}^{(2)}\gamma_l^{(3)}(s) + a_{kl}^{(3)}\gamma_l^{(5)}(s) \right] \\[2mm]
\frac{d}{ds}\gamma_k^{(4)}(s) &= -\sum_{l=1}^{N} \left[a_{kl}^{(4)}\gamma_l^{(4)}(s) + 3a_{lk}^{(3)}\gamma_l^{(2)}(s) \right] \\[2mm]
\frac{d}{ds}\gamma_k^{(5)}(s) &= -\sum_{l=1}^{N} \left[a_{kl}^{(4)}\gamma_l^{(5)}(s) + 3a_{lk}^{(3)}\gamma_l^{(3)}(s) \right]
\end{aligned} \right\} \quad (5.97)$$

$(k = 1,2,\ldots N)$, mit den Abkürzungen

$$\begin{aligned}
a_{kl}^{(1)} &= \sum_{m=1}^{N} \alpha_{mk}^{(1)}\alpha_{ml}^{(1)} \\[2mm]
a_{kl}^{(2)} &= \sum_{m=1}^{N} \left[9\alpha_{mk}^{(2)}\alpha_{ml}^{(2)} + 3\alpha_{mk}^{(4)}\alpha_{ml}^{(4)} \right] \\[2mm]
a_{kl}^{(3)} &= \sum_{m=1}^{N} \left[3\alpha_{mk}^{(2)}\alpha_{ml}^{(3)} + \alpha_{mk}^{(4)}\alpha_{ml}^{(5)} \right] \\[2mm]
a_{kl}^{(4)} &= \sum_{m=1}^{N} \left[3\alpha_{mk}^{(3)}\alpha_{ml}^{(3)} + \alpha_{mk}^{(5)}\alpha_{ml}^{(5)} \right]
\end{aligned} \right\} \quad (5.98)$$

$(k,\ell = 1,2,\ldots N)$.

Satz 5.9 ergibt die Differentialgleichungen

$$\begin{aligned}
\frac{d}{ds}\gamma_k^{(1)}(s) &= - a_k^{(1)}\gamma_k^{(1)}(s) \\[2mm]
\frac{d}{ds}\gamma_k^{(2)}(s) &= -\left[a_k^{(2)}\gamma_k^{(2)}(s) + a_k^{(3)}\gamma_k^{(4)}(s) \right] \\[2mm]
\frac{d}{ds}\gamma_k^{(3)}(s) &= -\left[a_k^{(2)}\gamma_k^{(3)}(s) + 3a_k^{(3)}\gamma_k^{(5)}(s) \right] \\[2mm]
\frac{d}{ds}\gamma_k^{(4)}(s) &= -\left[a_k^{(4)}\gamma_k^{(4)}(s) + 3a_k^{(3)}\gamma_k^{(2)}(s) \right] \\[2mm]
\frac{d}{ds}\gamma_k^{(5)}(s) &= -\left[a_k^{(4)}\gamma_k^{(5)}(s) + 3a_k^{(3)}\gamma_k^{(3)}(s) \right]
\end{aligned} \right\} \quad (5.99)$$

126

mit

$$a_k^{(1)} = \alpha_k^{(1)2}$$

$$a_k^{(2)} = 9\alpha_k^{(2)2} + 3\alpha_k^{(4)2}$$

$$a_k^{(3)} = 3\alpha_k^{(2)}\alpha_k^{(3)} + \alpha_k^{(4)}\alpha_k^{(5)} \qquad (5.100)$$

$$a_k^{(4)} = 3\alpha_k^{(3)2} + \alpha_k^{(5)2}$$

$(k = 1,2,\ldots N)$.

Zur Kennzeichnung des Energiefunktionals für einen THERMORHEOLOGISCH EINFACHEN STOFF braucht man die Materialfunktionen

$$b : \qquad \theta \longmapsto b(\theta) \in \mathbb{R}^+ ,$$

$$\varphi : \quad (\hat{C}, \hat{\theta}) \longmapsto \varphi(\hat{C}, \hat{\theta}) \in \mathbb{R} \qquad \text{sowie}$$

$$\hat{\mathbb{L}} : \quad (\hat{C}, \hat{\theta}, \tau, \sigma) \longmapsto \hat{\mathbb{L}}(\hat{C}, \hat{\theta}, \tau, \sigma) \in \text{Lin}(\text{Sym}) .$$

Hinzu kommt bei der Darstellung der Dissipationsleistung noch die Funktion

$$\hat{\mathbb{A}} : \quad (\tau, \sigma) \longmapsto \hat{\mathbb{A}}(\tau, \sigma) \in \text{Lin}(\text{Sym}) .$$

Die Funktionen $\hat{\mathbb{L}}(\cdot)$, $\hat{\mathbb{A}}(\cdot)$ werden durch (5.78) eingeschränkt, die Funktion $b(\cdot)$ durch (3.1).

Bei ISOTROPEN thermorheologisch einfachen Stoffen kann man zur Darstellung der Materialfunktionen $\varphi(\cdot)$, $\hat{\mathbb{L}}(\cdot)$ und $\hat{\mathbb{A}}(\cdot)$ wieder die Gleichungen (5.83, 84), bzw. (5.88 - 90) anwenden.

Zur Kennzeichnung eines isotropen thermorheologisch einfachen Materials sind innerhalb der Approximation (4.21) damit insgesamt

   1 Funktion von einer Variablen ,

   1 Funktion von 4 Variablen ,

   12 Funktionen von 6 Variablen und

   2 Funktionen von 2 Variablen

erforderlich.

Innerhalb der Theorie der thermodynamisch konsistenten Finiten Linearen Thermovisko-elastizität (der Gedächtnisanteil $\hat{\mathbb{Q}}$ des Energiefunktionals ist von $\hat{C}$ und $\hat{\theta}$ unabhängig) gilt für isotrope Materialien

$$\hat{\mathbb{L}}\,(\tau,\sigma) = \hat{\gamma}^{(1)}(\tau,\sigma)\mathbb{E}' + \hat{\gamma}^{(2)}(\tau,\sigma)\,\underline{1} \otimes \underline{1}\;, \tag{5.101}$$

so daß zur Kennzeichnung des Gedächtnisanteils $\hat{\mathbb{Q}}$ nur noch 4 Funktionen von zwei Variablen benötigt werden ($\hat{\gamma}^{(1)}, \hat{\gamma}^{(2)}, \hat{\alpha}^{(1)}, \hat{\alpha}^{(2)}$).

Die allgemeine Gleichung (5.78), die diese Funktionen einschränkt, nimmt in diesem Sonderfall (mit $\hat{\alpha}^{(2)}(\cdot) := \frac{1}{3}\hat{\alpha}^{(2)}(\cdot)$) eine besonders einfache Form an:

$$\frac{\partial}{\partial\sigma}\hat{\gamma}^{(1)}(\tau,\sigma) = -\int\limits_0^\infty\int\limits_0^\infty \hat{\alpha}^{(1)}(\varrho,\tau)\,\hat{\alpha}^{(1)}(\varrho,\omega)\,\hat{\gamma}^{(1)}(\omega,\sigma)\,d\varrho\,d\omega \tag{5.102}$$

$$\frac{\partial}{\partial\sigma}\hat{\gamma}^{(2)}(\tau,\sigma) = -\int\limits_0^\infty\int\limits_0^\infty \hat{\alpha}^{(2)}(\varrho,\tau)\,\hat{\alpha}^{(2)}(\varrho,\omega)\,\hat{\gamma}^{(2)}(\omega,\sigma)\,d\varrho\,d\omega \tag{5.103}$$

Die speziellere Darstellung der Dissipationsleistung nach Satz 5.3 erfordert die Materialfunktionen $\alpha^{(1)}(\tau)$ und $\alpha^{(2)}(\tau)$, und man hat die Differentialgleichungen (s. Gleichung (5.76))

$$\frac{\partial}{\partial\sigma}\hat{\gamma}^{(i)}(\tau,\sigma) = -\hat{\alpha}^{(i)2}(\tau)\,\hat{\gamma}^{(i)}(\tau,\sigma) \qquad (i=1,2). \tag{5.104}$$

Für Stoffe mit diskretem Relaxationsspektrum hat man die Materialfunktionen

$$\hat{\gamma}_k^{(1)}(\sigma)\;,\;\hat{\gamma}_k^{(2)}(\sigma) \qquad (k=1,2,\ldots N).$$

Hinzu kommen nach Satz 5.11 die Materialkonstanten

$$\hat{\alpha}_{ik}^{(1)}\,,\quad \hat{\alpha}_{ik}^{(2)} \qquad (i,k=1,2,\ldots N)$$

bzw., nach Satz 5.9, die Konstanten

$$\hat{\alpha}_k^{(1)}\,,\quad \hat{\alpha}_k^{(2)} \qquad (k=1,2,\ldots N)\;.$$

Die entsprechenden Differentialgleichungen für die Materialfunktionen sind dann nach Satz 5.11 bzw. Gleichung (5.82) gegeben durch

$$\frac{d}{d\sigma}\hat{\gamma}_k^{(i)}(\sigma) = -\sum_{l,m=1}^{N}\hat{\alpha}_{lk}^{(i)}\,\hat{\alpha}_{lm}^{(i)}\,\hat{\gamma}_m^{(i)}(\sigma) \tag{5.105}$$

$(i=1,2;\quad k=1,2,\ldots N)$.

128

Satz 5.9, bzw. Gleichung (5.80) , liefert

$$\frac{d}{d\sigma}\,\hat{\gamma}_k^{(i)}(\sigma) \;=\; -\,\hat{\alpha}_k^{(i)2}\,\hat{\gamma}_k^{(i)}(\sigma) \tag{5.106}$$

$(i = 1,2;\; k = 1,2,\ldots N)$.

5.6 Beispiel zur Auswertung der einschränkenden Bedingungen

Die einfachstmögliche Theorie der Thermoviskoelastizität wird für isotrope thermorheologisch einfache Stoffe durch die Gleichungen (5.101 - 103) definiert. Die Materialgleichung für die Freie Energie lautet in diesem Sonderfall mit der Zeittransformation

$$z \;=\; f(t) \;=\; \int_0^t b[\theta(\tau)]\,d\tau \;:$$

$$\hat{\psi}(z) \;=\; \varphi(I_{\hat{C}},\,II_{\hat{C}},\,III_{\hat{C}},\,\hat{\theta}) \;+\; \frac{1}{2}\int_0^\infty\Big\{\int_0^\infty \hat{\gamma}^{(1)}(\tau,\sigma)\hat{C}_d^{z*}(\sigma)\,d\sigma\Big\}^2 d\tau \;+$$

$$+\; \frac{1}{2}\int_0^\infty\Big\{\int_0^\infty \hat{\gamma}^{(2)}(\tau,\sigma)\,\mathrm{Sp}\,\hat{C}_d^z(\sigma)\Big\}^2 d\tau \tag{5.107}$$

Darin ist für alle Werte der Variablen σ $\quad C_d^{z*}(\cdot) := \hat{C}_d^z(\cdot) - \frac{1}{3}(\mathrm{Sp}\,\hat{C}_d^z(\cdot))\underline{1}$ der DEVIATOR von $\hat{C}_d^z(\cdot)$.

Um die Kompatibilität dieser Stofftheorie mit der CLAUSIUS-DUHEM - Ungleichung zu garantieren, müssen die Materialfunktionen $\gamma^{(i)}(\cdot,\cdot)$ einschränkende Bedingungen von der Form

$$\frac{\partial}{\partial\sigma}\hat{\gamma}^{(i)}(\tau,\sigma) \;=\; -\int_0^\infty A^{(i)}(\tau,\omega)\hat{\gamma}^{(i)}(\omega,\sigma)\,d\omega \qquad (i = 1,2) \tag{5.108}$$

erfüllen, wobei die zusätzlichen Materialfunktionen $A(\cdot,\cdot)$ in ganz spezieller Weise aufgebaut sind:

$$A^{(i)}(\tau,\omega) \;:=\; \int_0^\infty \hat{\alpha}^{(i)}(\rho,\tau)\hat{\alpha}^{(i)}(\rho,\omega)\,d\rho \qquad (i = 1,2) \tag{5.109}$$

Die Auswertung dieser Bedingungen soll in diesem Abschnitt explizit durchgeführt werden, um anhand eines Beispiels zu zeigen, daß sich aus den einschränkenden Bedingungen REDUZIERTE FORMEN des Energiefunktionals ableiten lassen, die mit der CLAUSIUS-DUHEM - Ungleichung identisch verträglich sind (vgl. Abschnitt 5.1).

Die Integro-Differentialgleichung (5.108) kann man (durch Trennung der Variablen) lösen.
Die Lösung ist vom Exponentialtyp; sie hat die Form

$$\gamma^{(i)}(\tau,\sigma) \;=\; \sum_{\mu=1}^{\infty} C_{\mu}^{(i)}\,\Gamma_{\mu}^{(i)}(\tau)\,e^{-\alpha_{\mu}^{(i)}\sigma} \qquad (i = 1,2) \;. \qquad (5.110)$$

Darin sind die $C_{\mu}^{(i)}$ bzw. $\alpha_{\mu}^{(i)}$ reelle Zahlen; die $\Gamma_{\mu}^{(i)}(\cdot)$ sind reellwertige Funktionen einer
reellen Variablen. Die $\alpha_{\mu}^{(i)}$ und $\Gamma_{\mu}^{(i)}(\cdot)$ sind insbesondere die Eigenwerte und Eigenfunk-
tionen des linearen Integraloperators, der durch die Funktion $A(\cdot,\cdot)$ definiert wird: Sie
genügen einer Integralgleichung der Form

$$\int_{0}^{\infty} A(\tau,\omega)\,\Gamma(\omega)\,d\omega \;=\; \alpha\,\Gamma(\tau) \;. \qquad (5.111)$$

Aus Gleichung (5.109) folgt, daß der durch den Kern $A(\cdot,\cdot)$ definierte Integraloperator
positiv und selbstadjungiert ist. Daher sind die Eigenwerte α positiv, und die Eigenfunk-
tionen $\Gamma(\cdot)$ bilden (im Hilbertraum der auf $\mathbb{R}^{+}$ quadratisch integrierbaren reellwertigen
Funktionen) ein Orthonormalsystem:

$$\alpha_{\mu}^{(i)} \;>\; 0 \qquad\qquad (5.112)$$

$$\int_{0}^{\infty} \Gamma_{\mu}^{(i)}(\tau)\,\Gamma_{\nu}^{(i)}(\tau)\,d\tau \;=\; \delta_{\mu\nu} \qquad\qquad (5.113)$$

$(\mu,\nu = 1,2,\ldots;\; i = 1,2.)$.

Setzt man die Lösung (5.110) in das Energiefunktional (5.107) ein, so kann man unter
Anwendung der Orthogonalitätsrelationen (5.113) die Integrationen ausführen, und man
erhält als Ergebnis für die Materialgleichung der Freien Energie die folgende
REDUZIERTE FORM:

$$\hat{\psi} \;=\; \varphi(I_{\hat{C}}, II_{\hat{C}}, III_{\hat{C}}, \hat{\theta}) \;+\; \frac{1}{2}\sum_{\mu=1}^{\infty}\Big\{C_{\mu}^{(1)}\int_{0}^{\infty} e^{-\alpha_{\mu}^{(1)}\sigma}\,\hat{C}_{d}^{z*}(\sigma)\,d\sigma\Big\}^{2} +$$

$$+\; \frac{1}{2}\sum_{\mu=1}^{\infty}\Big\{C_{\mu}^{(2)}\int_{0}^{\infty} e^{-\alpha_{\mu}^{(2)}\sigma}\,Sp\,\hat{C}_{d}^{z}(\sigma)\,d\sigma\Big\}^{2} \qquad (5.114)$$

Der Gedächtnisanteil enthält die Materialkonstanten $C_{\mu}^{(i)}$ und $\alpha_{\mu}^{(i)} > 0$; im Hinblick auf
die Verträglichkeit der Materialtheorie mit der CLAUSIUS-DUHEM - Ungleichung unter-
liegen diese Konstanten keiner weiteren Einschränkung.

6.1   Theorie   N – ter Ordnung

Die Approximation des Energiefunktionals durch eine Quadratische Form in der Ver-
zerrungs- und Temperaturgeschichte liefert Stoffgleichungen, die das allgemeine
Materialverhalten von thermodynamisch und thermorheologisch einfachen Stoffen
mit FADING MEMORY asymptotisch beschreiben : Die Approximationen sind für
hinreichend langsame Prozesse <u>oder</u> für genügend kleine Verzerrungen bzw. Temperaturänderungen beliebig genau (vgl. Abschnitt 4.3, S.92).

Falls der Gedächtnisanteil der Freien Energie vom gegenwärtigen Verzerrungs- und
Temperaturzustand abhängt, braucht man, wie der vorige Abschnitt am Beispiel der
isotropen Stoffe zeigte, zur Kennzeichnung der Materialeigenschaften eine sehr
große Informationsmenge : Es erscheint nicht realistisch, die 25 bzw. 16 Materialfunktionen, die von bis zu 6 Variablen abhängen können, experimentell bestimmen
zu wollen. Sofern die Materialgleichungen technisch – physikalisch anwendbar sein
sollen, muß diese Informationsmenge drastisch reduziert werden. Dies erfordert wesentlich speziellere asymptotische Approximationen der allgemeinen Materialgleichungen.

Eine Möglichkeit, derartige speziellere Approximationen systematisch zu erzeugen
besteht darin, daß man fordert, daß die Stoffgleichungen das allgemeine Materialverhalten für hinreichend langsame <u>und</u> kleine Verzerrungen und Temperaturänderungen
asymptotisch approximieren sollen.

Falls eine spezielle Approximation objektiv ist, besitzt sie auch für große Verzerrungen
physikalische Bedeutung und kann dann andererseits auch als Definitionsgleichung eines
speziellen idealen thermoviskoelastischen Materials aufgefaßt werden.

Bei der Konstruktion spezieller Approximationen der Ordnung N ist es zweckmäßig, den rechten CAUCHY – GREEN Tensor $C = F^T F$ durch den GREEN schen Verzerrungstensor

$$E \; := \; \tfrac{1}{2}(C - \underline{1}) \qquad\qquad (6.1)$$

zu ersetzen; an die Stelle der absoluten Temperatur tritt ferner zweckmäßigerweise die Temperaturänderung relativ zu einer (räumlich und zeitlich konstanten) Bezugstemperatur:

$$\vartheta \; := \; \theta \; - \; \theta_R \qquad\qquad (6.2)$$

Die Materialgleichungen, die diesem Kapitel zugrundegelegt werden, haben damit die folgende allgemeine Form:

$$\psi = \varphi(E,\vartheta) + \mathcal{Q}[\, E_d^t(\cdot), \; \vartheta_d^t(\cdot) \,; \, E,\vartheta\,] \qquad\qquad (6.3)$$

$$\frac{1}{\rho_R}\tilde{T} = \partial_E \varphi(E,\vartheta) + D_E \mathcal{Q}[\, E_d^t(\cdot), \; \vartheta_d^t(\cdot)\,; \, E,\vartheta\,] \qquad\qquad (6.4)$$

$$\eta = -\,\partial_\vartheta \varphi(E,\vartheta) - D_\vartheta \mathcal{Q}[\, E_d^t(\cdot), \; \vartheta_d^t(\cdot)\,; E,\vartheta\,] \qquad\qquad (6.5)$$

$$\delta = d_{E_d^t}\mathcal{Q}[\, E_d^t(\cdot), \; \vartheta_d^t(\cdot)\,; E,\vartheta\,\big|\,\tfrac{d}{ds}E_d^t(\cdot)\,] +$$

$$+\, d_{\vartheta_d^t}\mathcal{Q}[\, E_d^t(\cdot)\,, \; \vartheta_d^t(\cdot)\,; \, E\,, \vartheta\,\big|\, \tfrac{d}{ds}\vartheta_d^t(\cdot)\,] \qquad\qquad (6.6)$$

[vgl. (2.54,59, 60, 36)]

Die Materialgleichungen für thermorheologisch einfache Stoffe lauten entsprechend:

$$\hat{\psi} = \varphi(\hat{E},\hat{\vartheta}) + \hat{\mathcal{Q}}[\, \hat{E}_d^z(\cdot)\,; \, \hat{E}, \hat{\vartheta}\,] \qquad\qquad (6.7)$$

$$\frac{1}{\rho_R}\hat{\tilde{T}} = \partial_{\hat{E}}\varphi(\hat{E},\hat{\vartheta}) + D_{\hat{E}}\hat{\mathcal{Q}}[\, \hat{E}_d^z(\cdot)\,; \, \hat{E}, \hat{\vartheta}\,] \qquad\qquad (6.8)$$

$$\hat{\eta} = -\,\partial_{\hat{\vartheta}}\varphi(\hat{E},\hat{\vartheta}) - \partial_{\hat{\vartheta}}\hat{\mathcal{Q}}[\, \hat{E}_d^z(\cdot)\,; \, \hat{E}, \hat{\vartheta}\,] \qquad\qquad (6.9)$$

$$\hat{\delta} = \hat{b}(\hat{\vartheta})\,d_{\hat{E}_d^z}\hat{\mathcal{Q}}[\, \hat{E}_d^z(\cdot)\,; \, \hat{E}, \hat{\vartheta}\,\big|\,\tfrac{d}{d\sigma}\,\hat{E}_d^z(\cdot)\,] \qquad\qquad (6.10)$$

[vgl. (3.34,35,36,38), Definition 3.1: $b(\hat{\vartheta}) := b(\theta_R + \hat{\vartheta})$] .

Definition 6.1

Mit einem beliebigen Verzerrungs- und Temperaturverlauf

$$t \longmapsto \left\{ E(t) , \; \vartheta(t) \right\}$$

sei

$$\varepsilon \; := \; \sup_{-\infty < t < \infty} \sqrt{E(t) \cdot E(t) \; + \; \vartheta^2(t)} \; . \tag{6.11}$$

Dann heißt eine spezielle Materialgleichung für die Freie Energie eine ASYMPTOTISCHE APPROXIMATION DER ORDNUNG N , wenn sie die Gleichung (6.3) bzw. (6.7) asymptotisch approximiert in dem Sinne, daß der Fehler von der Größenordnung $0(\varepsilon^{N+2})$ ist.

Aus der Definition geht hervor, daß eine Materialgleichung der Ordnung N das allgemeine Materialverhalten um so besser beschreibt, je kleiner die Verschiebungsableitungen und die Temperaturänderungen sind [vgl. (1.21 - 25)]. Innerhalb einer Approximation der Ordnung N enthalten insbesondere die Materialgleichungen für den Spannungstensor und die Entropie sämtliche Terme der Größenordnung $o(\varepsilon^N)$.

Die Herleitung der speziellen Approximationen ist einfach: Man entwickelt alle auftretenden Materialfunktionen in TAYLOR - Reihen und bricht die Reihenentwicklung nach den Termen ab, die der vorgegebenen Ordnung entsprechen.

6.2   Elastischer Anteil

Die TAYLOR - Entwicklung des ELASTISCHEN ANTEILS der Freien Energie lautet :

$$\varphi \, (E, \vartheta) = \varphi(0, 0) + \; \partial_E \varphi (0, 0) \cdot E + \partial_\vartheta \varphi (0,0) \vartheta +$$

$$+ \; \frac{1}{2!} \{ \partial^2_{EE} \varphi(0,0)[E, E] + 2 \, \partial^2_{E\vartheta} \varphi(0,0) E \vartheta \; + \; \partial^2_{\vartheta\vartheta} \varphi(0,0) \vartheta^2 \} \; + \cdots \tag{6.12}$$

Ohne Einschränkung der Allgemeinheit kann man

$$\varphi(0,0) \; = \; 0 \tag{6.13}$$

setzen. Setzt man ferner voraus, daß in der Bezugskonfiguration (E = 0, ϑ = 0) der Spannungstensor und die Entropie verschwinden, so fallen in Gl. (6.12) die linearen

Anteile weg, und man erhält als Approximation erster Ordnung eine Bilinearform in E und ϑ:

$$\varphi(E,\vartheta) \;=\; \frac{1}{2}\left\{ E\cdot\mathbb{C}[E] + 2(C\cdot E)\vartheta + c\,\vartheta^2 \right\} + 0(\varepsilon^3) \qquad (6.14)$$

Darin ist $\mathbb{C} \in \mathrm{Lin}(\mathrm{Sym})$ $(\mathbb{C} = \mathbb{C}^T)$, $C \in \mathrm{Sym}$ und $c \in \mathbf{R}$.

Die Approximation (6.14) des elastischen Anteils enthält damit insgesamt $21 + 6 + 1 = 28$ Materialkonstanten.

Die elastischen Anteile des Spannungstensors und der Entropie berechnet man aus (6.14) durch Differentiation zu

$$\frac{1}{\rho_R}\,\tilde{T}_e \;=\; \mathbb{C}[E] + C\vartheta + 0(\varepsilon^2) \qquad (6.15)$$

bzw.

$$\eta_e \;=\; C\cdot E + c\,\vartheta + 0(\varepsilon^2)\;. \qquad (6.16)$$

Für ISOTROPE STOFFE ist eine Approximation zweiter Ordnung gegeben durch

$$\varphi(I_E,\, II_E,\, III_E,\, \vartheta) \;=\; \lambda_1 I_E^2 + \lambda_2 II_E + \lambda_3 I_E\,\vartheta +$$

$$+ \lambda_4 I_E^3 + \lambda_5 I_E\, II_E + \lambda_6 III_E + \lambda_7 I_E^2\,\vartheta + c_1\vartheta^2$$

$$+ \lambda_8 II_E\vartheta + \lambda_9 I_E\vartheta^2 + c_2\vartheta^3 + 0(\varepsilon^4)\;. \qquad (6.17)$$

Darin sind die Größen

$$\left.\begin{aligned}
I_E &:= \mathrm{Sp}\,E\\[4pt]
II_E &:= \frac{1}{2}\left[I_E^2 - E\cdot E \right]\\[4pt]
III_E &:= \frac{1}{3}\left[E^2\cdot E - I_E E\cdot E + I_E II_E \right]
\end{aligned}\right\} \quad (6.18)$$

die Hauptinvarianten des Tensors E. Mit

$$\left.\begin{aligned}
\frac{d}{dE} I_E &= \underline{1}\\[4pt]
\frac{d}{dE} II_E &= I_E\,\underline{1} - E\\[4pt]
\frac{d}{dE} III_E &= II_E\,\underline{1} - I_E E + E^2
\end{aligned}\right\} \quad (6.19)$$

134

erhält man

$$\frac{1}{\rho_R}\tilde{T}_e = (2\lambda_1 + \lambda_2)I_E\underline{1} - \lambda_2 E + \lambda_3\vartheta\underline{1} +$$

$$+ [(3\lambda_4 + \lambda_5)I_E^2 + (\lambda_5 + \lambda_6)II_E + (2\lambda_7 + \lambda_8)\vartheta I_E + \lambda_9\vartheta^2]\underline{1} -$$

$$- [(\lambda_5 + \lambda_6) I_E + \lambda_8\vartheta] E + \lambda_6 E^2 + o(\varepsilon^2), \tag{6.20}$$

bzw.

$$- \eta_e = 2 c_1\vartheta + 3 c_2\vartheta^2 +$$

$$+ \lambda_3 I_E + \lambda_7 I_E^2 + \lambda_8 II_E + 2\lambda_9\vartheta I_E + o(\varepsilon^2). \tag{6.21}$$

Bei isotropen Materialien erfordert eine Theorie zweiter Ordnung zur Kennzeichnung der
elastischen Anteile insgesamt 11 Stoffkonstanten.

Eine Theorie erster Ordnung würde die 3 Materialkonstanten λ_1, λ_2, λ_3 enthalten.
Bezeichnet G den SCHUBMODUL, ν die QUERKONTRAKTIONSZAHL und
α den VOLUMENAUSDEHNUNGSKOEFFIZIENTEN, so gilt der folgende Zusammenhang:

$$2\lambda_1 + \lambda_2 = 2G\frac{\nu}{1 - 2\nu}$$

$$\lambda_2 = -2G \tag{6.22}$$

$$\lambda_3 = -2G\frac{1 + \nu}{3(1 - 2\nu)}\alpha$$

Gleichung (6.20) enthält für den Sonderfall $\vartheta = 0$ den bekannten Satz, daß ein
isotropes hyperelastisches Material im Sinne einer Theorie zweiter Ordnung durch
5 Materialkonstanten beschrieben wird. Ist der Stoff dagegen nicht hyperelastisch,
aber elastisch, so hat man 6 Materialkonstanten: Es gilt dann

$$\tilde{T} = \varphi_0\underline{1} + \varphi_1 E + \varphi_2 E^2$$

$$= [\beta_1 I_E + \beta_2 I_E^2 + \beta_3 II_E]\underline{1} +$$

$$+ [\beta_4 + \beta_5 I_E] E + \beta_6 E^2 + o(\varepsilon^3) \tag{6.23}$$

(vgl. [11, Sect. 66 und 93]).

6.3 Gedächtnisanteil

Aus der Struktur des Gedächtnisanteils [Gleichung (4.19,20), (5.61) ergeben sich die folgenden Aussagen:

(1)   Eine Approximation erster Ordnung des Gedächtnisanteils der Freien Energie ist vom gegenwärtigen Verzerrungs- und Temperaturzustand unabhängig.

(2)   Eine Approximation zweiter Ordnung erhält man, wenn man die Materialfunktionen $\mathbb{L}, L, \tilde{L}$ und ℓ bis auf Fehler der Größenordnung $0(\varepsilon^2)$ approximiert.

In diesem Sinne ist durch Gleichung (5.61) eine Approximation erster Ordnung gegeben, wenn man dort C durch E ersetzt sowie θ durch ϑ .

Eine Approximation zweiter Ordnung, die für isotrope Stoffe gilt, ergibt sich aus der Anwendung der Gleichungen (5.84 - 89). Man erhält 20 Materialfunktionen von zwei Variablen:

$$\mathbb{L}(E,\vartheta,\tau,s)[E_d^t(s)] = [\lambda^{(1)} + \lambda^{(2)} I_E + \lambda^{(3)}\vartheta] E_d^t +$$

$$+ \lambda^{(4)}(E\,E_d^t + E_d^t E) + [(\lambda^{(5)} + \lambda^{(6)} I_E + \lambda^{(7)}\vartheta)\,SpE_d^t]\,\underline{1} +$$

$$+ \lambda^{(8)}(E\cdot E_d^t)\,\underline{1} + \lambda^{(9)}(SpE_d^t)\,E + 0(\varepsilon^3) \qquad (6.24)$$

$$L(E,\vartheta,\tau,s) = [\lambda^{(10)} + \lambda^{(11)} I_E + \lambda^{(12)}\vartheta]\,\underline{1} + \lambda^{(13)} E + 0(\varepsilon^2) \qquad (6.25)$$

$$\tilde{L}(E,\vartheta,\tau,s) = [\lambda^{(14)} + \lambda^{(15)} I_E + \lambda^{(16)}\vartheta]\,\underline{1} + \lambda^{(17)} E + 0(\varepsilon^2) \qquad (6.26)$$

$$\ell(E,\vartheta,\tau,s) = \lambda^{(18)} + \lambda^{(19)} I_E + \lambda^{(20)}\vartheta + 0(\varepsilon^2) \qquad (6.27)$$

$$\lambda^{(k)} = \lambda^{(k)}(\tau,s) \quad (k = 1,2,\ldots 20)$$

Bei thermorheologisch einfachen Stoffen entfallen die Materialfunktionen $L(\cdot)$, $\tilde{L}(\cdot)$, $\ell(\cdot)$ bzw. die Funktionen $\lambda^{(10)} - \lambda^{(20)}$.

6.4 Vereinfachung der Materialbeschreibung durch Innere Zwangsbedingungen

Die Existenz Innerer Zwangsbedingungen kann die Materialbeschreibung wesentlich vereinfachen, da Spannungstensor, Entropie und Wärmeflußvektor durch die thermokinematische Prozeßgeschichte nicht vollständig bestimmt werden; diese Größen enthalten "unbestimmte" Anteile, die nicht durch Materialgleichungen mit der Prozeßgeschichte verknüpft
sind (s. Abschnitt 2.6).

Derartige Vereinfachungen sind bisher besonders ausführlich innerhalb der Theorie der
INKOMPRESSIBLEN ISOTROPEN STOFFE untersucht worden [7,36] .

Für (mechanisch) inkompressible Stoffe gilt die Innere Zwangsbedingung

$$\det C \quad = \quad 1 \tag{6.27}$$

[vgl. (2.90)] , bzw.,mit $\underline{C} = \underline{1} + 2\,E$,

$$I_E \; + \; 2\,II_E \; + \; 4\,III_E \quad = \quad 0 \; . \tag{6.28}$$

Aufgrund der Gleichungen (6.27,28) entfällt in den Darstellungen (5.83 - 89) eine unabhängige Variable. Nach Gleichung (6.28) gelten ferner die asymptotischen Beziehungen

$$I_E \; = \; Sp\,E \quad = \; 0(\varepsilon^2), \tag{6.29}$$

bzw.

$$Sp\,E_d^t(s) \; = \; 0(\varepsilon^2) \; ; \tag{6.30}$$

diese Beziehungen bewirken eine weitere Vereinfachung der asymptotischen Approximationen.

Hinzu kommt, daß von dem Spannungstensor T bzw. $\tilde{T}$ ein hydrostatischer Druck
$\bar{T} = -p\,\underline{1}$ bzw. $\bar{\tilde{T}} = -p\,C^{-1}$ durch die Materialgleichung nicht
bestimmt ist.

Legt man insbesondere Wert darauf, für die Stoffgleichung des Spannungstensors eine
Approximation der Ordnung N zu konstruieren, so führt dies wiederum zu einer Verringer-
ung der Zahl der Materialfunktionen bzw. -konstanten: Alle Terme, die in den asympto-

tischen Approximationen von der Form $- p\,\underline{1}$ bzw. $- p\,C^{-1}$ sind, können dem (ohnehin unbestimmten) hydrostatischen Druck zugeschlagen werden und treten damit in der Stoffgleichung nicht mehr auf.

Die konkrete Herleitung spezieller Approximationen der Ordnung N erfordert Routinerechnungen; dasselbe gilt für die einschränkenden Bedingungen, die man für jeden Satz von Materialfunktionen durch sinngemäße Auswertung der Gleichungen (5.49) etc. erhält.

Es ist daher nicht notwendig, auf einzelne Möglichkeiten ausführlicher einzugehen.

7. <u>HOMOGENE DEFORMATIONEN</u>

7.1 <u>Die praktische Bedeutung von exakten Lösungen</u>

Die physikalisch-technische Anwendbarkeit einer Stofftheorie setzt voraus, daß die durch
das Stoffunktional definierten Materialeigenschaften experimentell bestimmbar sind. Je
allgemeiner die Form einer Materialgleichung ist, um so größer ist der experimentelle
Aufwand, der zur Ermittlung der Materialkonstanten und -funktionen notwendig ist.
Kennzeichnend ist dabei die Tatsache, daß von den thermomechanischen Größen, die
in den Materialgleichungen auftreten, keine direkt und auch nur einige mittelbar im
Labor meßbar sind. DIREKT MESSBAR sind lediglich VERSCHIEBUNGEN, z.B. die
Verschiebung der Randfläche eines Probekörpers aus dem zu identifizierenden Material.
INDIREKT MESSBAR sind Oberflächenintegrale über Spannungsvektoren (resultierende
KRÄFTE und MOMENTE), Oberflächenintegrale über den Wärmeflußvektor sowie
Temperaturen an einzelnen Körperpunkten (genauer: MITTLERE TEMPERATUREN von Teil-
körpern).

Eine experimentelle Ermittlung von mechanischen Materialeigenschaften läuft im Prinzip
folgendermaßen ab : Man prägt einen Probekörper durch Verschiebung der Randflächen
Deformationsgeschichten auf und mißt die dazu notwendigen resultierenden Kräfte und
Momente. Zur Auswertung der Experimente muß dann die Lösung einer entsprechenden
Randwertaufgabe bekannt sein, nämlich die Verzerrungsgeschichte und die Spannungs-
verteilung: Ohne die Kenntnis derartiger Lösungen ist es nicht möglich, exakt zu unter-
scheiden zwischen den Materialeigenschaften und den Einflüssen, die aus der geometrischen
Form des Probekörpers herrühren.

Bei thermomechanischen Materialeigenschaften sind zusätzlich geeignete Temperaturgeschichten zu erzeugen. Dies bedeutet nicht nur einen wesentlich größeren experimentellen Aufwand; die Randwertaufgabe, deren Lösung zur Interpretation der Meßer-
gebnisse benötigt wird, ist erheblich komplizierter : zusätzlich zu den drei Funktionalgleichungen, die der Impulssatz liefert, ist noch die Wärmeleitungsgleichung
(1.Hauptsatz) als vierte Gleichung zu erfüllen. Da die Lösung einer Randwertaufgabe im allgemeinen höchstens näherungsweise auf numerischem Wege gewonnen werden kann, entsteht bei der Interpretation von Meßergebnissen zusätzlich die Schwierigkeit,
Meßfehler und Fehler der numerischen Näherungsrechnung gegeneinander abzugrenzen.

Für die Anwendungen ergibt sich daraus nicht nur die Notwendigkeit, von möglichst einfachen Stoffgleichungen auszugehen: Es ist erwünscht, zu jeder Materialgleichung einen
Satz von technisch realisierbaren exakten Lösungen zu kennen, der zur Bestimmung der
Materialparameter mindestens ausreicht. (Allerdings ist dieses Ziel in hinreichend allgemeinen Fällen nicht erreichbar (vgl. Abschnitt 4.1).) Sind darüberhinaus weitere exakte
Lösungen bekannt, so können diese zur experimentellen Überprüfung des Gültigkeits-
bereiches einer speziellen Stofftheorie ausgenutzt werden [108].

Die exakten Lösungen sind damit nicht nur von theoretischem sondern auch von praktischem
Interesse: Sie ermöglichen die Konkretisierung der physikalischen Aussagen einer speziellen
Materialtheorie, sie ermöglichen ferner die experimentelle Bestimmung von Materialeigen-
schaften sowie eine experimentelle Überprüfung der Stofftheorie selbst.

Unter einer HOMOGENEN DEFORMATION wird in diesem Kapitel ein thermokinematischer Prozeß verstanden, bei dem sowohl der Deformationsgradient als auch das Temperaturfeld räumlich konstant ist. Homogene Deformationen sind innerhalb der Mechanik mathematisch triviale exakte Lösungen; sie besitzen jedoch eine erhebliche praktische Bedeutung,
da sie zur experimentellen Ermittlung von Materialparametern benutzt werden können
(Beispiel: Einachsiger Zugversuch).

Innerhalb der Thermomechanik sind homogene Deformationen jedoch auch mathematisch
keineswegs trivial: Die Erfüllung des Ersten Hauptsatzes erfordert die Lösung einer (grundsätzlich nichtlinearen) Differential- bzw. Integro-Differentialgleichung.

7.2 Thermorheologisch einfache Stoffe ohne thermoelastische Kopplung

Die folgenden Betrachtungen beziehen sich auf eine spezielle Stoffklasse, nämlich auf
THERMORHEOLOGISCH EINFACHE STOFFE OHNE THERMOELASTISCHE KOPPLUNG:

$$\hat{\psi}(z) = \Phi(\hat{C}) + \Psi(\hat{\theta}) + \hat{\wp}\,[\,\hat{C}_d^{\,z}(\cdot);\,\hat{C}\,] \tag{7.1}$$

Das Fehlen der thermoelastischen Kopplung kommt durch die additive Zerlegung des
elastischen Anteils in je einen temperatur- und verzerrungsabhängigen Term zum Aus-
druck. Der Gedächtnisanteil $\hat{\wp}$ kann ein beliebiges Funktional der Verzerrungsgeschichte
(mit der gegenwärtigen Verzerrung als Parameter) sein, das heißt physikalisch: Die
Temperaturabhängigkeit der Dissipationsleistung bzw. der Reibungsspannungen soll ausschließlich über die Zeittransformation (3.3) berücksichtigt werden.

Der folgende Satz ist im Grunde eine Folgerung aus der Definition des thermorheologisch
einfachen Materials. Er ermöglicht die Konstruktion beliebig vieler Homogener Deformationen, die exakte Lösungen des Ersten Hauptsatzes sind:

Satz 7.1

Es gelte die Materialgleichung (7.1); durch

$$\hat{\chi}_R(\underline{X},z) = \hat{F}(z)(\underline{X} - \underline{X}_0) \tag{7.2}$$

sei (im z-Bereich) eine beliebige Homogene Deformation gegeben; die Bewegung soll
lediglich hinreichend langsam verlaufen, so daß Trägheitseffekte vernachlässigt werden
können. Dann gibt es (im t-Bereich) eine Homogene Deformation

$$\underline{x} = X_R(\underline{X},t) = F(t)(\underline{X} - \underline{X}_0)$$

$$\theta = \theta(\underline{X},t) = \theta(t)\,,$$

so daß Gleichung (2.40) (mit $r = 0$) erfüllt ist.

Beweis:

Aus (7.2) berechnet man zunächst den Verzerrungstensor $\hat{C} = \hat{F}^T\hat{F}$ und die Verzerrungsgeschichte $\hat{C}_d^{\,z}(\sigma) = \hat{C}(z-\sigma) - \hat{C}(z)\,.$

Damit erhält man das Funktional $d_{\hat{C}_d^z}\mathcal{P}$ als bekannte Funktion von z :

$$\hat{\delta}^{*}(z) := d_{\hat{C}_d^z}\hat{\mathcal{P}}\,[\ \hat{C}_d^z(\cdot);\ \hat{C}\,\Big|\,\frac{d}{d\sigma}\ \hat{C}_d^z(\cdot)\,] \tag{7.3}$$

Aus (7.1) folgt mit (3.36) die Entropie

$$\hat{\eta}(z) = -\Psi'(\theta),$$

und mit (3.3) gilt

$$\dot{\eta}(t) = \hat{\eta}'[f(t)]b[\theta(t)] . \tag{7.4}$$

Nach (3.38) ist die Dissipationsleistung $\hat{\delta}$ gegeben durch

$$\hat{\delta}(z) = b\,[\ \hat{\theta}(z)\ ]\ \hat{\delta}^{*}(z) . \tag{7.5}$$

Da das Temperaturfeld räumlich konstant ist, verschwindet der Wärmeflußvektor aufgrund von (2.64); der Energiebilanz (2.40) entspricht dann (mit $r = 0$) im z-Bereich die Differentialgleichung

$$c_d[\hat{\theta}(z)]\frac{d}{dz}\hat{\theta}(z) = \hat{\delta}^{*}(z) , \tag{7.6}$$

wobei zur Abkürzung

$$c_d(\hat{\theta}) := -\hat{\theta}\,\frac{d^2\Psi(\hat{\theta})}{d\hat{\theta}^2} \tag{7.7}$$

gesetzt wurde; die Funktion $\hat{\theta} \longmapsto c_d(\hat{\theta})$ heißt SPEZIFISCHE WÄRME BEI KONSTANTER DEFORMATION.

Die Differentialgleichung (7.6) läßt sich in geschlossener Form integrieren: Mit

$$G(\hat{\theta}) := \int_0^{\hat{\theta}} c_d(\vartheta)\,d\vartheta \tag{7.8}$$

und

$$H(z) := \int_0^z \delta^{*}(\mathfrak{z})\,d\mathfrak{z} \tag{7.9}$$

folgt

$$G[\hat{\theta}(z)] = G(\hat{\theta}_o) + H(z) . \tag{7.10}$$

Fordert man, was physikalisch sinnvoll ist, eine positive spezifische Wärme, d.h.

$$G'(\hat{\theta}) = c_d(\hat{\theta}) > 0 ,$$

so ist (7.10) für alle z nach $\hat{\theta}(z)$ auflösbar, und man erhält den Temperaturverlauf im z - Bereich:

$$\hat{\theta}(z) \;=\; G^{-1}[\,G(\hat{\theta}_0) + H(z)\,] \tag{7.11}$$

Aus der Definition 3.1 der Zeittransformation, Gleichung (3.3,4), folgt dann

$$t = f^{-1}(z) \;=\; \int_0^z \frac{d\zeta}{b[\hat{\theta}(\zeta)]} \quad , \tag{7.12}$$

Auflösung nach z liefert die Zeittransformation $z = f(t)$. Durch Einsetzen dieser Funktion in die gegebene Bewegung (7.2) und den berechneten Temperaturverlauf (7.11) erhält man schließlich

$$\underline{x} \;=\; \hat{\chi}_R[\,\underline{X}, f(t)\,] \;=\; \chi_R(\underline{X}, t) \tag{7.13}$$

sowie

$$\hat{\theta}[\,f(t)\,] \;=\; \theta(t) \quad . \tag{7.14}$$

Diese Homogene Deformation ist eine exakte Lösung des Ersten Hauptsatzes (2.40).

Die Lösungen, die mittels dieser "INVERSEN METHODE" konstruierbar sind, können dazu dienen, die physikalische Bedeutung der Theorie der thermorheologisch einfachen Stoffe in Form von Zahlenbeispielen oder experimentellen Untersuchungen weiter zu konkretisieren.

Dies gilt insbesondere auch für das Beispiel DEFORMATIONSSPRUNG, das in der experimentellen Technik auch als RELAXATIONSVERSUCH bezeichnet wird.

Führt man isotherme Relaxationsversuche an thermorheologisch einfachen Systemen durch, so läßt sich durch Messung der im logarithmischen Zeitmaßstab aufgetragenen Relaxationskurven die Materialfunktion $b(\theta)$ experimentell ermitteln (vgl. Abschnitt 3.22, S. 74).

Allerdings ist als Folge der Energiebilanz (1. Hauptsatz) die Temperatur beim Relaxationsversuch ohne volumenverteilte Wärmequellen zeitabhängig, das heißt: Isotherme Relaxationsversuche sind strenggenommen gar nicht möglich. Dies zeigt auch die folgende Rechnung; sie bezieht sich auf thermorheologisch einfache Stoffe ohne thermoelastische Kopplung, bei denen der Gedächtnisanteil der Freien Energie eine Quadratische Form der Verzerrungsgeschichte ist [vgl. Gl. (5.71,72)]:

$$\hat{\psi}(z) = \Phi(\hat{C}) + \Psi(\hat{\theta}) + $$

$$+ \int_0^\infty \left\{ \int_0^\infty \frac{\partial}{\partial\sigma} \hat{\mathbb{L}}^*(\hat{C},\tau,\sigma)\, [\,\hat{C}_d^z(\sigma)\,]\, d\sigma \right\}^2 d\tau \tag{7.15}$$

Gleichung (3.38) liefert (mit partieller Integration) die Dissipationsleistung

$$\hat{\delta}(z) = -\; b(\hat{\theta}) \int_0^\infty \left\{ \int_0^\infty \frac{\partial}{\partial\sigma} \hat{\mathbb{L}}^*(\hat{C},\tau,\sigma)\, [\,\hat{C}_d^z(\sigma)\,]\, d\sigma \right\} \cdot$$

$$\cdot \left\{ \int_0^\infty \frac{\partial^2}{\partial\sigma^2} \hat{\mathbb{L}}^*(\hat{C},\tau,\sigma)\, [\,\hat{C}_d^z(\sigma)\,]\, d\sigma \right\} d\tau \; . \tag{7.16}$$

Gegeben sei ein DEFORMATIONSSPRUNG zur Zeit $t = 0$ ($\Longleftrightarrow$ $z = 0$):

$$\hat{C}(z) = \begin{cases} \underline{1} & \text{für } z < 0 \\[2ex] \hat{C}_0 & \text{für } z \geq 0 \end{cases} \tag{7.17}$$

Gleichung (7.16) liefert (für $z \geq 0$)

$$\hat{\delta}(z) = -\; b[\hat{\theta}(z)]\, \frac{d}{dz} \int_0^\infty \left\{ \hat{\mathbb{L}}^*(\hat{C}_0,\tau,z)\, [\,\hat{C}_0 - \underline{1}\,] \right\}^2 d\tau \; , \tag{7.18}$$

und (7.6) bzw. (7.10) ergibt

$$G(\hat{\theta}) - G(\hat{\theta}_0) = \frac{1}{2} \int_0^\infty \left[\left\{ \hat{\mathbb{L}}^*(\hat{C}_0,\tau,0)[\hat{C}_0 - \underline{1}] \right\}^2 - \right.$$

$$\left. - \left\{ \hat{\mathbb{L}}^*(\hat{C}_0,\tau,z)[\hat{C}_0 - \underline{1}] \right\}^2 \right] d\tau \; . \tag{7.19}$$

Hieraus erhält man auf dem oben beschriebenen Weg $\hat{\theta}(z)$, die Zeittransformation $z = f(t)$ sowie den Temperaturverlauf $\theta(t)$ im Zeitbereich .

Für den Spannungstensor liefern (3.35), (7.15) und (7.17) die folgende Gleichung, die die Rolle der Materialfunktion $\hat{\mathbb{L}}^*(\hat{C},\tau,\sigma)$ als RELAXATIONSFUNKTION deutlich macht :

$$\frac{1}{2\rho_R} \hat{\tilde{T}}(z) = \partial_{\hat{C}_0} \left[\Phi(\hat{C}_0) + \frac{1}{2} \int_0^\infty \left\{ \hat{\mathbb{L}}^*(\hat{C}_0,\tau,z)\, [\,\hat{C}_0 - \underline{1}]\right\}^2 d\tau \right] + $$

$$+ \int_0^\infty \left\{ \hat{\mathbb{L}}^{*T}(\hat{C}_0,\tau,0)\, \hat{\mathbb{L}}^*(\hat{C}_0,\tau,z) - \hat{\mathbb{L}}^{*T}(\hat{C}_0,\tau,z)\, \hat{\mathbb{L}}^*(\hat{C}_0,\tau,z) \right\} [\,\hat{C}_0 - \underline{1}]\, d\tau \tag{7.20}$$

Aus Gleichung (7.20) lassen sich drei einfache Folgerungen ziehen:

144

(1) Wenn eine Potentialfunktion $(\hat{C}_0, \tau, z) \longmapsto \Omega(\hat{C}_0, \tau, z) \in \mathbb{R}$ existiert mit der Eigenschaft

$$\left\{ \hat{\mathbb{L}}^{*\mathrm{T}}(\hat{C}_0, \tau, 0)\, \hat{\mathbb{L}}^{*}(\hat{C}_0, \tau, z) \;-\; \hat{\mathbb{L}}^{*\mathrm{T}}(\hat{C}_0, \tau, z)\, \hat{\mathbb{L}}^{*}(\hat{C}_0, \tau, z) \right\} [\, \hat{C}_0 - \underline{1}\,] \;=$$

$$= \; \partial_{\hat{C}_0} \Omega(\hat{C}_0, \tau, z), \tag{7.21}$$

so ist der Spannungstensor aus einem zeitabhängigen Potential ableitbar:

$$\frac{1}{2\rho_R}\, \hat{\tilde{T}} \;=\; \partial_{\hat{C}_0} \hat{W}(\hat{C}_0, z) \tag{7.22}$$

Das Potential

$$\hat{W}(\hat{C}_0, z) := \Phi(\hat{C}_0) + \frac{1}{2} \int\limits_0^\infty \left\{ \hat{\mathbb{L}}^{*}(\hat{C}_0, \tau, z)\,[\hat{C}_0 - \underline{1}] \right\}^2 d\tau \;+$$

$$+ \; \int\limits_0^\infty \Omega(\hat{C}_0, \tau, z)\, d\tau \tag{7.23}$$

ist jedoch nicht identisch mit der Freien Energie infolge des Deformationssprungs.

(2) Für hinreichend kleine z ist der Spannungstensor in jedem Fall näherungsweise aus einem zeitabhängigen Potential ableitbar; es gilt asymptotisch:

$$\frac{1}{2\rho_R}\, \hat{\tilde{T}}(z) \;=\; \partial_{\hat{C}_0} [\, \Phi(\hat{C}_0) \;+$$

$$+ \; \frac{1}{2} \int\limits_0^\infty \left\{ \hat{\mathbb{L}}^{*}(\hat{C}_0, \tau, z)\,[\hat{C}_0 - \underline{1}] \right\}^2 d\tau\,] \;+\; 0(z) \tag{7.24}$$

(3) Für hinreichend große z nähern sich die Spannungen asymptotisch dem elastischen Wert:

$$\lim_{z \to \infty} \frac{1}{2\rho_R}\, \hat{\tilde{T}}(z) \;=\; \partial_{\hat{C}_0} \Phi(\hat{C}_0) \tag{7.25}$$

Gleichung (7.25) gilt in entsprechend verallgemeinerter Form auch für beliebige thermodynamisch einfache Stoffe.

8. EINFACHE STOFFE MIT PERFEKTEM GEDÄCHTNIS (ENDOCHRONE PLASTIZITÄT)

8.1 Physikalische Motivation

Die Theorie der einfachen Stoffe mit nachlassendem Gedächtnis (FADING MEMORY)
ermöglicht eine adäquate Beschreibung viskoelastischer Materialeigenschaften (Relaxation,
Kriechen, geschwindigkeitsabhängige Energiedissipation). Eine Beschreibung plastischer
Stoffeigenschaften (bleibende Deformationen, Verfestigung, geschwindigkeitsunabhängige
Hystereseeffekte) ist dagegen mit einer derartigen Theorie offenbar nicht erreichbar (vgl.
[85, S. 2]).

Eine Materialtheorie, die auf dem allgemeinen Ansatz beruht, daß der Spannungstensor als
Funktional der Deformationsgeschichte angesehen wird, müßte andererseits in der Lage sein,
auch plastische Stoffeigenschaften wiederzugeben. Will man diesem Gesichtspunkt nachge-
hen, so ist es allerdings nicht mehr sinnvoll, den Materialgleichungen irgendeine der üblichen fading memory - Annahmen zuzuordnen, das heißt: Plastische Stoffeigenschaften beruhen auf einem PERFEKTEN GEDÄCHTNIS (Langzeitgedächtnis) des materiellen Körpers.
Wenn eine Stofftheorie ein perfektes Materialgedächtnis repräsentiert, dann ist es aus theoretischen und praktischen Gründen zweckmäßig, nur thermokinematische Prozesse von endlicher Zeitdauer in Betracht zu ziehen (vgl. Abschnitt 2.3, S.43 und Definition 8.4).

Einen Versuch, innerhalb der Rationalen Mechanik plastische Eigenschaften von einfachen
Stoffen zu beschreiben, stellt die HYPOELASTIZITÄT dar([11, Sect. 99 ff.], [125]).
Hypoelastische Materialien gehören zur Klasse der GESCHWINDIGKEITSUNABHÄNGIGEN
einfachen Stoffe, das heißt: Der Spannungstensor hängt ab von der gesamten Deformationsgeschichte, aber: die Spannungen sind unabhängig davon, mit welcher Geschwindigkeit ein

und derselbe Deformationsprozeß durchlaufen worden ist ("rate - independence" [87]).
OWEN und WILLIAMS [87] zeigen, daß ein geschwindigkeitsunabhängiges Materialverhalten mit keiner der bekannten FADING MEMORY - Annahmen verträglich ist; dies leuch-
tet physikalisch unmittelbar ein.

Die Plastizitätstheorien gehen im allgemeinen davon aus, daß das Materialverhalten in gewisser Weise "unstetig" ist: Der materielle Körper gehorcht in einer Umgebung der Bezugskonfiguration einem elastischen Materialgesetz, während außerhalb dieser Umgebung die
plastischen Deformationen durch eine Stoffgleichung anderen Typs beschrieben werden. Der
Bereich des elastischen Verhaltens wird durch die sogenannte FLIESSBEDINGUNG eingegrenzt, die als zusätzliche Materialgleichung in die Stofftheorie eingeht. Diese Konzeption
resultiert aus einer Idealisierung des experimentell beobachteten Verhaltens von einachsig
beanspruchten Zugstäben; eine Verallgemeinerung ist die Theorie von OWEN [97,98], die
einige der klassischen Plastizitätstheorien als Sonderfälle enthält (s. auch TING [99]).

Ein wesentliches Merkmal der Hypoelastizität ist die Invarianz der Materialgleichung unter
einer beliebigen aber monoton steigenden Transformation des Zeitmaßstabes ("rate - independence"). Wie OWEN und WILLIAMS [87] gezeigt haben, ist der Begriff der "Geschwindigkeitsunabhängigkeit" einer Darstellungsform äquivalent, die auf RIVLIN und PIPKIN [88]
zurückgeht, nämlich der sogenannten BOGENLÄNGEN - Beschreibung: Dabei wird der Deformationsprozeß nicht als Funktion der Zeit dargestellt, sondern als Funktion eines Parame-
ters, den man als Bogenlänge im 6 - dimensionalen Raum der symmetrischen Tensoren deu-
ten kann; die Materialgleichungen werden innerhalb der Bogenlängenbeschreibung formal
in bezug auf diesen Parameter aufgestellt.

Während die von RIVLIN und PIPKIN im Raum der Verzerrungstensoren definierte Bogenlänge rein kinematischer Natur ist, wird in diesem Kapitel eine VERALLGEMEINERTE
BOGENLÄNGE benutzt, das heißt: Die Bogenlänge wird nicht in bezug auf den Einheitstensor berechnet, sondern in bezug auf einen Metriktensor, der einen Teil der Materialeigenschaften darstellt.

Die Stoffgleichungen dieses Kapitels beruhen auf einer materialkennzeichnenden Transformation des Zeitmaßstabes: Sie werden in bezug auf einen "Pseudo-Zeitparameter" formuliert, der (nach einem Vorschlag von VALANIS [89,90]) eine monoton steigende Funktion
der verallgemeinerten Bogenlänge ist.

Man erkennt hier eine formale Ähnlichkeit mit der Theorie der thermorheologisch einfachen Stoffe (Kap. 3, S. 71 ff.): Auch dort werden die Materialgleichungen relativ zu einem stoffkennzeichnenden Zeitparameter formuliert. Während bei thermorheologisch einfachen Systemen die transformierte Zeit ein Funktional der Temperaturgeschichte ist [s.Gl.(3.10)], handelt es sich bei der Zeittransformation hier um ein Funktional der Verzerrungsgeschichte. Dieses Funktional ist ferner (im Gegensatz zur Zeittransformation bei den thermorheologisch einfachen Stoffen, s. Abschnitt 3.5, S. 80) GESCHWINDIGKEITSUNABHÄNGIG , da mit der Bogenlänge auch jede verallgemeinerte Bogenlänge geschwindigkeitsunabhängig ist. Die endochronen Materialgleichungen dieses Kapitels sind daher ebenfalls geschwindigkeitsunabhängig, das heißt: Sie haben keinerlei fading memory – Eigenschaften.

Die daraus resultierende ENDOCHRONE PLASTIZITÄTSTHEORIE ist durch die folgenden Merkmale gekennzeichnet:

(1)   Es sind keine Annahmen notwendig über die Aufteilung der Deformation in einen elastischen und einen plastischen Anteil (s. z.B. [109]).

(2)   Die Theorie enthält keine Fließbedingung; das Materialverhalten wird durch ein einheitliches Stoffgesetz beschrieben.

(3)   Die Materialgleichung liefert den Spannungstensor EXPLIZIT; sie kann so zur Formulierung von Randwertaufgaben direkt in die Impulsbilanz (1.61) eingesetzt werden. (Dies kann ein praktischer Gesichtspunkt sein: In anderen Plastizitätstheorien liegt der Spannungstensor nicht in expliziter Form vor, sondern er ist lediglich implizit, z.B. in Form einer gewöhnlichen Differentialgleichung (wie in der Hypoelastizität) gegeben. Diese müßte zur Formulierung einer allgemeinen Randwertaufgabe zuerst integriert werden; da dies im allgemeinen nicht in geschlossener Form möglich ist, können Randwertaufgaben in derartigen Fällen nur in inkrementeller Form formuliert und numerisch behandelt werden.)

8.2 Transformation des Zeitmaßstabes

Die nächsten Definitionen folgen OWEN und WILLIAMS [87]; sie dienen dazu, die allgemeine Definition der Zeittransformation nach VALANIS vorzubereiten.

8. 21 Bogenlängen – Parametrisierung

Definition 8.1

Sei
$$\Lambda : \quad \mathbb{R}^+ \longrightarrow \mathcal{V}^n$$
$$\tau \longmapsto \Lambda(\tau)$$

eine stückweise stetig differenzierbare Abbildung der positiven reellen Zahlen in einen
n – dimensionalen normierten Vektorraum $\mathcal{V}^n$.

Dann heißt die Funktion

$$\ell_\Lambda : \quad \mathbb{R}^+ \longrightarrow \mathbb{R}^+$$
$$t \longmapsto \zeta = \ell_\Lambda(t) := \int_0^t |\dot\Lambda(\tau)| \, d\tau \qquad (8.1)$$

BOGENLÄNGENFUNKTION für $\Lambda(\cdot)$.

Der Grenzwert

$$L_\Lambda := \lim_{t \to \infty} \ell_\Lambda(t) \qquad (8.2)$$

heißt BOGENLÄNGE von $\Lambda(\cdot)$. (Die Bogenlänge kann endlich oder unendlich sein.)

Die Bogenlängenfunktion $\ell_\Lambda(\cdot)$ ist monoton nicht fallend ($\ell_\Lambda(t)$ ist konstant in den Zeit-
intervallen mit $\dot\Lambda(t) = 0$); die Funktion $\ell_\Lambda(\cdot)$ ist daher im allgemeinen nicht invertierbar. Um die Abbildung $\Lambda(\cdot)$ trotzdem mit der Bogenlänge ζ als Parameter darstellen
zu können, braucht man eine Erweiterung des Begriffs der inversen Funktion, so daß es
möglich wird, jedem Wert $\zeta \in [0, L_\Lambda)$ eindeutig einen Zeitpunkt t zuzuordnen.

Definition 8.2

Die Funktion

$$\ell_\Lambda^i : \quad [0, L_\Lambda) \longrightarrow \mathbb{R}^+$$
$$\zeta \longmapsto \ell_\Lambda^i(\zeta) := \min\left\{ t \,\middle|\, \ell_\Lambda(t) = \zeta \right\} \qquad (8.3)$$

heißt VERALLGEMEINERTE INVERSE FUNKTION zu $\ell_\Lambda(\cdot)$.

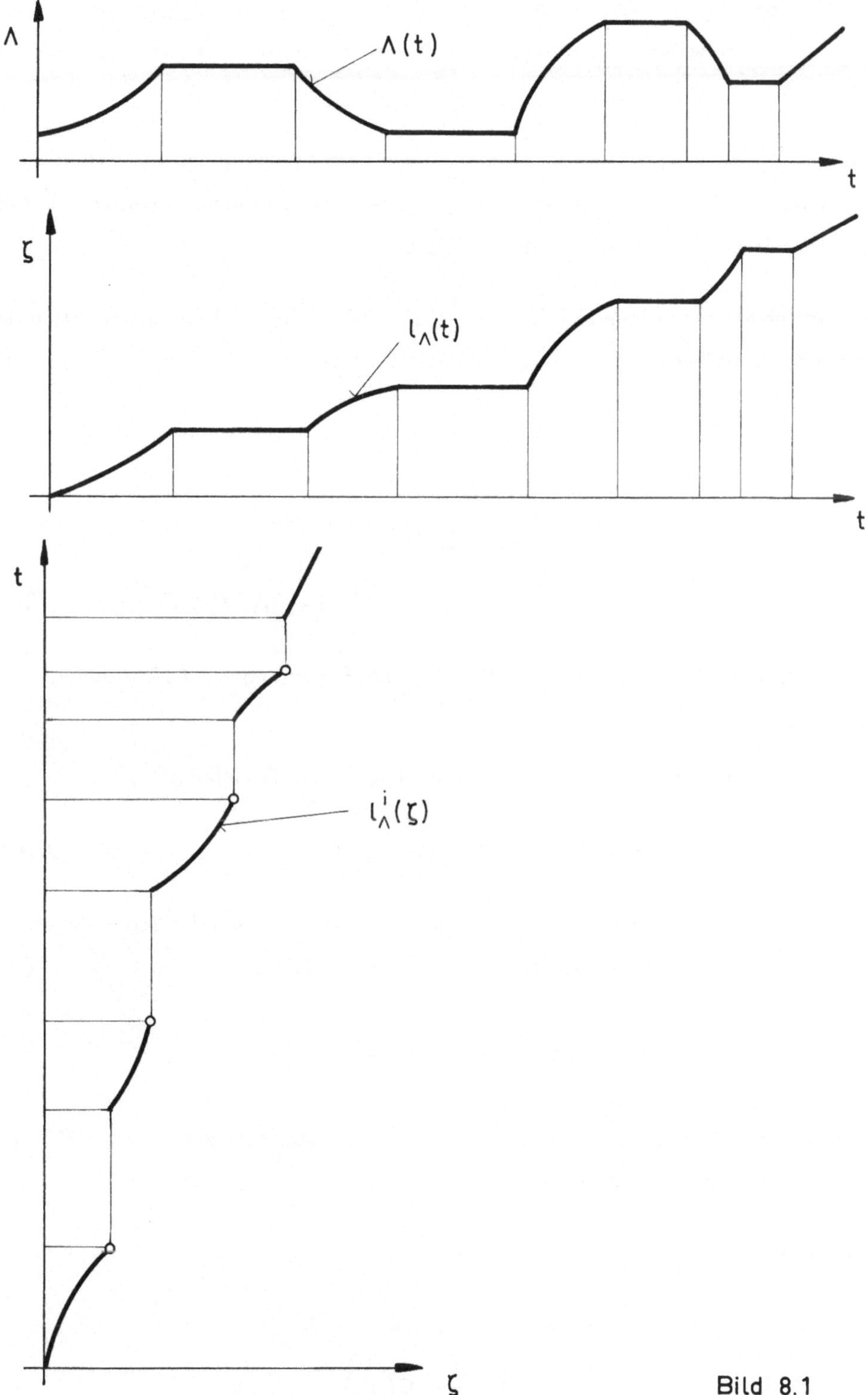

Bild 8.1

Für den Fall einer streng monoton steigenden Bogenlängenfunktion $\ell_\Lambda(\cdot)$ $(\dot\Lambda(t) \neq 0)$ ist $\ell_\Lambda^i = \ell_\Lambda^{-1}$, das heißt: die verallgemeinerte inverse Funktion ist dann gleich der inversen Funktion.

Die Funktion $\ell_\Lambda^i(\cdot)$ ist streng monoton steigend und unstetig; der Funktionsverlauf enthält Sprungstellen. Dabei entspricht jede Unstetigkeitsstelle genau einem Zeitintervall, auf dem $\ell_\Lambda(\cdot)$ konstant (bzw. $\dot\Lambda(t) = 0$) ist (s. Bild 8.1).

Mit der verallgemeinerten inversen Funktion $\ell_\Lambda^i(\cdot)$ läßt sich $\Lambda(\cdot)$ nun als Funktion der Bogenlänge ζ darstellen:

Definition 8.3

Die Funktion

$$\hat\Lambda : \qquad [0,L_\Lambda] \longrightarrow \mathcal{V}^n$$

$$\zeta \longmapsto \hat\Lambda(\zeta) := \Lambda[\ell_\Lambda^i(\zeta)] \qquad (8.4)$$

heißt BOGENLÄNGEN – PARAMETRISIERUNG (oder Bogenlängen – Beschreibung) der Abbildung $\Lambda(\cdot)$.

Der Gleichung (8.4) entspricht die identisch in t geltende Beziehung

$$\hat\Lambda(\ell_\Lambda(t)) = \Lambda(t) . \qquad (8.4a)$$

Während $\ell_\Lambda^i(\cdot)$ im allgemeinen unstetig ist, kann man zeigen, daß die Bogenlängen – Beschreibung $\hat\Lambda(\cdot)$ stetig sein muß, falls $\Lambda(\cdot)$ stetig ist [87].

8.22 Transformation des Zeitmaßstabes nach VALANIS

Die folgende Transformation des Zeitmaßstabes, die auf VALANIS zurückgeht [89], verallgemeinert die Bogenlängenbeschreibung.

Definition 8.4

Die Funktion $\qquad C(\cdot) : (-\infty, T] \longrightarrow$ Sym

$$t \longmapsto C(t)$$

sei ein Deformationsprozeß, der zur Zeit $t = 0$ aus der unverformten (natürlichen)
Bezugskonfiguration heraus beginnen soll, das heißt, es sei

$$C(t) \ := \ \underline{1} \quad \text{für} \quad -\infty \ < \ t \ \leq \ 0 \ .$$

(T ist die Dauer des Deformationsprozesses.)

Dann heißt die Funktion

$$\zeta(\cdot) : \quad t \longmapsto \zeta(t) \ := \ \int_0^t \sqrt{\dot{C}(\tau)\cdot\mathbb{P}(C(\tau))[\dot{C}(\tau)]} \, d\tau \qquad (8.5)$$

VERALLGEMEINERTE BOGENLÄNGE; die Funktion

$$f(\cdot) : \quad t \longmapsto z \ = \ f(t) \quad := \quad G[\zeta(t)] \qquad (8.6)$$

heißt (materialabhängige) TRANSFORMATION DES ZEITMASSSTABES.

Darin ist

$$\mathbb{P}(\cdot) : \qquad \text{Sym} \longrightarrow \text{Lin (Sym)}$$

$$C \longmapsto \mathbb{P}(C)$$

eine tensorwertige Tensorfunktion und

$$G(\cdot) : \qquad \mathbb{R}^+ \longrightarrow \mathbb{R}^+$$

$$\zeta \longmapsto G(\zeta)$$

eine reellwertige Funktion einer reellen Variablen.

Der Funktionswert $\mathbb{P}(C)$ sei für alle Werte der Variablen C ein positiv definiter Tensor
vierter Stufe $(S\cdot\mathbb{P}(C)[S] > 0$ für $S \neq 0)$; die Funktion $G(\cdot)$ sei stetig differenzierbar
und monoton steigend $(G'(\cdot) > 0)$. Die Funktionsverläufe von $\mathbb{P}(\cdot)$ und $G(\cdot)$ stellen
MATERIALEIGENSCHAFTEN dar.

Zur geometrisch-physikalischen Bedeutung dieser Definition kann man feststellen, daß
Gleichung (8.5) eine Bogenlänge darstellt, die in bezug auf einen Metriktensor berechnet
wird, der eine Materialeigenschaft ist und der von Punkt zu Punkt variieren kann.
Gleichung (8.6) definiert einen materialtypischen Zeitmaßstab, der von der gesamten Verzerrungsgeschichte abhängt, der jedoch unabhängig ist von der Geschwindigkeit, mit der

ein und derselbe Deformationsprozeß durchlaufen worden ist. Dieser Zeitmaßstab ist ferner unabhängig vom Bezugssystem: Er kennzeichnet die Deformation, die ein materielles Element im Zeitraum $[0,t]$ erfahren hat, OBJEKTIV, das heißt, als eine Materialeigenschaft.

Die physikalische Bedeutung der Materialfunktion $G(\cdot)$ besteht darin, daß diese Funktion die Beschreibung von Verfestigungseffekten (bzw. Querverfestigungseffekten) ermöglicht. Dies wird im Abschnitt 8.4 anhand von speziellen Beispielen gezeigt (s.S. 166, 168–170).

Die Zeittransformation $z = f(t)$ ist (wie die Bogenlänge (8.1)) monoton nicht fallend und stetig. Anwendung von Definition 8.2 bzw. Gleichung (8.3) liefert die verallgemeinerte inverse Funktion

$$f^i : \quad [0,Z] \longrightarrow \mathbb{R}^+$$

$$z \longmapsto f^i(z) := \min\left\{ t \,\middle|\, f(t) = z\right\}. \qquad (8.7)$$

Darin ist

$$Z = f(T) \qquad\qquad (8.8)$$

und T die zeitliche Dauer des gesamten Deformationsprozesses.

Damit läßt sich der Verzerrungsprozeß $t \longmapsto C(t)$ als Funktion der Pseudo – Zeit z darstellen (vgl. Definition 8.3): Der Definition

$$\hat{C}(z) := C[f^i(z)] \qquad\qquad (8.9)$$

entspricht die in t geltende Identität

$$C(t) = \hat{C}[f(t)] \qquad . \qquad\qquad (8.9a)$$

Die auf den z – Bereich bezogene Verzerrungsgeschichte wird analog zu Gleichung (2.2) bzw.(3.8) sowie unter Berücksichtigung der Verabredung $C(t) = \underline{1}$ für $t \in (-\infty,0]$ (vgl. Definition 8.4) folgendermaßen definiert:

$$\hat{C}_d^z(\cdot) : \quad \mathbb{R}^+ \longrightarrow \mathrm{Sym}$$

$$\sigma \longmapsto \hat{C}_d^z(\sigma) := \begin{cases} \hat{C}(z-\sigma) - \hat{C}(z) & \text{für } 0 \leq \sigma \leq z \\[2mm] \underline{1} - \hat{C}(z) & \text{für } \sigma > z \end{cases} \qquad (8.10)$$

Analog zu der Bemerkung im Anschluß an Definition 8.3 gilt, daß $f^i(\cdot)$ im allgemeinen unstetig ist; jede Unstetigkeitsstelle entspricht genau einem Zeitintervall, auf dem der Verzerrungszustand $C(\cdot)$ konstant ist; insbesondere ist $\hat{C}(\cdot)$ stetig falls $C(\cdot)$ stetig ist.

Für den im z - Bereich darzustellenden Spannungszustand $t \longmapsto T(t)$ gilt die entsprechende Definition:

$$\hat{\tilde{T}}(z) \;\; := \;\; \tilde{T}[f^i(z)] \tag{8.11}$$

$$\tilde{T}(t) \;\; = \;\; \hat{\tilde{T}}[f(t)] \tag{8.11a}$$

8.3 Allgemeine Definition eines endochron - plastischen Materials

Definition 8.5

Ein einfaches Material heißt ENDOCHRON - PLASTISCH, wenn der Spannungstensor im z - Bereich ein Funktional der Verzerrungsgeschichte ist:

$$\hat{\tilde{T}}(z) \;\; = \;\; \hat{\mathfrak{F}}\,[\,\hat{C}_d^z(\cdot);\, \hat{C}(z)\,] \quad , \tag{8.12}$$

das heißt: Ist

$$\tilde{T}(t) \;\; = \;\; \mathfrak{F}\,[C_d^t(\cdot);\, C(t)]$$

die auf den t - Bereich bezogene Materialgleichung eines endochron - plastischen Materials, so gibt es eine Zeittransformation

$$z \;\; = \;\; f(t) \;\; = \;\; G\left\{ \int\limits_o^t \sqrt{\dot{C}(\tau)\cdot\mathbb{P}(C(\tau))[\dot{C}(\tau)]}\,d\tau \right\}$$

und ein Funktional $\hat{\mathfrak{F}}\,[\,\cdot\,]$, so daß für alle Deformationsprozesse identisch in t eine Beziehung der Form

$$\mathfrak{F}\,[C_d^t(\cdot);\, C(t)] \;\; = \;\; \hat{\mathfrak{F}}\,[\hat{C}_d^z(\cdot);\, \hat{C}(z)] \tag{8.13}$$

gilt (vgl. Definition 3.2, S. 77). $\mathbb{P}(\cdot)$ und $G(\cdot)$ sind die nach Definition 8.4 zusätzlich erforderlichen Materialfunktionen.

Da die Zeittransformation $t \longmapsto z = f(t)$ definitionsgemäß ein geschwindigkeitsunabhängiges Funktional der Verzerrungsgeschichte ist, trifft dieselbe Aussage auch für das Funktional $\hat{\mathfrak{F}}\,[\,\cdot\,]$ in (8.12) zu: Der jeweilige Wert des Spannungstensors $\tilde{T}$ hängt nicht davon ab, mit welcher Geschwindigkeit ein und derselbe Deformationsprozeß durchlaufen worden ist. Durch Gleichung (8.12) wird daher eine spezielle Klasse von einfachen Stoffen definiert, die keinerlei fading memory - Eigenschaften besitzen: Diese speziellen einfachen Materialien sind durch ein perfektes Gedächtnis gekennzeichnet.

154

8.4 Physikalische Bedeutung der endochronen Plastizität

Dieser Abschnitt soll anhand von speziellen Beispielen die physikalischen Aussagen der Definitionen 8.4 und 8.5 darstellen (vgl. [89,90]). Dabei werden die folgenden einschränkenden Annahmen gemacht:

(1)   Die Deformationen seien hinreichend klein, so daß der Verzerrungszustand genügend genau durch den linearisierten Verzerrungstensor

$$\tilde{E} \; := \; \frac{1}{2}\,(H + H^{T})$$

beschrieben werden kann (vgl. (1.24)):

$$C \; = \; \underline{1} \; + \; 2\tilde{E} \; + \; 0(\varepsilon^{2}) \tag{8.14}$$

$$C_{d}^{t}(\cdot) \; = \; 2\tilde{E}_{d}^{t}(\cdot) \; + \; 0(\varepsilon^{2}) \tag{8.14a}$$

(entsprechend Definition 8.4 gilt $\tilde{E}(t) = 0$ für $t \leq 0$ bzw. $\tilde{E}_{d}^{t}(s) = -E(t)$ für $s \geq t$.)

Bei spannungsfreier Bezugskonfiguration gilt dann asymptotisch (vgl. (1.58))

$$\tilde{T} \; = \; T \; + \; 0(\varepsilon^{2}) \tag{8.14b}$$

("Geometrische Linearisierung").

(2)   Der Spannungstensor sei (bezogen auf den z – Bereich) ein LINEARES Funktional der Verzerrungsgeschichte.

(3)   Die Materialfunktion $IP(\cdot)$ in (8.5,6) sei konstant, d.h. unabhängig von C.

(4)   Das Material sei ISOTROP.

(5)   Das Material sei INKOMPRESSIBEL .

Der physikalische Inhalt der endochronen Plastizität wird durch diese einschränkenden Annahmen nicht beeinträchtigt.

Aus den Annahmen (1) und (2) erhält man zunächst die Materialgleichung

$$\hat{T}(z) \;=\; \mathbb{C}\,[\,\hat{\tilde{E}}(z)\,] \;+\; \int_0^\infty \mathbb{L}(\sigma)[\,\hat{\tilde{E}}_d^{\,z}(\sigma)\,]\,d\sigma \;; \tag{8.15}$$

darin ist $\mathbb{C} \in \mathrm{Lin}\,(\mathrm{Sym})$ ein (konstanter) Materialtensor und $\mathbb{L}(\cdot):\; \mathbb{R}^+ \longrightarrow \mathrm{Lin}\,(\mathrm{Sym})$ eine tensorwertige Materialfunktion einer reellen Variablen.

Definiert man eine neue Materialfunktion

$$\sigma \longmapsto \mathbb{K}(\sigma) \; := \; \mathbb{C} \;-\; \int_\sigma^\infty \mathbb{L}(\tau)\,d\tau \quad , \tag{8.15a}$$

so erhält (8.15) durch partielle Integration und Berücksichtigung von $\tilde{E}(t) = 0$ für $t \le 0$) $(\Longleftrightarrow C(t) = \underline{1}$ für $t \le 0$) eine etwas andere Form (vgl. Abschnitt 8.5, S. 170):

$$\hat{T}(z) \;=\; \int_0^z \mathbb{K}\,(z-\omega)[\,\hat{\tilde{E}}{}'(\omega)\,]\,d\omega \tag{8.16}$$

Aus Gleichung (8.6) ergibt sich mit den Annahmen (1) und (3) die Zeittransformation

$$t \longmapsto z \;=\; f(t) \;=\; G\Big\{ \int_0^t \sqrt{\hat{\tilde{E}}(\tau)\cdot\mathbb{P}[\,\tilde{E}(\tau)]}\,d\tau \Big\} \quad . \tag{8.17}$$

Während Gl. (8.16) formal an die lineare Viskoelastizität erinnert, ist klar, daß durch diese Gleichung und (8.17) in Wirklichkeit kein viskoelastisches Material definiert wird; dies geht schon daraus hervor, daß das durch (8.16,17) beschriebene Stoffverhalten geschwindigkeitsunabhängig ist.

Für isotrope Stoffe gilt speziell

$$\mathbb{K}(z) \;=\; 2\mu(z)\,\mathbb{E}' \;+\; \lambda(z)\,\underline{1}\otimes\underline{1} \quad , \tag{8.18}$$

bzw.

$$\mathbb{P} \;=\; \tfrac{2}{3}k_1^2\,\mathbb{E}' \;+\; k_2^2\,\underline{1}\otimes\underline{1} \tag{8.19}$$

$(\; \mathbb{E}' \;=\; \mathbb{E} - \tfrac{1}{3}\underline{1}\otimes\underline{1} \;)$,

und man erhält

$$\hat{T}{}^*(z) \;=\; 2\int_0^z \mu\,(z-\omega)\,\hat{\tilde{E}}{}^{*'}(\omega)\,d\omega \quad , \tag{8.20}$$

$$\mathrm{Sp}\,\hat{T}(z) \;=\; \int_0^z \lambda\,(z-\omega)\,\mathrm{Sp}\,\hat{\tilde{E}}{}'(\omega)\,d\omega \quad , \tag{8.21}$$

bzw.

$$z \;=\; f(t) \;=\; G\Big\{ \int_0^t \sqrt{\tfrac{2}{3}k_1^2\,\dot{\tilde{E}}{}^*(\tau)\cdot\dot{\tilde{E}}{}^*(\tau) \;+\; k_2^2\,[\mathrm{Sp}\,\dot{\tilde{E}}(\tau)]^2}\,d\tau \Big\}. \tag{8.22}$$

Darin bezeichnen $\hat{T}^*$ und $\hat{\tilde{E}}^*$ die Deviatoren von $\hat{T}$ und $\hat{\tilde{E}}$:

$$\hat{T}^* \; := \; \hat{T} \; - \; (\tfrac{1}{3} \, Sp\,\hat{T})\,\underline{1}$$

$$\hat{\tilde{E}}^* \; := \; \hat{\tilde{E}} \; - \; (\tfrac{1}{3} \, Sp\,\hat{\tilde{E}})\,\underline{1} \tag{8.23}$$

Für den Fall der INKOMPRESSIBILITÄT gilt

$$Sp\,\hat{\tilde{E}} \; = \; 0\,(\epsilon^2) \tag{8.24}$$

[vgl. (6.29)] sowie

$$\hat{\tilde{E}}^* = \; \hat{\tilde{E}} \; + \; 0\,(\epsilon^2) \quad ; \tag{8.25}$$

ferner ist T zu ersetzen durch $T + p\,\underline{1}$ [vgl. (2.90,91)], das heißt, $Sp\,\hat{T}$ ist zu ersetzen durch $Sp\,\hat{T} + 3\hat{p}$.

Aus den Annahmen (1) bis (5) folgt damit insgesamt

$$\hat{T}^*(z) \quad = \quad 2 \int\limits_{o}^{z} \mu(z - \omega)\,\hat{\tilde{E}}^{*'}(\omega)\,d\omega \;\; , \tag{8.26}$$

$$Sp\,\hat{T}(z) \quad = \quad - \, 3\hat{p}(z) \tag{8.27}$$

sowie, mit $Sp\,\tilde{E} \; = \; 0\,(\epsilon^2)$,

$$z = f(t) \quad = \quad G\Big\{ k_1 \int\limits_{o}^{t} \sqrt{\tfrac{2}{3} \; \dot{\tilde{E}}^*(\tau)\cdot\dot{\tilde{E}}^*(\tau)} \; d\tau \Big\} \quad . \tag{8.28}$$

Diese Gleichungen bilden die Grundlage für die folgenden Beispiele.

8.41 Einachsiger Zug

Die Funktion $t \longmapsto \epsilon(t)$ bezeichne die Dehnung eines einachsig beanspruchten Zugstabes aus inkompressiblem isotropem Material ; $\sigma(t)$ sei die momentane Zugspannung in Richtung der Stabachse.

Dann folgt aus (8.26 - 28)

$$\hat{\sigma}(z) \; = \; 3 \int\limits_{o}^{z} \mu\,(z - \omega)\,\hat{\epsilon}'(\omega)\,d\omega \quad , \tag{8.29}$$

bzw., mit $k := k_1$,

$$z \;=\; f(t) \;=\; G\left\{ k \int_{0}^{t} |\dot{\varepsilon}(\tau)| \, d\tau \right\} . \tag{8.30}$$

Dabei ist

$$\hat{\varepsilon}(z) \quad := \quad \varepsilon[f^{i}(z)] \quad (\Longleftrightarrow \varepsilon(t) = \hat{\varepsilon}[f(t)]) \tag{8.31}$$

und

$$\hat{\sigma}(z) \quad := \quad \sigma[f^{i}(z)] \quad (\Longleftrightarrow \sigma(t) = \hat{\sigma}[f(t)]) \tag{8.32}$$

[vgl. (8.9,11)].

Gegeben sei nun ein Deformationsprozeß $t \longmapsto \varepsilon(t)$, der aus abwechselnden BELASTUN-GEN ($\dot{\varepsilon}(t) \geq 0$) und ENTLASTUNGEN ($\dot{\varepsilon}(t) \leq 0$) bestehen soll. Mit

$$\varepsilon(t_k) \quad := \varepsilon_k \quad (k = 0, 1, \ldots) \tag{8.33}$$

gelte

$$\left. \begin{aligned} \varepsilon_0 \;&>\; 0 \;, \\[4pt] \varepsilon_1 \;&<\; \varepsilon_0 \;, \\[4pt] \varepsilon_2 \;&>\; \varepsilon_1 \;, \quad \text{etc. (Bild 8.2)} . \end{aligned} \right\} \tag{8.34}$$

Die Zeitpunkte t_k $(k = 0,1,\ldots)$ seien so gewählt, daß für $t \in [t_k , t_{k+1}]$ abwechselnd

$$\dot{\varepsilon}(t) \;\geq\; 0 \quad \text{oder} \quad \dot{\varepsilon}(t) \;\leq\; 0$$

gilt.

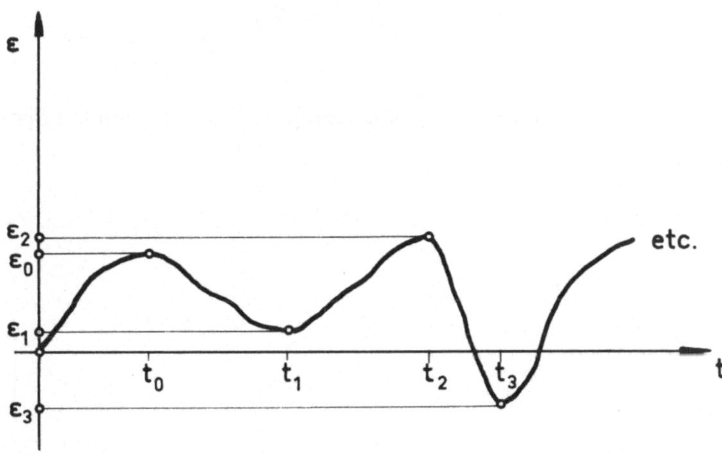

Bild 8.2

Dann liefert die Auswertung der Gleichung (8.30) für die Zeittransformation $z = f(t)$ die folgenden Beziehungen:

$$z = f(t) =$$

$$= \begin{cases} G\{k\varepsilon(t)\} & \text{für } 0 \leq t \leq t_0 \,(\dot{\varepsilon} \geq 0) \\ G\{k[\,2\varepsilon_0 - \varepsilon(t)]\} & \text{für } t_0 \leq t \leq t_1 \,(\dot{\varepsilon} \leq 0) \\ G\{k[\,2\varepsilon_0 - 2\varepsilon_1 + \varepsilon(t)]\} & \text{für } t_1 \leq t \leq t_2 \,(\dot{\varepsilon} \geq 0) \\ G\{k[\,2\varepsilon_0 - 2\varepsilon_1 + 2\varepsilon_2 - \varepsilon(t)]\} & \text{für } t_2 \leq t \leq t_3 \,(\dot{\varepsilon} \leq 0) \\ \text{etc.} & \end{cases} \quad (8.35)$$

Aus Gleichung (8.29) folgt mit (8.31, 32)

$$\sigma(t) = \hat{\sigma}[f(t)] = 3 \int_0^t \mu\{f(t) - f(\tau)\}\dot{\varepsilon}(\tau)\,d\tau \;. \qquad (8.36)$$

Für $t \in [0, t_0]$ erhält man daraus mit $(8.35)_1$

$$\sigma_0(t) = 3 \int_0^t \mu\{G[k\varepsilon(t)] - G[k\varepsilon(\tau)]\}\dot{\varepsilon}(\tau)\,d\tau \;,$$

bzw., für $\varepsilon \in [0, \varepsilon_0]$:

$$\sigma_0(\varepsilon) = 3 \int_0^\varepsilon \mu\{G[k\varepsilon] - G[k\eta]\}d\eta \;.$$

Insgesamt ergeben sich für den gesamten Deformationsprozeß die folgenden Spannungs-Dehnungs-Kennlinien:

$$\sigma(\varepsilon) =$$

$$= \begin{cases} \sigma_0(\varepsilon) & \text{für } 0 \leq \varepsilon \leq \varepsilon_0, \text{ bzw. } 0 \leq t \leq t_0 \\ \sigma_1(\varepsilon_0, \varepsilon) & \text{für } \varepsilon_1 \leq \varepsilon \leq \varepsilon_0, \text{ bzw. } t_0 \leq t \leq t_1 \\ \sigma_2(\varepsilon_0, \varepsilon_1, \varepsilon) & \text{für } \varepsilon_1 \leq \varepsilon \leq \varepsilon_2, \text{ bzw. } t_1 \leq t \leq t_2 \\ \text{etc.} & \end{cases} \quad (8.37)$$

Darin ist

$$\sigma_0(\varepsilon) \quad = \quad 3\int_0^{\varepsilon} \mu \left\{ G[k\varepsilon] - G[k\eta] \right\} d\eta \quad , \tag{8.38}$$

$$\sigma_1(\varepsilon_0,\varepsilon) \quad = \quad 3\int_0^{\varepsilon_0} \mu \left\{ G[k(2\varepsilon_0 - \varepsilon)] - G[k\eta] \right\} d\eta \quad +$$

$$\qquad + \quad 3\int_{\varepsilon_0}^{\varepsilon} \mu \left\{ G[k(2\varepsilon_0 - \varepsilon)] - G[k(2\varepsilon_0 - \eta)] \right\} d\eta \quad , \tag{8.39}$$

$$\sigma_2(\varepsilon_0,\varepsilon_1,\varepsilon) \quad = \quad 3\int_0^{\varepsilon_0} \mu \left\{ G[k(2\varepsilon_0 - 2\varepsilon_1 + \varepsilon)] - G[k\eta] \right\} d\eta \quad +$$

$$\qquad + \quad 3\int_{\varepsilon_0}^{\varepsilon_1} \mu \left\{ G[k(2\varepsilon_0 - 2\varepsilon_1 + \varepsilon)] - G[k(2\varepsilon_0 - \eta)] \right\} d\eta \quad +$$

$$\qquad + \quad 3\int_{\varepsilon_1}^{\varepsilon} \mu \left\{ G[k(2\varepsilon_0 - 2\varepsilon_1 + \varepsilon)] - G[k(2\varepsilon_0 - 2\varepsilon_1 + \eta)] \right\} d\eta \quad , \tag{8.40}$$

etc.

Mit dem Sonderfall

$$\mu(z) \quad = \quad \hat{\mu} \quad = \quad \text{konst.} \tag{8.41}$$

enthalten die Gleichungen (8.38 - 40) insbesondere das linear - elastische Materialverhalten: Für alle t bzw. ε gilt dann

$$\sigma(\varepsilon) \quad = \quad 3\hat{\mu} \quad . \tag{8.42}$$

Die Beschreibung eines inelastischen Materialverhaltens ist danach nur unter der Voraussetzung

$$\mu(z) \quad \neq \quad \text{konst.} \tag{8.43}$$

möglich. Für die weiteren Rechnungen wird

$$\mu(z) \quad > \quad 0 \tag{8.44}$$

angenommen sowie

$$\mu'(z) \quad < \quad 0 \tag{8.45}$$

und

$$\lim_{z \to \infty} \mu(z) \quad = \quad \mu_0 \quad < \quad \infty \quad . \tag{8.46}$$

160

Der folgende Ansatz für die Materialfunktion $\mu(\cdot)$ entspricht diesen Annahmen:

$$\mu(z) := \mu_0 + \mu_1 \exp(-\alpha z) \qquad (8.47)$$

$$\left.\begin{array}{rcl} \mu_0 & \geq & 0 \\[2mm] \mu_1 & > & 0 \\[2mm] \alpha & > & 0 \end{array}\right\} \qquad (8.48)$$

Aus den Gleichungen (8.38 - 40) folgt dann bei beliebigem Verlauf der Materialfunktion $G(\cdot)$:

$$\frac{1}{3}\sigma_0(\varepsilon) = \mu_0\varepsilon + \mu_1 \exp\left\{-\alpha G[k\varepsilon]\right\}\int\limits_0^\varepsilon \exp\left\{\alpha G[k\eta]\right\}d\eta \qquad (8.49)$$

$$\frac{1}{3}\sigma_1(\varepsilon_0,\varepsilon) = \mu_0\varepsilon +$$

$$+ \mu_1 \exp\left\{-\alpha G[k(2\varepsilon_0 - \varepsilon)]\right\}\left[\int\limits_0^{\varepsilon_0}\exp\left\{\alpha G[k\eta]\right\}d\eta \; + \right.$$

$$\left. + \int\limits_{\varepsilon_0}^{\varepsilon}\exp\left\{\alpha G[k(2\varepsilon_0 - \eta)]\right\}d\eta\right] \qquad (8.50)$$

$$\frac{1}{3}\sigma_2(\varepsilon_0,\varepsilon_1,\varepsilon) = \mu_0\varepsilon +$$

$$+ \mu_1 \exp\left\{-\alpha G[k(2\varepsilon_0 - 2\varepsilon_1 + \varepsilon)]\right\}\left[\int\limits_0^{\varepsilon_0}\exp\left\{\alpha G[k\eta]\right\}d\eta \; + \right.$$

$$+ \int\limits_{\varepsilon_0}^{\varepsilon_1}\exp\left\{\alpha G[k(2\varepsilon_0 - \eta)]\right\}d\eta \; +$$

$$\left. + \int\limits_{\varepsilon_1}^{\varepsilon}\exp\left\{\alpha G[k(2\varepsilon_0 - 2\varepsilon_1 + \eta)]\right\}d\eta\right] \qquad (8.51)$$

Die Ausführung der Integrationen ist natürlich nur mit speziellen Ansätzen für die
Materialfunktion $G(\cdot)$ möglich; jedoch lassen sich aus (8.49 - 51) aufgrund der Eigenschaften der speziell gewählten Materialfunktion $\mu(\cdot)$ [Gl. (8.47)] einige Folgerungen
ziehen, die einen qualitativen Überblick über den Verlauf der Spannungs - Dehnungs -
Kurven geben.

Man erhält für die Steigungen der Kennlinien $\sigma_0(\cdot)$, $\sigma_1(\cdot)$, $\sigma_2(\cdot)$ die folgenden Beziehungen:

$$\frac{1}{3}\sigma_0'(\varepsilon) = \mu_0 + \mu_1 - \alpha k\, G'[k\varepsilon]\left\{\frac{1}{3}\sigma_0(\varepsilon) - \mu_0\varepsilon\right\} \tag{8.52}$$

$$\frac{1}{3}\sigma_1'(\varepsilon_0,\varepsilon) = \mu_0 + \mu_1 +$$

$$+ \alpha k\, G'[k(2\varepsilon_0 - \varepsilon)]\left\{\frac{1}{3}\sigma_1(\varepsilon_0,\varepsilon) - \mu_0\varepsilon\right\} \tag{8.53}$$

$$\frac{1}{3}\sigma_2'(\varepsilon_0,\varepsilon_1,\varepsilon) = \mu_0 + \mu_1 -$$

$$- \alpha k\, G'[k(2\varepsilon_0 - 2\varepsilon_1 + \varepsilon)]\left\{\frac{1}{3}\sigma_2(\varepsilon_0,\varepsilon_1,\varepsilon) - \mu_0\varepsilon\right\} \tag{8.54}$$

Aus (8.52) folgt

$$\sigma_0'(0) = 3(\mu_0 + \mu_1)\ . \tag{8.55}$$

(Für beliebige Materialfunktionen $\mu(\cdot)$ folgt aus (8.38)

$$\sigma_0'(0) = 3\mu(0)\ .) \tag{8.55a}$$

Im Belastungs-Umkehrpunkt ε_0 gilt speziell

$$\sigma_0(\varepsilon_0) = \sigma_1(\varepsilon_0,\varepsilon_0), \tag{8.56}$$

$$\frac{1}{3}\sigma_0'(\varepsilon_0) = \mu_0 + \mu_1 - \gamma \tag{8.57}$$

und

$$\frac{1}{3}\sigma_1'(\varepsilon_0,\varepsilon_0) = \mu_0 + \mu_1 + \gamma\ . \tag{8.58}$$

Dabei wurde zur Abkürzung

$$\gamma := \alpha k\, G'[k\varepsilon_0]\left\{\frac{1}{3}\sigma_0(\varepsilon_0) - \mu_0\varepsilon_0\right\} \tag{8.59}$$

gesetzt.

Einer Entlastung des Zugstabes entspricht ein $\varepsilon_1 = \varepsilon^{(0)}$ mit der Eigenschaft, daß

$$\sigma_1(\varepsilon_0,\varepsilon^{(0)}) = 0$$

gilt. Den Wert von $\varepsilon^{(0)}$ kann man als den PLASTISCHEN ANTEIL auffassen, der der Gesamtdehnung ε_0 entspricht.

Gleichung (8.51) liefert dann ebenfalls

$$\sigma_2(\varepsilon_0, \varepsilon^{(0)}, \varepsilon^{(0)}) \;=\; 0 \quad,$$

und aus (8.53, 54) folgt

$$\frac{1}{3}\sigma_1'(\varepsilon_0, \varepsilon^{(0)}) \;=\; \mu_0 + \mu_1 - \gamma^{(0)} \;, \tag{8.60}$$

bzw.

$$\frac{1}{3}\sigma_2'(\varepsilon_0, \varepsilon^{(0)}, \varepsilon^{(0)}) \;=\; \mu_0 + \mu_1 + \gamma^{(0)} \;, \tag{8.61}$$

mit der Abkürzung

$$\gamma^{(0)} \;:=\; \mu_0 \varepsilon^{(0)} \alpha k \, G'[k(2\varepsilon_0 - \varepsilon^{(0)})] \;. \tag{8.62}$$

Einem Zusammendrücken des plastisch verformten Stabes auf den Ausgangszustand entspricht die Spannung

$$
\begin{aligned}
\frac{1}{3}\sigma_1(\varepsilon_0, 0) \;=\;\; & \mu_1 \exp\{-\alpha G[2k\varepsilon_0]\}\left[\int_0^{\varepsilon_0} \exp\{\alpha G[k\eta]\}\,d\eta \;+\right. \\
& \left. +\; \int_{\varepsilon_0}^{0} \exp\{\alpha G[k(2\varepsilon_0 - \eta)]\}\,d\eta\right] \\
\;=\;\; & \mu_1 \exp\{-\alpha G[2k\varepsilon_0]\}\left[\int_0^{\varepsilon_0} \exp\{\alpha G[k\eta]\}\,d\eta \;-\right. \\
& \left. -\; \int_{\varepsilon_0}^{2\varepsilon_0} \exp\{\alpha G[k\eta]\}\,d\eta\right] \quad.
\end{aligned}
$$

Anwendung von (8.49) ergibt

$$\frac{1}{3}\sigma_1(\varepsilon_0, 0) \;=\; -\frac{1}{3}\sigma_0(2\varepsilon_0) + 2\mu_0 \varepsilon_0 + \gamma^* \;, \tag{8.63}$$

mit

$$\gamma^* \;:=\; 2\left[\frac{1}{3}\sigma_0(\varepsilon_0) + 2\mu_0 \varepsilon_0\right]\exp\{-\alpha[G(2k\varepsilon_0) - G(k\varepsilon_0)]\} \;. \tag{8.64}$$

Gl. (8.53) liefert mit (8.63) und (8.57) für die Steigung der Tangente die Beziehung

$$\frac{1}{3}\sigma_1'(\varepsilon_0, 0) \;=\; \frac{1}{3}\sigma_0'(2\varepsilon_0) + \alpha k \, G'(2k\varepsilon_0)\gamma^* \;. \tag{8.65}$$

Eine Veranschaulichung der bisherigen Ergebnisse zeigt Bild 8.3.

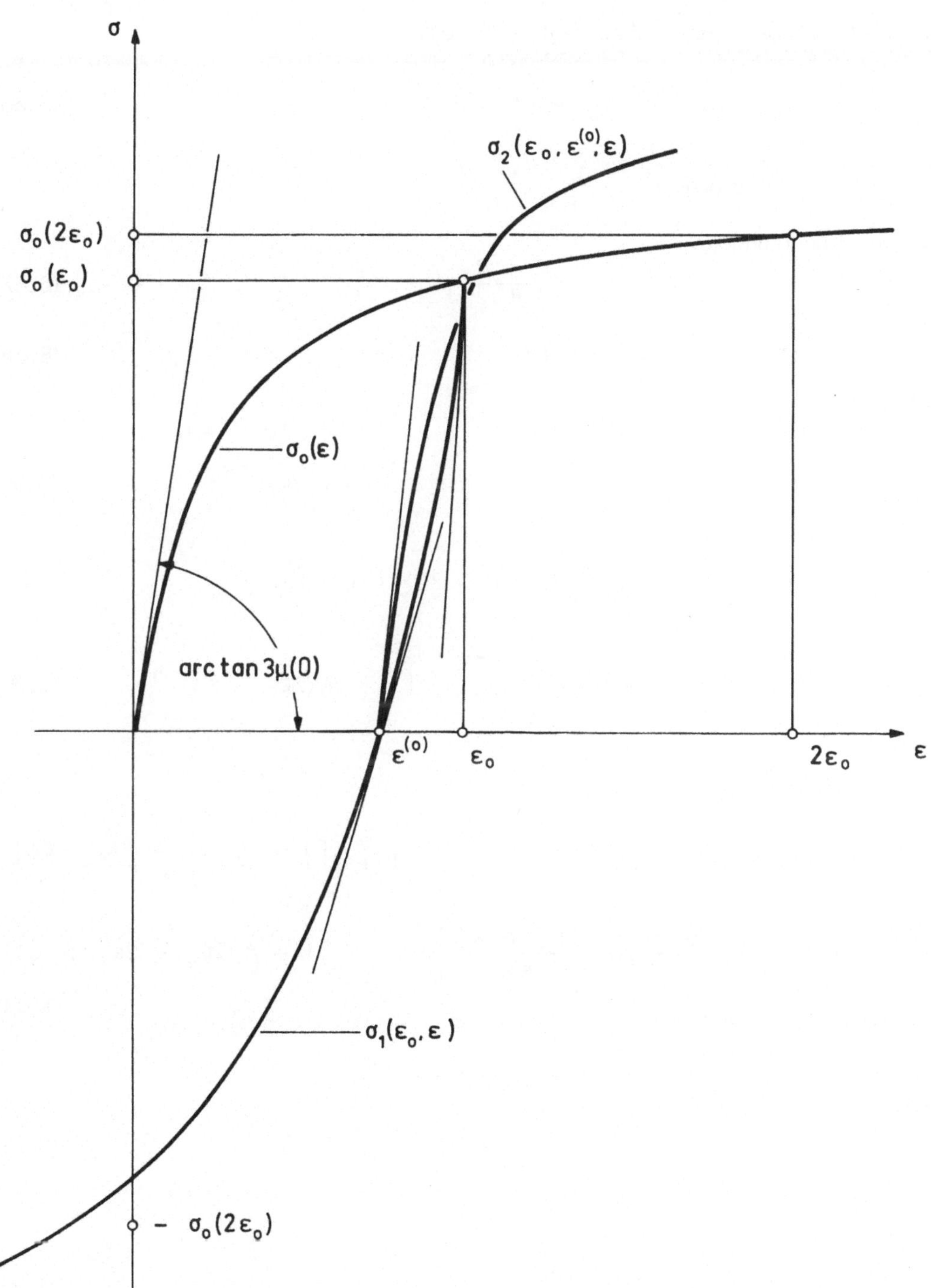

Bild 8.3

Mit dem folgenden Ansatz für die Materialfunktion $G(\cdot)$ wird die Auswertung der Integrale in (8.49 – 51) besonders einfach (vgl. [89,90]):

$$G(\zeta) \; := \; \frac{1}{\beta} \log (1 + \beta\zeta) \tag{8.66}$$

$$\beta > 0 \; ; \qquad \lim_{\beta \to 0} \; \frac{1}{\beta} \log(1 + \beta\zeta) \; = \; \zeta$$

Mit den Abkürzungen

$$n \; := \; \frac{\alpha + \beta}{\beta} \tag{8.67}$$

$$\beta_1 := \; k\beta \tag{8.68}$$

erhält man:

$$\frac{1}{3}\sigma_0(\varepsilon) \; = \; \mu_0\varepsilon + \frac{\mu_1}{\beta_1 n}(1 + \beta_1\varepsilon)[1 - (1 + \beta_1\varepsilon)^{-n}] \tag{8.69}$$

$$\frac{1}{3}\sigma_1(\varepsilon_0,\varepsilon) \; = \; \mu_0\varepsilon + \frac{\mu_1}{\beta_1 n}[1 + \beta_1(2\varepsilon_0 - \varepsilon)]\left\{ -1 + \right.$$
$$\left. + 2\left[\frac{1 + \beta_1(2\varepsilon_0 - \varepsilon)}{1 + \beta_1\varepsilon_0}\right]^{-n} - [1 + \beta_1(2\varepsilon_0 - \varepsilon)]^{-n} \right\} \tag{8.70}$$

$$\frac{1}{3}\sigma_2(\varepsilon_0,\varepsilon_1,\varepsilon) \; = \; \mu_0\varepsilon +$$
$$+ \frac{\mu_1}{\beta_1 n}[1 + \beta_1(2\varepsilon_0 - 2\varepsilon_1 + \varepsilon)]\left\{1 + 2\left[\frac{1 + \beta_1(2\varepsilon_0 - 2\varepsilon_1 + \varepsilon)}{1 + \beta_1\varepsilon_0}\right]^{-n} - \right.$$
$$\left. - 2\left[\frac{1 + \beta_1(2\varepsilon_0 - 2\varepsilon_1 + \varepsilon)}{1 + \beta_1(2\varepsilon_0 - \varepsilon_1)}\right]^{-n} - [1 + \beta_1(2\varepsilon_0 - 2\varepsilon_1 + \varepsilon)]^{-n} \right\} \tag{8.71}$$

$$\gamma \; = \; \mu_1 \frac{n-1}{n}[1 - (1 + \beta_1\varepsilon_0)^{-n}]$$

$$= \; \mu_1 \frac{\alpha}{\alpha + \beta}[1 - (1 + k\beta\varepsilon_0)^{-(\alpha/\beta + 1)}] \tag{8.72}$$

(Gl. (8.57,58))

$$\gamma^{(0)} \; = \; \frac{\mu_0 \varepsilon^{(0)} \alpha k}{1 + \beta_1(2\varepsilon_0 - \varepsilon^{(0)})} \tag{8.73}$$

(Gl. (8.60,61))

σ
arctan[3μ₀+ 3μ₁ β/(α+β)]
(3μ₁)/(k(α+β))[1 + 2kβ(ε₀ − ε^(o))]
3μ₁/(k(α+β))
σ₀(ε)
σ₂(ε₀,ε^(o),ε)
arc tan[3(μ₀+μ₁)]
σ₁(ε₀,ε)
ε^(o)
ε₀
2ε₀
ε
−(3μ₁)/(k(α+β))[1 + 2kβε₀]

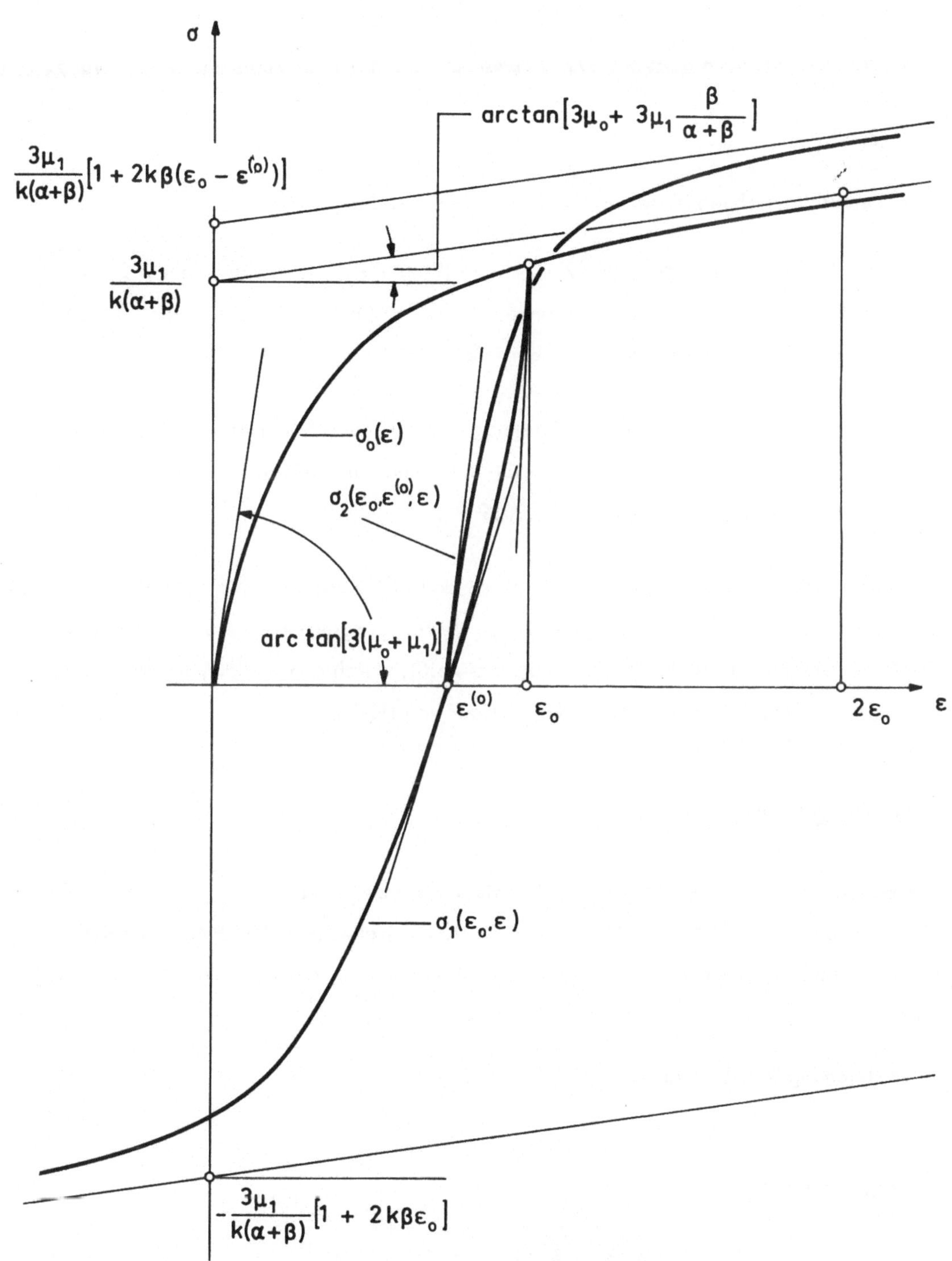

Bild 8.4

$$\gamma^* = 2\frac{\mu_1}{\beta_1 n}[(1 + \beta_1\varepsilon_0)^n - 1][1 + 2\beta_1\varepsilon_0]^{1-n}$$

$$= 2\frac{\mu_1}{k(\alpha+\beta)}[(1 + k\beta\varepsilon_0)^n - 1][1 + 2k\beta\varepsilon_0]^{-\alpha/\beta} \qquad (8.74)$$

(Gl. (8.63,65))

Eine Veranschaulichung dieser spezielleren Ergebnisse zeigt Bild 8.4.

Die Gleichungen (8.38 – 40), (8.49 – 51) und (8.69 – 71) (bzw. die Bilder 8.3, 8.4) zeigen, daß durch die Materialgleichungen (8.15,16) (und damit auch durch (8.12)) plastische Stoffeigenschaften beschreibbar sind.

Diese Beschreibung trifft offenbar für diejenigen plastischen Materialien zu, die keine ausgeprägte Streckgrenze zeigen, das heißt, bei denen die Definition einer PROPORTIO-NALITÄTSGRENZE erforderlich ist (s. [90,91]).

Die Kurven $\sigma_0(\cdot)$ und $\sigma_2(\varepsilon_0, \varepsilon^{(0)}, \cdot)$ zeigen, daß die endochrone Plastizitätstheorie auch VERFESTIGUNGSEFFEKTE wiedergibt. Diese Verfestigungseffekte werden hier speziell durch die Materialparameter μ_0 und β bestimmt, das heißt, durch den Verlauf der Materialfunktion $\mu(\cdot)$ ($\mu_0 = \lim_{z \to \infty} \mu(z)$) sowie durch den Verlauf von $G(\cdot)$.

8.42 Zug und Torsion

Die Funktion $\quad t \longmapsto \varepsilon(t) \quad$ bezeichne die Dehnung,

die Funktion $\quad t \longmapsto \vartheta(t) \quad$ die Drillung (Drehwinkel pro Längeneinheit)

eines kreiszylindrischen Stabes aus inkompressiblem isotropem endochron-plastischem Material.

Aus Gleichung (8.28) folgt dann mit

$$k := k_1$$

die zugeordnete Transformation des Zeitmaßstabes:

$$z = f(t) = G\left\{k\int_0^t \sqrt{\dot{\varepsilon}^2(\tau) + \frac{1}{3}r^2\dot{\vartheta}^2(\tau)}\, d\tau\right\} \qquad (8.75)$$

Darin ist r der Abstand eines materiellen Punktes von der Stabachse (z - Achse).

Gleichung (8.75) zeigt, daß die Zeittransformation infolge der Inhomogenität der Deformation vom Ort abhängt. Diese Ortsabhängigkeit bewirkt, daß die Integration der Spannungen zu resultierenden Schnittlasten im allgemeinen nicht in geschlossener Form möglich ist.

Für die Normalspannung $\sigma := \sigma_z$ und die Schubspannung $\tau := \tau_{\varphi z}$

(r, φ, z Zylinderkoordinaten) erhält man aus (8.26,27)

$$\hat{\sigma}(z) \;=\; 3 \int\limits_0^z \mu(z-\omega)\hat{\varepsilon}'(\omega)\,d\omega \;, \tag{8.76}$$

bzw.

$$\frac{1}{r}\hat{\tau}(z) \;=\; \int\limits_0^z \mu(z-\omega)\hat{\vartheta}'(\omega)\,d\omega \;. \tag{8.77}$$

Physikalisch interessant sind insbesondere die beiden folgenden speziellen Deformationsprozesse:

(1) <u>Torsion mit anschließendem Zug</u>

$$
\left.
\begin{aligned}
\varepsilon(t) &= 0 \quad \text{und} \\[2ex]
\dot{\vartheta}(t) &> 0 \quad (\vartheta(0) = 0) \qquad \text{für } 0 \le t \le t_0 \\[2ex]
\dot{\varepsilon}(t) &> 0 \quad \text{und} \\[2ex]
\vartheta(t) &= \vartheta_0 := \vartheta(t_0) \qquad \text{für } t_0 \le t \le t_1
\end{aligned}
\right\} \tag{8.78}
$$

(2) <u>Zug mit anschließender Torsion</u>

$$
\left.
\begin{aligned}
\dot{\varepsilon}(t) &> 0 \quad (\varepsilon(0) = 0) \quad \text{und} \\[2ex]
\vartheta(t) &= 0 \qquad\qquad\quad \text{für } 0 \le t \le t_0 \\[2ex]
\varepsilon(t) &= \varepsilon_0 := \varepsilon(t_0) \quad \text{und} \\[2ex]
\dot{\vartheta}(t) &> 0 \qquad\qquad\quad \text{für } t_0 \le t \le t_1
\end{aligned}
\right\} \tag{8.79}
$$

Zur Diskussion der Deformation (1) liefert Gleichung (8.75) mit (8.78) die folgende Zeittransformation:

168

$$z \;=\; f(t) \;=\; \begin{cases} G\left\{k\dfrac{r}{\sqrt{3}}\displaystyle\int_0^t |\dot\vartheta(\tau)|\,d\tau\right\} & \text{für } 0 \le t \le t_0 \\[4mm] G\left\{k\dfrac{r}{\sqrt{3}}\vartheta_0 \;+\; k\displaystyle\int_{t_0}^t |\dot\varepsilon(\tau)|\,d\tau\right\} & \text{für } t_0 \le t \le t_1 \end{cases} \qquad (8.80)$$

Für $0 \le t \le t_0$ (reine Torsion) folgt aus (8.76,77)

$$\sigma(\vartheta,0) \;=\; 0$$

und

$$\frac{1}{r}\tau(\vartheta,0) \;=\; \int_0^\vartheta \mu\left\{G\!\left[k\frac{r}{\sqrt{3}}\vartheta\right] - G\!\left[k\frac{r}{\sqrt{3}}\xi\right]\right\}d\xi \;.$$

Für $t_0 \le t \le t_1$ (Zugbeanspruchung bei festgehaltener Drillung) erhält man

$$\sigma(\vartheta_0,\varepsilon) \;=\; 3\int_0^\varepsilon \mu\left\{G\!\left[k\!\left(\frac{r}{\sqrt{3}}\vartheta_0 + \varepsilon\right)\right] - G\!\left[k\!\left(\frac{r}{\sqrt{3}}\vartheta_0 + \eta\right)\right]\right\}d\eta \qquad (8.81)$$

sowie

$$\frac{1}{r}\tau(\vartheta_0,\varepsilon) \;=\; \int_0^{\vartheta_0} \mu\left\{G\!\left[k\!\left(\frac{r}{\sqrt{3}}\vartheta_0 + \varepsilon\right)\right] - G\!\left[k\frac{r}{\sqrt{3}}\xi\right]\right\}d\xi \;. \qquad (8.81a)$$

Für die speziellen Materialfunktionen nach Gleichung (8.47) und (8.66):

$$\mu(z) \;=\; \mu_0 \;+\; \mu_1\exp(-\alpha z)$$

$$G(\zeta) \;=\; \frac{1}{\beta}\log(1 + \beta\zeta)$$

ergibt sich mit $\;n = \dfrac{\alpha+\beta}{\beta}\;$ und $\;\beta_1 = k\beta$

$$\frac{1}{3}\sigma(\vartheta_0,\varepsilon) \;=\; \mu_0\varepsilon \;+$$
$$+\; \frac{\mu_1}{\beta_1 n}\left[1 + \beta_1\!\left(\frac{r}{\sqrt{3}}\vartheta_0 + \varepsilon\right)\right]\left\{1 \;-\; \left[\frac{1 + \beta_1\!\left(\frac{r}{\sqrt{3}}\vartheta_0 + \varepsilon\right)}{1 + \beta_1\frac{r}{\sqrt{3}}\vartheta_0}\right]^{-n}\right\} \qquad (8.82)$$

[vgl. (8.69)].

Den qualitativen Verlauf der Kennlinie $\sigma(\vartheta_0,\cdot)$ zeigt Bild 8.5: Man sieht, daß die Zugspannungen um so größer sind, je größer die Torsions-Vorverformung ϑ_0 ist. Dieser Effekt wird als QUERVERFESTIGUNG ("cross - hardening - effect ") bezeichnet.

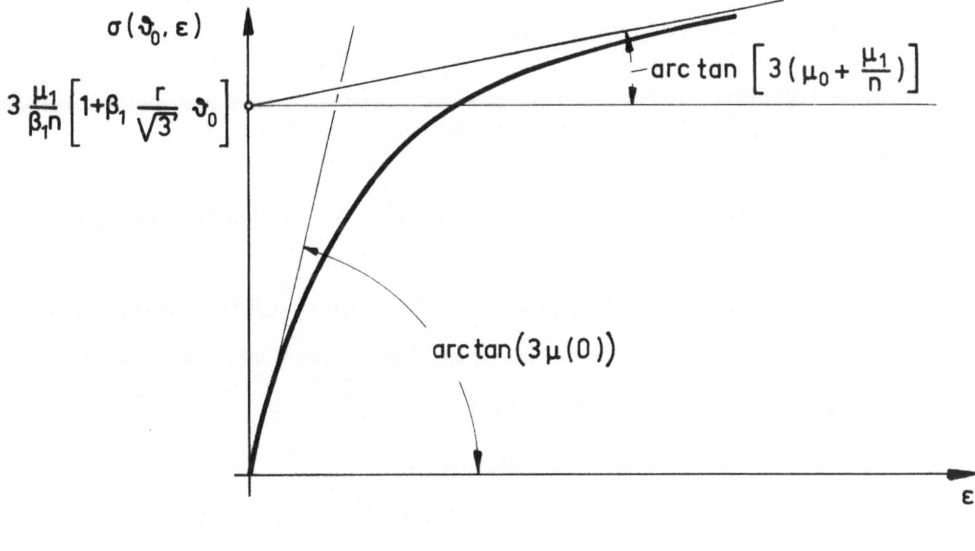

Bild 8.5

Der Querverfestigungseffekt wird maßgeblich durch die Materialfunktion G(·) bestimmt: Falls G(·) eine LINEARE Funktion ist, hängt die Funktion $\sigma(\cdot)$ nach Gleichung (8.81) nicht von ϑ_0 ab, das heißt, es tritt keine Querverfestigung auf.

Wegen dieser physikalischen Bedeutung kann man die Materialfunktion G(·) als VERFESTIGUNGSFUNKTION oder QUERVERFESTIGUNGSFUNKTION bezeichnen. (VALANIS nennt den Stoffparameter β "cross – hardening – factor" [90].) In diesem Zusammenhang ist zu beachten, daß Gleichung (8.66) für $\beta \to 0$ in die Identität $G(\zeta) = \zeta$ übergeht; in diesem Fall tritt keine Querverfestigung auf, und die Verfestigung (s. Bild 8.4) wird ausschließlich durch $\mu_0 = \lim\limits_{z \to \infty} \mu(z)$ bestimmt.

Gleichung (8.81a) zeigt, daß sich die Schubspannung τ ändert, wenn der tordierte Zugstab bei konstanter Drillung gedehnt wird.

Der Deformationsprozeß (2) nach (8.79) erfordert dieselben Rechnungen, so daß es genügt, nur die Ergebnisse anzugeben. Man erhält aus (8.79) und (8.75 – 77)

für $0 \leq t \leq t_0$ (reine Zugbeanspruchung bei $\vartheta = 0$):

$$\sigma(0,\varepsilon) = 3\int_0^\varepsilon \mu\left\{G(k\varepsilon) - G(k\eta)\right\}d\eta$$

$$\tau(0,\varepsilon) = 0$$

Für $t_0 \leq t \leq t_1$ (Torsion bei konstanter Vordehnung) folgt

$$\sigma(\vartheta, \varepsilon_0) \quad = \quad 3 \int_0^{\varepsilon_0} \mu \left\{ G[\,k(\varepsilon_0 + \tfrac{r}{\sqrt{3}}\vartheta)] \, - \, G[\,k\eta] \right\} d\eta \tag{8.83}$$

und

$$\frac{1}{r}\tau(\vartheta, \varepsilon_0) \quad = \quad \int_0^{\vartheta} \mu \left\{ G[\,k(\varepsilon_0 + \tfrac{r}{\sqrt{3}}\vartheta)] \, - \, G[\,k(\varepsilon_0 + \tfrac{r}{\sqrt{3}}\xi)] \right\} d\xi \,. \tag{8.83a}$$

Gleichung (8.83) zeigt, daß innerhalb der endochronen Plastizität NORMALSPANNUNGS-EFFEKTE auftreten: Die Zugspannung $\sigma(\vartheta, \varepsilon_0)$ hängt bei konstanter Vordehnung ε_0 vom Torsionswinkel ab (vgl. [11, S. 192] bzw. [7, S. 48 ff.]).

Gleichung (8.83a) zeigt analog zu (8.81), daß die Vordehnung ε_0 auf das Torsionsverhalten des Stabes verfestigend wirkt. Dieser Querverfestigungseffekt verschwindet, wenn $G(\cdot)$ eine lineare Funktion ist.

8.5   Finite Lineare Plastizität

8.51   Definition

In Analogie zur Finiten Linearen Viskoelastizität (Abschnitt 4.4, S. 94) kann man innerhalb der Klasse der endochron – plastischen Stoffe eine FINITE LINEARE PLASTIZITÄTS-THEORIE definieren: Dazu muß man fordern, daß das Stoffunktional $\hat{\mathfrak{T}}$ in Definition 8.5 (Gl. (8.12)) LINEAR von der Verzerrungsgeschichte $\hat{C}_d^z(\cdot)$ abhängen soll.

Dies führt auf eine Materialgleichung von der Form

$$\hat{\tilde{T}}(z) \quad = \quad \mathfrak{g}[\hat{C}(z)] \; + \; \int_0^{\infty} \mathbb{L}(\hat{C}(z), \sigma)[\hat{C}_d^z(\sigma)] \, d\sigma \,. \tag{8.84}$$

Darin ist nach Gleichung (8.10) $\hat{C}_d^z(\sigma) = \underline{1} - \hat{C}(z)$ für $\sigma \geq z$; $\mathfrak{g}(\cdot)\colon \hat{C} \mapsto \mathfrak{g}(\hat{C}) \in \mathrm{Sym}$ und $\mathbb{L}(\;)\colon (\hat{C}, \sigma) \longmapsto \mathbb{L}(\hat{C}, \sigma) \in \mathrm{Lin}\,(\mathrm{Sym})$ sind tensorwertige Materialfunktionen.

Gleichung (8.84) ist eine objektive und damit für große Deformationen gültige Verallgemeinerung der Materialgleichung (8.15).

Eine entsprechende Verallgemeinerung der Gleichung (8.16) kann man aus (8.84) ableiten, wenn man voraussetzt, daß die Materialfunktion $\mathfrak{g}(\cdot)$ sich in der Form

$$\mathbf{g}(\hat{C}) \; = \; \mathbb{G}(\hat{C})[\hat{C} - \underline{1}] \qquad\qquad (8.84a)$$

darstellen läßt, wobei $\mathbb{G}(\cdot):\ \hat{C} \longmapsto \mathbb{G}(\hat{C}) \in \mathrm{Lin\,(Sym)}$ eine neue tensorwertige Materialfunktion ist. Definiert man nun mit $\mathbb{G}(\cdot)$ und $\mathbb{L}(\cdot)$ eine Materialfunktion

$$\mathbb{K}:\qquad \mathrm{Sym} \ \times \ \mathbb{R}^{+} \longmapsto \mathrm{Lin\,(Sym)}$$

$$(\hat{C},\sigma) \longmapsto \mathbb{K}(\hat{C},\sigma) \; := \; \mathbb{G}(\hat{C}) - \int\limits_{\sigma}^{\infty} \mathbb{L}(\hat{C},\tau)\,d\tau, \qquad (8.84b)$$

so folgt aus (8.84) durch partielle Integration

$$\hat{\tilde{T}}(z) \quad = \quad \int\limits_{o}^{z} \mathbb{K}(\hat{C}(z),\, z - \omega)[\hat{C}'(\omega)]\,d\omega \qquad [\mathrm{vgl.\ (8.16)}]. \qquad (8.85)$$

Die Bemerkung im Anschluß an Gleichung (8.17) gilt für die Gleichungen (8.84, 85) entsprechend.

Während die (auf den z – Bereich bezogene) Verzerrungsgeschichte $\hat{C}_{d}^{z}(\cdot)$ LINEAR in
(8.84, 85) eingeht, hängt der Spannungstensor in Wirklichkeit stark NICHTLINEAR von der
Verzerrungsgeschichte ab. Dies wird besonders deutlich, wenn man in Gleichung (8.85)
die Integration im t – Bereich durchführt: (8.85) lautet dann mit $\hat{\tilde{T}}[f(t)] \; = \; \tilde{T}(t)$

$$\tilde{T}(t) \quad = \quad \int\limits_{o}^{t} \mathbb{K}(C(t),\, f(t) \, - \, f(\tau))[\dot{C}(\tau)]\,d\tau. \qquad (8.85a)$$

[s. Gl. (8.36)]. In diese Gleichung ist

$$f(t) \quad = \quad G\Big\{ \int\limits_{o}^{t} \sqrt{ \dot{C}(\tau)\cdot\mathbb{P}(C(\tau))[\dot{C}(\tau)] }\;d\tau \Big\}$$

nach Gl. (8.6) einzusetzen.

8.52 Relation zur Elastizität

Ist die in der Stoffgleichung (8.85) auftretende Materialfunktion

$$(\hat{C},\, z) \longmapsto \mathbb{K}(\hat{C},\, z) \ \in \ \mathrm{Lin\,(Sym)}$$

unabhängig von z , so kann man die Integration unmittelbar ausführen, und man erhält
als Spezialfall die Materialgleichung eines elastischen Körpers [vgl. Gl. (8.42)]:

$$\tilde{T} \quad = \quad \tilde{\mathbb{K}}(C)[C - \underline{1}] \qquad\qquad (8.86)$$

Dieser Sachverhalt läßt sich physikalisch folgendermaßen interpretieren: Die Materialgleichung (8.85) definiert je nach der Form der Materialfunktion $\mathbb{K}(\cdot,\cdot)$ verschiedene Stoffklassen innerhalb der endochronen Plastizität. Man kann jeder dieser Stoffklassen ein
ELASTISCHES Material zuordnen, das durch eine von z unabhängige Materialfunktion

$$\tilde{\mathbb{K}}(C) \; := \; \mathbb{K}(C,0)$$

gekennzeichnet ist.

Diese Interpretation gewinnt eine gewisse praktische Bedeutung, wenn es darum geht,
innerhalb der Finiten Linearen Plastizität physikalisch plausible Materialgleichungen aufzu-
stellen: Man kann beispielsweise von einer speziellen Stoffgleichung der Elastizität ausgehen und dazu eine entsprechende Materialgleichung der endochronen Plastizität konstruieren
so daß sich für die (von z unabhängige) Materialfunktion $\tilde{\mathbb{K}}(C)$ das vorgegebene Elastizi-
tätsgesetz ergibt (s. Abschnitt 8.61).

8.53 Isotrope Stoffe

Bei isotropen Stoffen ist die Zeittransformation (8.6) ein isotropes Funktional; ferner ist das
Funktional $\hat{\mathcal{F}}$ in der Materialgleichung (8.12) isotrop.

Zur expliziten Darstellung dieser Funktionale bzw. der Funktionen $\mathbb{P}(\cdot)$ und $\mathbb{K}(\cdot,\cdot)$ kann
man analog zu Abschnitt 5.5 die bekannten Darstellungssätze für isotrope Tensorfunktionen
anwenden.

Dies führt beispielsweise dazu, daß die allgemeinste Form der Zeittransformation nach Gleichung (8.6) insgesamt 9 skalarwertige Materialfunktionen der drei Variablen I_C, II_C, III_C
enthält sowie die Funktion $G(\cdot)$. Die allgemeinste Form der Materialgleichung (8.85) enthält im isotropen Fall 12 Funktionen von vier Variablen.

8.6 Inkompressible Stoffe

Bei inkompressiblen Materialien ist der Spannungszustand durch die Stoffgleichung nur bis
auf einen hydrostatischen Druck bestimmt, das heißt, in den Materialgleichungen ist der

Spannungstensor $\tilde{T}$ zu ersetzen durch $\tilde{T}_E := \tilde{T} + p\,C^{-1}$. Der allgemeinen Materialgleichung (8.12) entspricht dann die Gleichung

$$\hat{\tilde{T}}(z) \;+\; \hat{p}(z)\,\hat{C}^{-1}(z) \;=\; \hat{\mathfrak{F}}\,[\hat{C}_d^{z}(\cdot)\,;\hat{C}(z)]\;. \tag{8.87}$$

Die Materialgleichungen (8.84,85) sind für inkompressible Stoffe gegeben durch

$$\hat{\tilde{T}}(z) \;+\; \hat{p}(z)\,\hat{C}^{-1}(z) \;=\; \mathfrak{g}[\hat{C}(z)] \;+\; \int\limits_{0}^{\infty} \mathbb{L}(\hat{C}(z),\sigma)[\hat{C}_d^{z}(\sigma)]\,d\sigma \tag{8.87a}$$

bzw.

$$\hat{\tilde{T}}(z) \;+\; \hat{p}(z)\,\hat{C}^{-1}(z) \;=\; \int\limits_{0}^{z} \mathbb{K}(\hat{C}(z),z-\omega)[\hat{C}'(\omega)]\,d\omega\;. \tag{8.87b}$$

Bei isotropen inkompressiblen Stoffen ergibt sich wieder eine Vereinfachung der Materialbeschreibung: Wegen $\mathrm{III}_C = 1$ hängen alle Materialfunktionen von einer Variablen weniger
ab (vgl. Abschnitt 6.4, S. 136).

8.61 Endochron – plastisches MOONEY – RIVLIN Material

Der folgende Satz gibt ein Anwendungsbeispiel für die allgemeine Bemerkung des Abschnitts
8.52 in bezug auf eine physikalisch plausible Konstruktion spezieller Stoffgleichungen der
Finiten Linearen Plastizität.

Satz 8.1

$\mu(\cdot)$ und $\delta(\cdot)$ seien reellwertige Materialfunktionen, $\hat{\mu}$, β_0 reelle Konstanten.
Für inkompressible isotrope Stoffe sei die folgende Materialgleichung vorgegeben:

$$\hat{\tilde{T}}(z) \;+\; \hat{p}(z)\,\hat{C}^{-1}(z) \;=$$

$$= \frac{1}{2}\,[\,2\beta_0 - (\beta_0 - \tfrac{1}{2})\,\mathrm{Sp}\,\hat{C}(z)\,]\int\limits_{0}^{z}\mu(z-\omega)[\hat{C}^{-1}(z)\,\hat{C}'(\omega) + \hat{C}'(\omega)\hat{C}^{-1}(z)]\,d\omega \;+$$

$$\;+\; (\beta_0 - \tfrac{1}{2})\int\limits_{0}^{z}\delta(z-\omega)\,\hat{C}'(\omega)\,d\omega \tag{8.88}$$

Dann ergibt sich für den Sonderfall konstanter Materialfunktionen

$$\mu(z) \;=\; \delta(z) \;=\; \hat{\mu}$$

die Definitionsgleichung des MOONEY – RIVLIN Materials:

$$\frac{1}{\hat{\mu}}[T + p\underline{1}] = (\beta_0 + \frac{1}{2})B + (\beta_0 - \frac{1}{2})B^{-1} \qquad (8.89)$$

(vgl. [11, Gl. (95.1)]).

<u>Beweis:</u>

Für $\mu(z) = \delta(z) = \hat{\mu}$ liefert (8.88) mit $C(0) = \underline{1}$:

$$\frac{1}{\hat{\mu}}[\tilde{T} + pC^{-1}] = \frac{1}{2}[2\beta_0 - (\beta_0 - \frac{1}{2})I_C]\{C^{-1}(C - \underline{1}) + (C - \underline{1})C^{-1}\} +$$

$$+ (\beta_0 - \frac{1}{2})(C - \underline{1})$$

$$= [2\beta_0 - (\beta_0 - \frac{1}{2})I_C](\underline{1} - C^{-1}) + (\beta_0 - \frac{1}{2})(C - \underline{1})$$

$$= (\beta_0 + \frac{1}{2})\underline{1} + (\beta_0 - \frac{1}{2})(C - I_C\underline{1}) - [2\beta_0 - (\beta_0 - \frac{1}{2})I_C]C^{-1}$$

Mit (1.16,17) und (1.58) folgt daraus unter Benutzung der Gleichung von CAYLEY – HAMILTON:

$$B^2 - I_B B + II_B\underline{1} = III_B B^{-1}$$

das Ergebnis

$$\frac{1}{\hat{\mu}}[T + p\underline{1}] = (\beta_0 + \frac{1}{2})B + (\beta_0 - \frac{1}{2})B^{-1} -$$

$$- [2\beta_0 - (\beta_0 - \frac{1}{2})(I_B - II_B)]\underline{1} \qquad ,$$

das sich von (8.89) lediglich um einen unwesentlichen Kugeltensoranteil unterscheidet.

Die Materialgleichung (8.88) kann man als Definitionsgleichung einer Theorie zweiter Ordnung innerhalb der endochronen Plastizität der inkompressiblen isotropen Stoffe auffassen (vgl. [11, Sect. 94,95] sowie [7, S. 34 ff.]).

Das durch (8.88) definierte spezielle endochron – plastische Material soll aufgrund der Aussage des Satzes 8.1 als plastisches MOONEY – RIVLIN Material bezeichnet wer-den.

Der Sonderfall $\beta_o = \frac{1}{2}$ führt auf

$$\hat{\tilde{T}}(z) + \hat{p}(z)\hat{C}^{-1}(z) = \frac{1}{2}\int_o^z \mu(z-\omega)[\hat{C}^{-1}(z)\hat{C}'(\omega) + \hat{C}'(\omega)\hat{C}^{-1}(z)]\,d\omega , \qquad (8.90)$$

und wird dementsprechend als endochron – plastisches NEO – HOOKE Material

bezeichnet.

8.62 Torsion und Zug eines kreiszylindrischen Stabes

Ein endochron – plastisches Material ist nach Definition 8.5 ein spezielles einfaches

Material. Daher sind alle UNIVERSALEN DEFORMATIONEN, die aus der allgemeinen

Theorie der einfachen Stoffe bekannt sind, auch innerhalb der endochronen Plastizitäts-

theorie universale Deformationen. Dies gilt insbesondere für Homogene Deformationen

(vgl. Kap. 7) sowie innerhalb der Theorie der inkompressiblen isotropen Stoffe für die be-

kannten 5 Familien inhomogener Deformationen [7, 110-112].

Von praktischem Interesse ist vor allem ein Sonderfall der Familie 3 , die Deformation

TORSION und ZUG eines kreiszylindrischen Stabes: Die kinematischen und dynamischen

Randbedingungen, denen diese exakte Lösung genügt (starre Verdrehung der Deckflächen,

spannungsfreier Zylindermantel), sind technisch leicht zu realisieren.

Die Deformation " Torsion und Zug eines kreiszylindrischen Stabes" wird durch die

folgenden Gleichungen beschrieben:

$$\left.\begin{aligned}
r &= \frac{R}{\sqrt{v(t)}} \\[2em]
\varphi &= \Phi + \vartheta(t)\,Z \\[2em]
z &= v(t)\,Z
\end{aligned}\right\} \qquad (8.91)$$

Darin bezeichnen (R, Φ, Z) bzw. (r, φ, z) die (Zylinder-) Koordinaten eines materiellen

Punktes in der Bezugs- bzw. Momentankonfiguration (die z – Koordinate ist nicht zu

verwechseln mit dem Pseudo – Zeitparameter z !). ϑ ist die Drillung des Stabes (Dreh-

winkel pro Längeneinheit) und $v(t) = L(t)/L_o$ die Längenänderung (momentane Länge

bezogen auf die Ausgangslänge).

Aus (8.91) berechnet man die PHYSIKALISCHEN KOMPONENTEN [93, Abschnitt 5.5] des Deformationsgradienten, des Rechten CAUCHY – GREEN Tensors und der GREEN schen Verzerrungsgeschwindigkeit:

$$F^{<k\alpha>} = \begin{bmatrix} \dfrac{1}{\sqrt{v(t)}} & 0 & 0 \\[2ex] 0 & \dfrac{1}{\sqrt{v(t)}} & \dfrac{R}{\sqrt{v(t)}}\,\vartheta(t) \\[2ex] 0 & 0 & v(t) \end{bmatrix} \tag{8.92}$$

$$C^{<\alpha\beta>} = \begin{bmatrix} \dfrac{1}{v(t)} & 0 & 0 \\[2ex] 0 & \dfrac{1}{v(t)} & \dfrac{R}{v(t)}\,\vartheta(t) \\[2ex] 0 & \dfrac{R}{v(t)}\,\vartheta(t) & \dfrac{R^2}{v(t)}\,\vartheta^2(t) + v^2(t) \end{bmatrix} \tag{8.93}$$

$$\left.\begin{aligned} \dot{C}^{<RR>} &= \dot{C}^{<\Phi\Phi>} = -\frac{\dot{v}(t)}{v^2(t)} \\[2ex] \dot{C}^{<\Phi Z>} &= \dot{C}^{<Z\Phi>} = R\left[\frac{\dot{\vartheta}(t)}{v(t)} - \frac{\vartheta(t)\dot{v}(t)}{v^2(t)}\right] \\[2ex] \dot{C}^{<ZZ>} &= R^2\left[\frac{2\vartheta(t)\dot{\vartheta}(t)}{v(t)} - \frac{\vartheta^2(t)\dot{v}(t)}{v^2(t)}\right] + 2v(t)\dot{v}(t) \\[2ex] \dot{C}^{<R\Phi>} &= \dot{C}^{<\Phi R>} = \dot{C}^{<RZ>} = \dot{C}^{<ZR>} = 0 \end{aligned}\right\} \tag{8.94}$$

Durch Einsetzen dieser Tensoren in die entsprechenden Materialgleichungen berechnet man die Zeittransformation

$$t \longmapsto f(t)$$

und den Spannungstensor

$$\hat{\tilde{T}}_E := \hat{\tilde{T}} + \hat{p}\,\hat{C}^{-1} = \hat{\tilde{\mathfrak{F}}}\,[\hat{C}_d^z(\cdot);\hat{C}] \ . \tag{8.95}$$

Für isotrope inkompressible Stoffe hat der durch die Materialgleichung bestimmte Anteil $\tilde{T}_E$, bzw.

$$T_E \quad := \quad T + p\,\underline{1}$$

in diesem Sonderfall die folgende Form:

$$\hat{T}_E^{<km>} \quad = \quad \begin{bmatrix} \hat{T}_E^{<rr>} & 0 & 0 \\ 0 & \hat{T}_E^{<\varphi\varphi>} & \hat{T}_E^{<\varphi z>} \\ 0 & \hat{T}_E^{<z\varphi>} & \hat{T}_E^{<zz>} \end{bmatrix} \tag{8.96}$$

Außerdem hängt der Tensor $\hat{T}_E$ nur von der Koordinate r ab.

Die GLEICHGEWICHTSBEDINGUNG

$$\mathrm{div}\, T \quad = \quad \underline{0}$$

(s. (1.59)) liefert damit:

$$\left. \begin{aligned} \frac{\partial}{\partial r} T^{<rr>} + \frac{1}{r}(T^{<rr>} - T^{<\varphi\varphi>}) \quad &= \quad 0 \\[2mm] \frac{\partial}{\partial\varphi} p \quad &= \quad 0 \\[2mm] \frac{\partial}{\partial z} p \quad &= \quad 0 \end{aligned} \right\} \tag{8.97}$$

Zur Darstellung des Spannungszustandes ist die explizite Berechnung des hydrostatischen Druckes $\hat{p}(r)$ nicht nötig. Man erhält:

$$\left. \begin{aligned} \hat{T}^{<rr>} \quad &= \quad \int \frac{1}{r}(\hat{T}^{<\varphi\varphi>} - \hat{T}^{<rr>})\,dr \; + \; C \\[2mm] \hat{T}^{<\varphi\varphi>} \quad &= \quad \frac{d}{dr}(r\,\hat{T}^{<rr>}) \\[2mm] \hat{T}^{<\varphi z>} \quad &= \quad \hat{T}_E^{<\varphi z>} \\[2mm] \hat{T}^{<zz>} \quad &= \quad \hat{T}^{<rr>} - \hat{T}_E^{<rr>} + \hat{T}_E^{<zz>} \end{aligned} \right\} \tag{8.98}$$

Bezeichnet r_0 den Radius des Zylinders in der verformten Konfiguration, so ist das resultierende Torsionsmoment gegeben durch

$$\hat{M}_T \quad = \quad 2\pi \int_0^{r_0} \hat{T}_E^{<\varphi z>} r^2 \, dr \quad . \tag{8.99}$$

Für die resultierende Normalkraft berechnet man

$$\hat{N} = 2\pi \int_0^{r_0} \hat{T}^{<zz>} \, r \, dr$$

$$= 2\pi \int_0^{r_0} (\hat{T}^{<zz>} - \hat{T}^{<rr>} + \hat{T}^{<rr>}) \, r \, dr$$

$$= 2\pi \int_0^{r_0} (\hat{T}_E^{<zz>} - \hat{T}_E^{<rr>}) \, r \, dr \;+\; 2\pi \int_0^{r_0} r\hat{T}^{<rr>} dr \;\;.$$

Darin kann man den letzten Term unter Berücksichtigung der Randbedingung

$$\hat{T}^{<rr>}\Big|_{r=r_0} = 0 \tag{8.100}$$

und der Gleichgewichtsbedingung $(8.97)_1$ umformen:

$$2\pi \int_0^{r_0} r\hat{T}^{<rr>} dr = \pi r^2 \hat{T}^{<rr>}\Big|_0^{r_0} - \pi \int_0^{r_0} r^2 \frac{d\hat{T}^{<rr>}}{dr} \, dr$$

$$= -\pi \int_0^{r_0} r(\hat{T}^{<\varphi\varphi>} - \hat{T}^{<rr>}) dr$$

Als Resultat erhält man

$$\hat{N} = \pi \int_0^{r_0} (2\hat{T}_E^{<zz>} - \hat{T}_E^{<rr>} - \hat{T}_E^{<\varphi\varphi>}) \, r \, dr \;\;. \tag{8.101}$$

Der Zusammenhang zwischen r_0 und dem Radius R_0 des unverformten Zylinders ist nach $(8.91)_1$ gegeben durch

$$r_0 = \frac{R_0}{\sqrt{v(t)}} \;\;. \tag{8.102}$$

Die explizite Durchrechnung einzelner Beispiele erfordert je nach dem verwendeten Materialgesetz einen gewissen Rechenaufwand, bereitet jedoch keine prinzipiellen Schwierigkeiten. Kennzeichnend ist, daß die Integrationen im allgemeinen nicht in geschlossener Form möglich sind, sondern numerisch ausgeführt werden müssen. (Die einzige Ausnahme bildet der im folgenden Abschnitt diskutierte Sonderfall.)

Die Universale Deformation (8.91) liefert für jedes spezielle Materialgesetz von der Form (8.95) und für jede Zeittransformation (8.6) eine Verallgemeinerung der Rechnungen des

Abschnitts 8.4. Jede dieser Verallgemeinerungen ist für beliebig große Deformationen gültig.

8.63 Einachsiger Zug

Die einachsige Zugbeanspruchung eines kreiszylindrischen Stabes ist als Sonderfall der Gleichungen (8.91) durch $\vartheta(t) = 0$ charakterisiert:

$$\left.\begin{array}{rcl} r &=& \dfrac{R}{\sqrt{v(t)}} \\[2mm] \varphi &=& \Phi \\[2mm] z &=& v(t)\, Z \end{array}\right\} \quad (8.103)$$

Geht man speziell von der Stoffgleichung (8.88) des endochron – plastischen MOONEY – RIVLIN Materials aus, so berechnet man mit (1.58):

$$T = \frac{1}{\det F}\, F\, \tilde{T}\, F^{T} = F\, \tilde{T}\, F^{T}$$

zunächst

$$\hat{T}_{E} = \hat{T} + \hat{p}\,\underline{1} =$$

$$= \frac{1}{2}\Big[2\beta_{0} - (\beta_{0} - \frac{1}{2})\operatorname{Sp}\hat{C}(z)\Big]\int\limits_{0}^{z}\mu\,(z-\omega)\hat{F}(z)\big[\hat{C}^{-1}(z)\hat{C}'(\omega) + \hat{C}'(\omega)\hat{C}^{-1}(z)\big]\hat{F}^{T}(z)\,d\omega \ +$$

$$+\ (\beta_{0} - \frac{1}{2})\int\limits_{0}^{z}\delta(z-\omega)\hat{F}(z)\hat{C}'(\omega)\hat{F}^{T}(z)\,d\omega \ .$$

Durch sinngemäße Berücksichtigung der Gleichungen (8.92 – 94) erhält man

$$\hat{F}(z)\big[\hat{C}^{-1}(z)\hat{C}'(\omega) + \hat{C}'(\omega)\hat{C}^{-1}(z)\big]\hat{F}^{T}(z) =$$

$$= \operatorname{diag}\Big(-2\frac{\hat{v}'(\omega)}{\hat{v}^{2}(\omega)},\ -2\frac{\hat{v}'(\omega)}{\hat{v}^{2}(\omega)},\ 4\hat{v}(\omega)\hat{v}'(\omega)\Big)$$

bzw.

$$\hat{F}(z)\hat{C}'(\omega)\hat{F}^{T}(z) = \operatorname{diag}\Big(-\frac{\hat{v}'(\omega)}{\hat{v}^{2}(\omega)\hat{v}(z)},\ -\frac{\hat{v}'(\omega)}{\hat{v}^{2}(\omega)\hat{v}(z)},\ 2\hat{v}^{2}(z)\hat{v}(\omega)\hat{v}'(\omega)\Big)$$

$(\hat{v}(z) := v[f^{i}(z)]$, vgl. (8.31)).

180

Anwendung von (8.101) liefert für die resultierende Normalkraft das folgende Resultat :

$$\frac{1}{\pi\, r_0^2}\, \hat{N}(z) \quad =$$

$$= \left\{ 2\beta_0 \; - \; (\beta_0 - \tfrac{1}{2})[\hat{v}^2(z) + \frac{2}{\hat{v}(z)}] \right\} \int\limits_0^z \mu\,(z - \omega)[\; \frac{1}{\hat{v}^2(\omega)} \; + \; 2\hat{v}(\omega)]\,\hat{v}'(\omega)\,d\omega$$

$$+ \quad (\beta_0 - \tfrac{1}{2}) \int\limits_0^z \delta\,(z - \omega)[\; \frac{1}{\hat{v}(z)\,\hat{v}^2(\omega)} \; + \; 2\hat{v}^2(z)\,\hat{v}(\omega)\,]\,\hat{v}'(\omega)\,d\omega \qquad (8.104)$$

Physikalisch interessant ist der Sonderfall des plastischen NEO – HOOKE Materials ($\beta_0 = \tfrac{1}{2}$) :

$$\frac{1}{\pi\, r_0^2}\, \hat{N}(z) \quad = \quad \int\limits_0^z \mu\,(z - \omega)\left[\; \frac{1}{\hat{v}^2(\omega)} \; + \; 2\hat{v}(\omega)\right]\hat{v}'(\omega)\,d\omega \qquad (8.105)$$

Die einfachstmögliche Zeittransformation erhält man, wenn man in Gl. (8.6)

$$\mathbb{P} \quad := \quad \tfrac{1}{6}k^2\,(\,\mathbb{E} \; - \; \tfrac{1}{3}\underline{1} \otimes \underline{1}\,) \qquad (8.106)$$

setzt. Damit wird

$$\dot{C}\cdot\mathbb{P}[\dot{C}] \quad = \quad \tfrac{1}{6}\,k^2\,[\dot{C}\cdot\dot{C} \; - \; \tfrac{1}{3}(\mathrm{Sp}\,\dot{C})^2\;]\;,$$

und (8.94) liefert

$$\sqrt{\dot{C}(\tau)\cdot\mathbb{P}[\dot{C}(\tau)]} \quad = \quad \tfrac{1}{3}\,k\left[2v(\tau) \; + \; \frac{1}{v^2(\tau)}\right]|\dot{v}(\tau)| \qquad . \qquad (8.107)$$

Gleichung (8.107) läßt sich in geschlossener Form integrieren: Das unbestimmte Integral ist gegeben durch

$$\int \sqrt{dC\cdot\mathbb{P}[dC]} \quad = \quad \tfrac{1}{3}\,k \int (2v + \frac{1}{v^2})\,|dv|$$

$$= \quad \zeta_0 \; \pm \; \tfrac{1}{3}\,k\,(\,v^2 - \frac{1}{v}\,) \qquad . \qquad (8.108)$$

Die Zeittransformation (8.6) kann man damit in diesem Sonderfall für beliebige einachsige Deformationsprozesse $t \longmapsto v(t)$ explizit als Funktion der Längenänderung v ausdrücken:

$$z \quad = \quad f^*(v) \quad := \quad G\left\{ \zeta_0 \; \pm \; \tfrac{1}{3}\,k\,(\,v^2 - \frac{1}{v}\,)\right\} \qquad (8.109)$$

(Für kompliziertere Materialfunktionen $\mathbb{P}(\cdot)$ oder für allgemeinere Deformationsprozesse ist (8.108) ein algebraisches Integral, das im allgemeinen nicht in geschlossener Form ausgewertet werden kann).

Gleichung (8.105) erhält mit

$$N(v) \ := \ \hat{N}[f^*(v)] \tag{8.110}$$

die Form

$$\frac{1}{\pi r_0^2} N(v) \ = \ \int\limits_1^v \mu\{f^*(v) - f^*(\varphi)\}(2\varphi + \frac{1}{\varphi^2})\,d\varphi \ . \tag{8.111}$$

Gegeben sei nun der Deformationsprozeß von Abschnitt 8.41 (abwechselnde Belastung und Entlastung eines Zugstabes, s. Bild 8.2). Mit

$$v(t) \ = \ 1 + \varepsilon(t) \tag{8.112}$$

gilt für $0 \le t \le t_0$ (bzw. $1 \le v \le v_0 := v(t_0)$):

$$\begin{aligned}
\frac{1}{\pi r_0^2} N_0(v) \ &= \ \int\limits_1^v \mu\{G\frac{k}{3}(v^2 - \frac{1}{v}) \ - \ G\frac{k}{3}(\varphi^2 - \frac{1}{\varphi})\}(2\varphi + \frac{1}{\varphi^2})\,d\varphi \\
&= \ 3 \int\limits_0^{\frac{1}{3}(v^2 - \frac{1}{v})} \mu\{G\frac{k}{3}(v^2 - \frac{1}{v}) \ - \ G(k\eta)\}\,d\eta \tag{8.113}
\end{aligned}$$

Definiert man die VERGLEICHSDEHNUNG

$$\begin{aligned}
d(\cdot) : \qquad v \longmapsto e = d(v) \ &:= \ \frac{1}{3}(v^2 - \frac{1}{v}) \\
&= \ \frac{1}{3}\left[(1+\varepsilon)^2 - \frac{1}{1+\varepsilon}\right] \ , \tag{8.114}
\end{aligned}$$

so erhält (8.113) mit $\overline{N}_0(e) := N_0[d^{-1}(e)]$ die folgende Form:

$$\frac{1}{\pi r_0^2} \overline{N}_0(e) \ = \ 3 \int\limits_0^e \mu\{G[ke] - G[k\eta]\}\,d\eta \tag{8.115}$$

Diese Gleichung ist identisch mit (8.38), wenn man dort formal

σ_0 durch $\frac{1}{\pi r_0^2}\overline{N}_0$ ersetzt sowie ε durch $e = \frac{1}{3}(v^2 - \frac{1}{v})$.

Für $t_0 \le t \le t_1$ ($v_1 \le v \le v_0$)

bzw. $t_1 \le t < t_2$ ($v_1 \le v \le v_2$) etc.

erhält man auf demselben Weg die Kennlinien

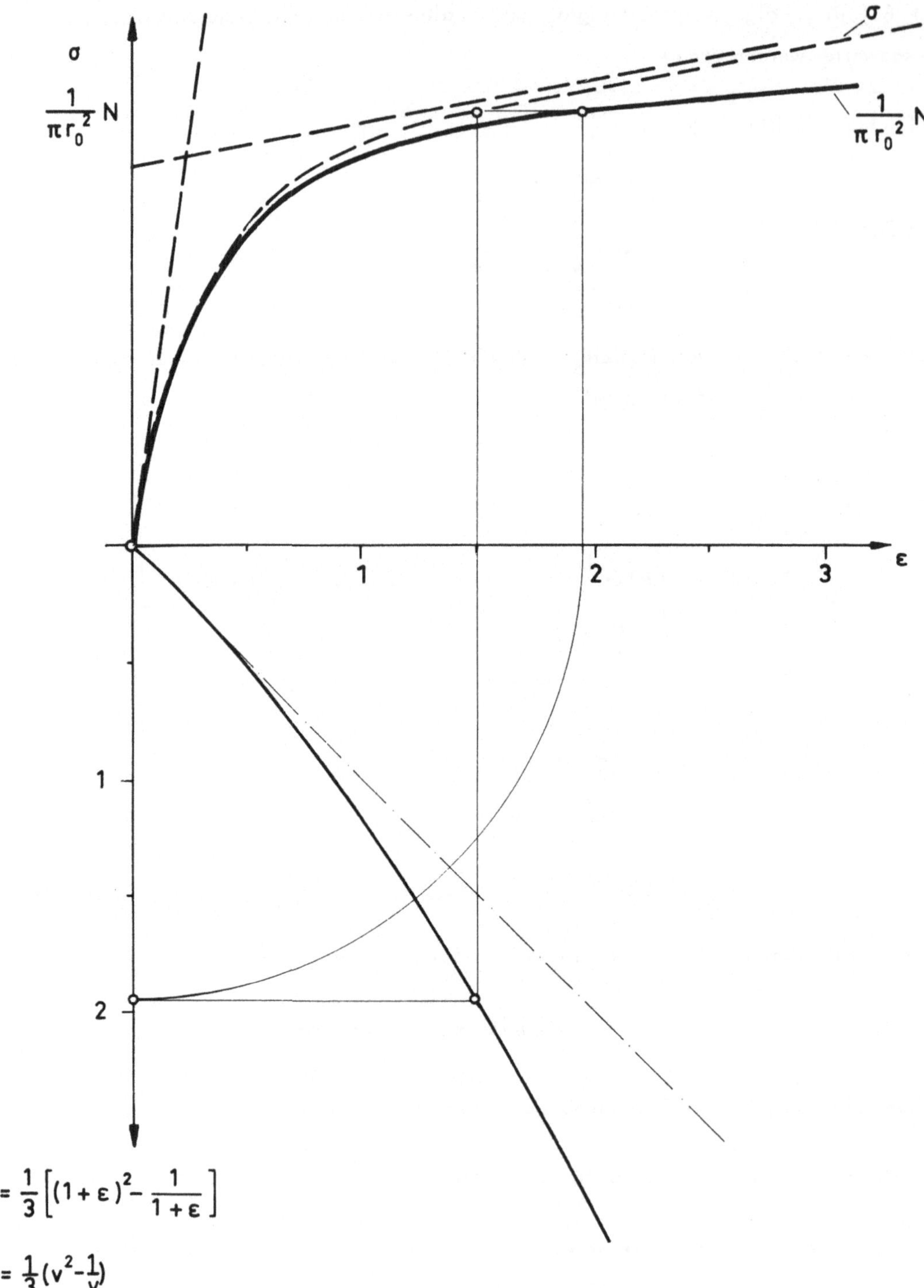

$$e = \frac{1}{3}\left[(1+\varepsilon)^2 - \frac{1}{1+\varepsilon}\right]$$

$$= \frac{1}{3}\left(v^2 - \frac{1}{v}\right)$$

Bild 8.6

$$e \longmapsto \frac{1}{\pi r_0^2} \overline{N}_1(e_0, e) \, ,$$

$$\text{bzw.} \qquad e \longmapsto \frac{1}{\pi r_0^2} \overline{N}_2(e_0, e_1, e)$$

$$(\; e_0 \; := \; \frac{1}{3}(v_0^2 - \frac{1}{v_0}) \quad , \quad e_1 \; := \; \frac{1}{3}(v_1^2 - \frac{1}{v_1}) \;) \; .$$

Die Gleichungen für diese Kennlinien sind formal identisch mit (8.39), bzw. (8.40).

Das Ergebnis dieses Abschnitts kann man in der folgenden Aussage zusammenfassen:

Setzt man eine Zeittransformation voraus, in der die verallgemeinerte Bogenlänge mit einem konstanten Metriktensor $I\!P$ nach Gleichung (8.106) berechnet wird, so kann man beim endochron – plastischen NEO – HOOKE Material alle Ergebnisse des Abschnitts 8.41 auf große Deformationen übertragen: Man hat lediglich die Normalspannung σ zu ersetzen durch die auf die verformte Querschnittsfläche bezogene resultierende Normalkraft $\dfrac{N}{\pi r_0^2}$; die Dehnung ε ist zu ersetzen durch die Vergleichsdehnung

$$e \; = \; \frac{1}{3}\left[(1 + \varepsilon)^2 \; - \; \frac{1}{1 + \varepsilon} \right] \; .$$

Das Bild 8.6 gibt einen qualitativen Eindruck, wie die Kennlinien auf den Bildern 8.3 und 8.4 korrigiert werden müssen, wenn die Deformationen groß sind.

9. ENDOCHRONE THERMOPLASTIZITÄT

9.1 Physikalische Motivation

Plastische Materialeigenschaften hängen erfahrungsgemäß von der Temperatur ab; dabei
sind vor allem zwei Phänomene von Bedeutung:

(1) Je höher die Temperatur ist, um so geringer sind in der Regel die Kräfte, die zur Erzeu-
gung einer bestimmten plastischen Verformung benötigt werden: Der plastische Anteil
der Deformation (z.B. $\varepsilon^{(0)}$ in Bild 8.3 und 8.4) wird bei vielen Werkstoffen (insbesondere
bei Metallen) mit steigender Temperatur größer, das heißt, die Proportionalitätsgrenze
nimmt mit steigender Temperatur ab.

(2) Spannungen, die durch plastische Verformungen entstanden sind, können reduziert
werden oder sogar ganz verschwinden, wenn man das betreffende Werkstück einer
geeigneten "Wärmebehandlung" unterzieht.

Eine Temperaturabhängigkeit der PROPORTIONALITÄTSGRENZE könnte man dadurch
beschreiben, daß man die gegenwärtige Temperatur als zusätzlichen Parameter in die Materialgleichungen (8.12) bzw. (8.84,85) einführt. (Die Materialparameter μ_0, μ_1 und α in
Gleichung (8.47) wären unter diesem Gesichtspunkt dann Funktionen der Temperatur, vgl.
Bild 8.4.)

Die Reduzierung von Eigenspannungen durch Wärmebehandlung wird in der Werkstofftechnik
auch als SPANNUNGSFREIGLÜHEN bezeichnet. Zur mathematischen Beschreibung dieses
Vorganges ist eine Verallgemeinerung der Zeittransformation (8.6) notwendig: In die verallgemeinerte Transformation des Zeitmaßstabes muß außer der Verzerrungsgeschichte auch die
Temperaturgeschichte eingehen.

Die thermomechanische Zeittransformation, die in diesem Kapitel vorgeschlagen wird, impliziert ein Materialverhalten, das bei einer BEZUGSTEMPERATUR durch ein PERFEKTES GEDÄCHTNIS (Geschwindigkeitsunabhängigkeit) gekennzeichnet ist, während bei HÖHEREN TEMPERATUREN FADING MEMORY - Eigenschaften entstehen: Diese bewirken eine temperaturabhängige Relaxation der Spannungen, die aus plastischen Deformationen bei niedrigerer Temperatur herrühren.

9.2 Temperaturabhängige FADING MEMORY - Eigenschaften

Zur Konkretisierung der oben beschriebenen Vorstellungen wird in diesem Abschnitt die folgende Zeittransformation betrachtet:

$$t \longmapsto z = f(t) \; := \; G[\zeta(t)] \; + \; \int_o^t a[\theta(\tau)] \, d\tau \qquad\qquad (9.1)$$

Darin ist

$$\zeta(t) \; = \; \int_o^t \sqrt{\dot{C}(\tau)\cdot\mathbb{P}(C(\tau))[\dot{C}(\tau)]} \; d\tau$$

die verallgemeinerte Bogenlänge nach Gleichung (8.5) und

$$G(\cdot): \; \mathbb{R}^+ \longrightarrow \mathbb{R}^+ \qquad (G'(\cdot) > 0)$$

die in Gleichung (8.6) auftretende "Verfestigungsfunktion".

$$a(\cdot): \quad \mathbb{R}^+ \longrightarrow \mathbb{R}^+$$
$$\theta \longmapsto a(\theta)$$

ist eine weitere Materialfunktion mit den folgenden Eigenschaften:

$$a(\theta) \; = \; 0 \qquad \text{für} \quad 0 < \theta \le \theta_R \qquad\qquad (9.2)$$

$$a(\theta) \; > \; 0 \qquad \text{für} \quad \theta_R < \theta \qquad\qquad (9.2a)$$

$$a'(\theta) \; \ge \; 0 \qquad\qquad (9.3)$$

Die Transformation des Zeitmaßstabes nach Gleichung (9.1) ist eine Kombination der Definitionen 8.4 (S. 150) und 3.1 (S. 71): Der erste Term ist geschwindigkeitsunabhängig und bewirkt dementsprechend plastische Materialeigenschaften (s. Kap. 8). Der zweite Term ist vom "thermorheologischen" Typ (s. Gl. (3.3)); dieser Term bringt thermoviskoelastische Materialeigenschaften in die Zeittransformation hinein (vgl. Kap. 3).

Um zu zeigen, daß die Zeittransformation (9.1) temperaturabhängige FADING MEMORY –
Eigenschaften repräsentiert, kann man von einer Materialgleichung ausgehen, nach der der
Spannungstensor im z – Bereich ein lineares Funktional der Verzerrungsgeschichte ist (vgl.
Gl. (8.85)) :

$$\hat{\tilde{T}}(z) \;=\; \int_{o}^{z} \mathbb{K}(\hat{C}(z),\, \hat{\theta}(z),\, z - \omega)[\,\hat{C}'(\omega)\,]\,d\omega \tag{9.4}$$

Der spezielle thermokinematische Prozeß, der in diese Materialgleichung und in (9.1)
eingesetzt werden soll, besteht aus einem geschlossenen Verzerrungsweg bei konstanter
Bezugstemperatur, einer anschließenden Temperaturerhöhung sowie einem erneuten Deformationsprozeß bei beliebigem Temperaturverlauf (s. Bild 9.1) :

$$C(\cdot)\;:\quad t \longmapsto \begin{cases} C(t) & \text{für} \quad 0 \le t \le t_1\,;\; C(0) = C(t_1) = \underline{1} \\[2mm] \underline{1} & \text{für} \quad t_1 < t \le t_2 \\[2mm] C(t) & \text{für} \quad t_2 < t \end{cases} \tag{9.5}$$

$$\theta(\cdot)\;:\quad t \longmapsto \begin{cases} \theta_R & \text{für} \quad 0 \le t \le t_1 \\[2mm] \theta(t) \ge \theta_R & \text{für} \quad t_1 < t \le t_2\,;\; \theta(t_2) = \theta_R \\[2mm] \theta(t) & \text{für} \quad t_2 < t \end{cases} \tag{9.6}$$

Gleichung (9.1) liefert mit (9.2,3) die entsprechende Transformation des Zeitmaßstabes :

$$t \longmapsto z \;=\; f(t) \;=\; \begin{cases} f_o(t) & \text{für} \quad 0 \le t \le t_1 \\[2mm] f_1(t) & \text{für} \quad t_1 < t \le t_2 \\[2mm] f_2(t) & \text{für} \quad t_2 < t \end{cases} \tag{9.7}$$

Darin ist

$$f_o(t) \;:=\; G[\zeta(t)] \tag{9.8}$$

$$f_1(t) \;:=\; G[\zeta(t_1)] \;+\; \int_{t_1}^{t} a[\theta(\tau)]\,d\tau \tag{9.9}$$

$$f_2(t) \;:=\; G[\zeta(t)] \;+\; \int_{t_1}^{t} a[\theta(\tau)]\,d\tau\,. \tag{9.10}$$

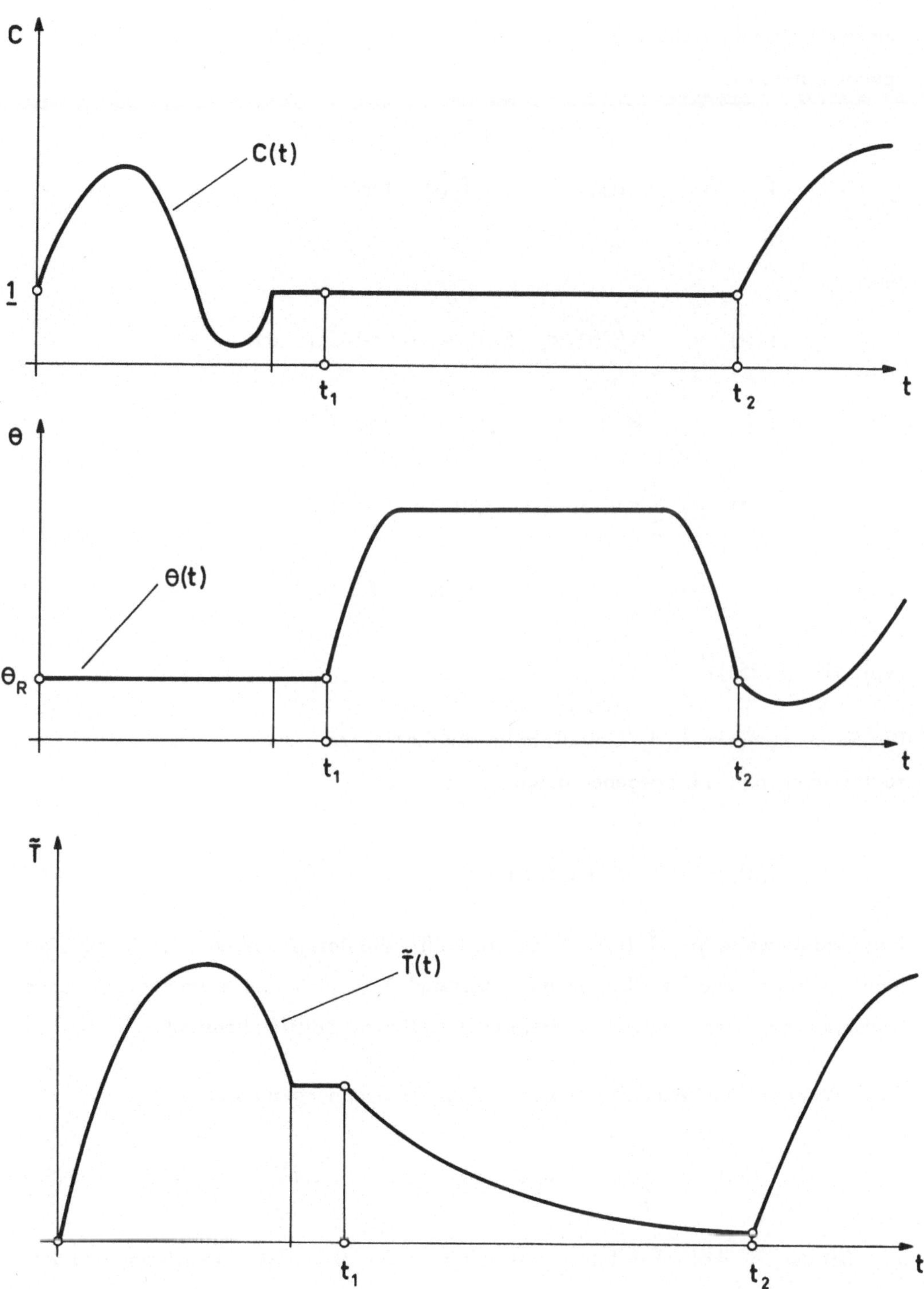

Bild 9.1

Aus der Materialgleichung (9.4) ergibt sich der entsprechende zeitliche Verlauf des Spannungstensors:

$$\tilde{T}(t) \;=\; \hat{\tilde{T}}[f(t)] \;=\; \begin{cases} \tilde{T}_0(t) & \text{für} \quad 0 \;\le\; t \;\le\; t_1 \\[2mm] \tilde{T}_1(t) & \text{für} \quad t_1 \;<\; t \;\le\; t_2 \\[2mm] \tilde{T}_2(t) & \text{für} \quad t_2 \;<\; t \end{cases} \qquad (9.11)$$

Darin ist

$$\tilde{T}_0(t) \;=\; \int_0^t \mathbb{K}(C(t),\, \theta_R,\, f_0(t) - f_0(\tau))[\dot{C}(\tau)]\, d\tau \qquad (9.12)$$

$$\tilde{T}_1(t) \;=\; \int_0^{t_1} \mathbb{K}(\underline{1},\, \theta(t),\, f_1(t) - f_0(\tau))[\dot{C}(\tau)]\, d\tau \qquad (9.13)$$

$$\tilde{T}_2(t) \;=\; \int_0^{t_1} \mathbb{K}(C(t),\, \theta(t),\, f_2(t) - f_0(\tau))[\dot{C}(\tau)]\, d\tau \;+$$

$$+\; \int_{t_2}^t \mathbb{K}(C(t),\, \theta(t),\, f_2(t) - f_2(\tau))[\dot{C}(\tau)]\, d\tau \qquad (9.14)$$

[vgl. Gl. (8.85a)].

Der Spannungszustand, der sich als Folge des isothermen "Kreisprozesses" einstellt, ist nach Gleichung (9.12) gegeben durch

$$\tilde{T}_0(t_1) \;=\; \int_0^{t_1} \mathbb{K}(\underline{1},\, \theta_R,\, f_0(t_1) - f_0(\tau))[\dot{C}(\tau)]\, d\tau \;. \qquad (9.15)$$

Notwendigerweise gilt $\tilde{T}_0(t_1) \neq 0$, das heißt, die Bezugskonfiguration ist zur Zeit t_1 nicht mehr spannungsfrei: Der Spannungszustand $\tilde{T}_0(t_1)$ wäre ohne eine nachfolgende Temperaturerhöhung (und ohne weitere Deformationen) zeitlich konstant.

Nach Abschluß der "Wärmebehandlung" liegt der Spannungszustand

$$\tilde{T}_1(t_2) \;=\; \int_0^{t_1} K(\underline{1},\, \theta_R,\, f_1(t_2) - f_0(\tau))[\dot{C}(\tau)]\, d\tau \qquad (9.16)$$

vor. Bei der physikalischen Interpretation dieser Gleichung ist zu beachten, daß der Parameter

$$f_1(t_2) \;=\; G[\zeta(t_1)] \;+\; \int_{t_1}^{t_2} a[\theta(\tau)]\, d\tau$$

beliebig groß wird, falls t_2 hinreichend groß ist, das heißt, falls der Temperaturprozeß hinreichend lange dauert. (Nach Gl. (9.2a) ist $a(\theta) > 0$ für $\theta > \theta_R$.)

Setzt man voraus, daß die Materialfunktion $\mathbb{K}(\cdot)$ stetig ist und einen endlichen Grenzwert besitzt [vgl. Gl. (8.46)]:

$$\lim_{z \to \infty} \left| \mathbb{K}(\ldots, z) \right| < \infty , \tag{9.17}$$

so kann man zeigen, daß die Spannungen $\tilde{T}_1(t_2)$ für hinreichend großes t_2 beliebig klein gemacht werden können: Es gilt

$$\lim_{t_2 \to \infty} \tilde{T}_1(t_2) = 0 . \tag{9.18}$$

Physikalisch bedeutet das, daß die Bezugskonfiguration nach einer genügend lange dauernden Temperaturerhöhung wieder (näherungsweise) spannungsfrei ist (vgl. Bild 9.1).

Zum BEWEIS der Relation (9.18) sollen zunächst die folgenden Abkürzungen eingeführt werden:

$$z_1 := f_1(t_1) \qquad z_2 := f_1(t_2) \tag{9.19}$$

$$\hat{\mathbb{K}}(z) := \mathbb{K}(\underline{1}, \theta_R, z) \tag{9.20}$$

$$\hat{\mathbb{G}} := \lim_{z \to \infty} \hat{\mathbb{K}}(z) \tag{9.20a}$$

$$\hat{\mathbb{L}}(z) := \hat{\mathbb{K}}(z) - \hat{\mathbb{G}} \tag{9.20b}$$

Aus (9.16) folgt dann mit Gl. (8.11a)

$$\tilde{T}_1(t_2) = \hat{\tilde{T}}_1[f_1(t_2)] = \hat{\tilde{T}}_1(z_2)$$

$$= \int_0^{z_1} \hat{\mathbb{K}}(z_2 - \omega)[\hat{C}'(\omega)]\, d\omega$$

$$= \int_0^{z_1} (\hat{\mathbb{G}} + \hat{\mathbb{L}}(z_2 - \omega))[\hat{C}'(\omega)]\, d\omega .$$

Wegen $C(0) = C(t_1) = \underline{1}$, bzw. $\hat{C}(0) = \hat{C}(z_1) = \underline{1}$ gilt

$$\int_0^{z_1} \hat{\mathbb{G}}[\hat{C}'(\omega)]\, d\omega = 0, \tag{9.21}$$

und man erhält die folgenden Abschätzungen:

$$\left|\hat{\tilde{T}}_1(z_2)\right|^2 \;=\; \left|\int_0^{z_1} \hat{\mathbb{L}}(z_2 - \omega)[\hat{C}'(\omega)]\,d\omega\right|^2$$

$$\leq \; \left\{\int_0^{z_1} |\hat{\mathbb{L}}(z_2 - \omega)|\,|\hat{C}'(\omega)|\,d\omega\right\}^2$$

$$\leq \; \int_0^{z_1} |\hat{\mathbb{L}}(z_2 - \omega)|^2\,d\omega \int_0^{z_1} |\hat{C}'(\omega)|^2\,d\omega \tag{9.22}$$

Nach Definition der Funktion $\hat{\mathbb{L}}(\cdot)$ Gl. (9.20b) gilt

$$\lim_{z \to \infty} \hat{\mathbb{L}}(z) \;=\; \mathbb{O}$$

($\mathbb{O}$ = Nulltensor in Lin(Sym)), und aus (9.22) folgt (9.18).

Einem erneuten thermokinematischen Prozeß entspricht der Spannungszustand $\tilde{T}_2(t)$ nach Gleichung (9.14). Für den ersten Term auf der rechten Seite dieser Gleichung trifft die obige Überlegung ebenfalls zu: Der Betrag dieses Terms kann für $t_2 \gg t_1$ beliebig klein gemacht werden. Daher gilt für die Spannungen zur Zeit $t \geq t_2$ die Beziehung

$$\tilde{T}_2(t) \;=\; \int_{t_2}^{t} \mathbb{K}(C(t), \theta(t), f_2(t) - f_2(\tau))[\dot{C}(\tau)]\,d\tau \;+\; R(\ldots, t_2)\;,$$

wobei der Summand $R(\ldots, t_2)$ mit $t_2 \to \infty$ verschwindet:

$$\lim_{t_2 \to \infty} |R(\ldots, t_2)| \;=\; 0$$

Für $t_2 \gg t_1$ gilt damit näherungsweise

$$\tilde{T}_2(t) \;=\; \int_{t_2}^{t} \mathbb{K}(C(t), \theta(t), f_2(t) - f_2(\tau))[\dot{C}(\tau)]\,d\tau\;. \tag{9.23}$$

Mit

$$\bar{t} \;:=\; t - t_2\;, \tag{9.24}$$

$$\bar{\tilde{T}}(\bar{t}) \;:=\; \tilde{T}_2(t_2 + \bar{t})$$

$$\bar{C}(\bar{t}) \;:=\; C(t_2 + \bar{t}) \tag{9.25}$$

$$\bar{\theta}(\bar{t}) \;:=\; \theta(t_2 + \bar{t})$$

sowie

$$\bar{f}(\bar{t}) \;:=\; f_2(t_2 + \bar{t}) \tag{9.26}$$

folgt aus Gl. (9.23)

$$\bar{\bar{T}}(\bar{t}) = \int_0^t \mathbb{K}(\bar{C}(\bar{t}), \bar{\theta}(\bar{t}), \bar{f}(\bar{t}) - \bar{f}(\tau))[\dot{\bar{C}}(\tau)]\,d\tau \quad . \tag{9.27}$$

Diese Gleichung ist formal identisch mit (9.4), wobei die zugehörige Transformation des Zeitmaßstabes durch

$$\begin{aligned}
\bar{z} \;=\; \bar{f}(\bar{t}) \;&=\; f_2(t_2 + \bar{t}) \\[4pt]
\;&=\; G[\zeta(t_2 + \bar{t})] \;+\; \int_{t_1}^{t_2 + \bar{t}} a[\theta(\tau)]\,d\tau
\end{aligned} \tag{9.28}$$

gegeben ist; insbesondere gilt nach (9.26) und (9.10)

$$\begin{aligned}
\bar{f}(\bar{t}) - \bar{f}(\tau) \;&=\; f_2(t_2 + \bar{t}) - f_2(t_2 + \tau) \\[8pt]
\;&=\; G[\zeta(t_2 + \bar{t})] - G[\zeta(t_2 + \tau)] \;+ \\[6pt]
\;&+\; \int_0^{\bar{t}} a[\theta(t_2 + \omega)]\,d\omega \;-\; \int_0^{\tau} a[\theta(t_2 + \omega)]\,d\omega \quad . \tag{9.29}
\end{aligned}$$

Das Ergebnis dieses Abschnitts kann man in der folgenden Aussage zusammenfassen und physikalisch interpretieren:

Durch Gleichung (9.1) und (9.4) wird eine endochrone Thermoplastizitätstheorie definiert, die temperaturabhängige Gedächtniseigenschaften darstellt: Führt man aus der natürlichen Bezugskonfiguration heraus einen Verzerrungsprozeß durch, der wieder in der Bezugskonfiguration endet, so kann der daraus resultierende Spannungszustand durch eine genügend lange Temperaturerhöhung beliebig klein gemacht werden, so daß die Bezugskonfiguration wieder näherungsweise spannungsfrei wird. Bei einem beliebigen thermokinematischen Prozeß, der danach durchgeführt wird, gilt die Materialgleichung (9.27), die formal identisch ist mit Gleichung (9.4). Gleichung (9.29) zeigt, daß der Temperaturverlauf $\theta(t)$ für $t_1 \leq t \leq t_2$ (s. Bild 9.1) nicht in die Materialgleichung (9.27) eingeht: Der Einfluß dieses Teils der Temperaturgeschichte hebt sich aus Gleichung (9.29) heraus. Demgegenüber wird der Spannungszustand $T(t)$, wenn auch geringfügig, von dem anfänglichen Deformationsprozeß $C(t)$ ($0 \leq t \leq t_1$) beeinflußt: Aus der Definition der verallgemeinerten Bogenlänge $\zeta(\cdot)$ und (9.29) geht hervor, daß dieser Einfluß genau dann verschwindet, wenn die Materialfunktion $G(\cdot)$ linear ist. Die physikalische Bedeutung dieser Feststellung läuft im

Prinzip darauf hinaus, daß Verfestigungs- und Querverfestigungseffekte durch eine Wärmebehandlung nicht rückgängig gemacht werden können, wenn man von einer endochronen Thermoplastizität nach (9.1) und (9.4) ausgeht: Lediglich die Spannungen, die aus früheren Deformationen herrühren, werden durch den Temperaturprozeß reduziert.

9.3 Allgemeine Definition eines endochron – thermoplastischen Marerials

Die folgende Definition ist eine Verallgemeinerung der Gleichung (9.1):

Definition 9.1

Die Funktion

$$\Lambda(\cdot): \quad (-\infty, T] \longrightarrow \mathcal{V}^n := \text{Sym} \times \mathbb{R} \quad (n = 7)$$

$$t \longmapsto \Lambda(t) = \left\{ C(t), \theta(t) \right\}$$

sei ein thermokinematischer Prozeß, der zur Zeit $t = 0$ aus der natürlichen Bezugskonfiguration heraus beginnen soll, d.h., es sei

$$\Lambda(t) = \Lambda_R = \left\{ \underline{1}, \theta_R \right\} \quad \text{für} \quad -\infty < t \leq 0.$$

Dann soll die Funktion

$$\zeta(\cdot): \quad t \longmapsto \zeta(t) := \int_0^t \sqrt{\dot{\Lambda}(\tau) \cdot \mathbf{P}(\Lambda(\tau)) \dot{\Lambda}(\tau)}\, d\tau \tag{9.30}$$

THERMOMECHANISCHE VERALLGEMEINERTE BOGENLÄNGE genannt werden;
die Funktion

$$f(\cdot): \quad t \longmapsto z = f(t) := G[\zeta(t)] + \int_0^t a[\theta(\tau)]\, d\tau \tag{9.31}$$

heißt THERMOMECHANISCHE TRANSFORMATION DES ZEITMASSSTABES. Darin sind

$$\mathbf{P}(\cdot): \quad \mathcal{V}^7 \longrightarrow \text{Lin}(\mathcal{V}^7)$$

$$\Lambda \longmapsto \mathbf{P}(\Lambda) \quad (\mathbf{P} \text{ positiv definit}),$$

$$G(\cdot): \quad \mathbb{R}^+ \longrightarrow \mathbb{R}^+$$

$$\zeta \longmapsto G(\zeta) \quad (G'(\cdot) > 0)$$

und $\quad a(\cdot):\qquad \mathbb{R}^+ \longrightarrow \mathbb{R}^+$

$$\theta \longmapsto a(\theta) \begin{cases} = 0 & \text{für } 0 < \theta \le \theta_R \\[2mm] > 0 & \text{für } \theta_R < \theta \quad (a'(\cdot) > 0) \end{cases}$$

Materialfunktionen (vgl. Definition 8.4, S. 150 und Gl. (9.1 - 3)).

Die lineare Abbildung

$$\mathbf{P} : \quad \mathcal{V}^7 \longrightarrow \mathcal{V}^7$$
$$\Gamma \longmapsto \mathbf{P}\Gamma$$

kann man als selbstadjungiert annehmen. $\mathbf{P}$ läßt sich dann identifizieren mit dem Tripel

$$(\mathbb{P}, P, p)$$

(vgl. (4.14, 16 - 18). Der Materialfunktion $\mathbf{P}(\cdot)$ entsprechen daher die Materialfunktionen

$$\mathbb{P}(\cdot) : \quad \mathcal{V}^7 \longrightarrow \mathrm{Lin}\,(\mathrm{Sym}) \qquad (\mathbb{P} = \mathbb{P}^\mathsf{T}),$$

$$P(\cdot) : \quad \mathcal{V}^7 \longrightarrow \mathrm{Sym}$$

bzw. $\quad p(\cdot) : \quad \mathcal{V}^7 \longrightarrow \mathbb{R}^+ .$

Für die Quadratische Form, aus der die verallgemeinerte Bogenlänge nach Gleichung (9.30) berechnet wird, gilt damit

$$\dot{\Lambda} \cdot \mathbf{P}(\Lambda)\dot{\Lambda} \quad = \quad \dot{C} \cdot \mathbb{P}(C, \theta)[\dot{C}] + 2\dot{C} \cdot P(C, \theta)\dot{\theta} + p(C,\theta)\dot{\theta}^2 . \quad (9.32)$$

Aus der Zeittransformation $t \longmapsto z = f(t)$ ergibt sich genau wie im vorigen Kapitel die verallgemeinerte inverse Funktion $z \longmapsto t = f^i(z)$, mit der man alle thermomechanischen Größen (Prozeßgeschichte, Freie Energie, Entropie, Spannungstensor etc.) als Funktion des Pseudo - Zeitparameters z darstellen kann:

$$\hat{\Lambda}(z) \quad := \quad \Lambda[f^i(z)] \tag{9.33}$$

$$\hat{\Lambda}_d^z(\sigma) \quad := \quad \begin{cases} \hat{\Lambda}(z - \sigma) - \hat{\Lambda}(z) & \text{für } 0 \le \sigma \le z \\[2mm] \Lambda_R - \hat{\Lambda}(z) & \text{für } z < \sigma \end{cases} \tag{9.34}$$

$$\hat{\psi}(z) \quad := \quad \psi[f^i(z)] \tag{9.35}$$

$$\hat{\eta}(z) \quad := \quad \eta[f^i(z)] \tag{9.36}$$

$$\hat{\tilde{T}}(z) \quad := \quad \tilde{T}[f^i(z)] \tag{9.37}$$

Damit sind die formalen Vorbereitungen für eine allgemeine Definition abgeschlossen:

Definition 9.2

Ein thermodynamisch einfaches Material heißt ENDOCHRON - THERMOPLASTISCH , wenn es eine Zeittransformation der Form (9.31) gibt, so daß die Freie Energie im z-Bereich ein Funktional der thermokinematischen Prozeßgeschichte ist (vgl. Definition 8.5, S. 153):

$$\hat{\psi}(z) \quad = \quad \hat{\mathcal{G}}\,[\,\hat{C}^z_d(\cdot),\,\hat{\theta}^z_d(\cdot)\,;\,\hat{C}(z)\,,\,\hat{\theta}(z)\,] \tag{9.38}$$

9.4 Auswertung der CLAUSIUS - DUHEM Ungleichung

Die Definition 9.2 ermöglicht eine systematische Konstruktion endochron - thermoplastischer Materialgleichungen, die insofern thermodynamisch konsistent sind, als sie das Dissipationspostulat in der Form (1.78) für alle denkbaren thermokinematischen Prozesse erfüllen. Um dies zu realisieren muß man den Definitionsbereich des Energiefunktionals $\hat{\mathcal{G}}\,[\,\cdot\,]$ mathematisch präzisieren und geeignete Stetigkeits- bzw. Differenzierbarkeitseigenschaften voraussetzen. In diesem Abschnitt soll angenommen werden, daß $\hat{\mathcal{G}}\,[\,\cdot\,]$ auf einer Teilmenge des Hilbertraumes $\mathcal{H}_h$ der quadratisch integrierbaren Funktionen

$$\hat{\Gamma}(\cdot): \quad \mathbb{R}^+ \longrightarrow \mathcal{V}^7 \;=\; \mathrm{Sym} \,\times\, \mathbb{R}$$

definiert ist [s. Gleichung (2.11)]. Dabei ist die Norm $\|\cdot\|_h$ allerdings formal im z-Bereich zu berechnen:

$$\|\,\hat{\Gamma}(\cdot)\|_h \quad := \quad \Big\{ \int\limits_o^\infty |\,\hat{\Gamma}(\sigma)|^2\, h^2(\sigma)\,d\sigma \Big\}^{1/2} \tag{9.39}$$

Während diese Gleichung formal identisch ist mit Gleichung (2.13), ist der folgende wesentliche Unterschied zu beachten: Die Norm (2.13) repräsentiert FADING MEMORY - Eigenschaften, die sich auf alle thermokinematischen Prozesse beziehen; dies trifft auf die Norm (9.39) deswegen nicht zu, weil in diese Norm die verallgemeinerte Bogenlänge eingeht, die ein geschwindigkeitsunabhängiges Funktional der thermokinematischen Prozeßgeschichte ist. Daher kann man dem Funktional $\hat{\psi}[\,\cdot\,]$ in Gleichung (9.38) zwar formal Stetigkeits- und Differenzierbarkeitseigenschaften zuordnen; derartige Annahmen besitzen jedoch keine physikalische Bedeutung in dem Sinne, daß dem materiellen Körper ein nachlassendes Erinnerungsvermögen als eine allgemeine Eigenschaft unterstellt wird:

Aus der Definition 9.1 der Zeittransformation folgt im Zusammenhang mit Gleichung (9.38), daß ein endochron - thermoplastisches Material für $\theta \leq \theta_R$ ein perfektes Gedächtnis besitzt, während sich bei höheren Temperaturen gewisse FADING MEMORY - Eigenschaften einstellen (vgl. Abschnitt 9.2).

Satz 9.1

Das Energiefunktional $\hat{\psi}[\,\cdot\,]$ in Gleichung (9.38) sei nach allen Variablen FRÉCHET - differenzierbar, wobei sich die Ableitung nach dem thermokinematischen Prozeß $\hat{\Lambda}_d^z(\cdot)$ auf die im z - Bereich berechnete Norm (9.39) beziehen soll. Ferner seien die einzelnen FRÉCHET - Ableitungen stetige Funktionale in bezug auf alle Variablen (vgl. Definition 2.4, S. 46).

Dann ist die CLAUSIUS - DUHEM Ungleichung (1.78) für alle thermokinematischen Prozesse $t \longmapsto \Lambda(t)$ erfüllt, wenn die folgenden Beziehungen gelten (vgl. Satz 2.3, S. 51):

$$(1) \qquad \frac{1}{2\rho_R}\hat{\tilde{T}}(z) \qquad = \qquad D_{\hat{C}}\,\hat{\psi}[\hat{C}_d^z(\cdot),\,\hat{\theta}_d^z(\cdot);\,\hat{C}(z),\,\hat{\theta}(z)] \tag{9.40}$$

$$(2) \qquad \hat{\eta}(z) \qquad = \qquad -\,D_{\hat{\theta}}\,\hat{\psi}[\hat{C}_d^z(\cdot),\,\hat{\theta}_d^z(\cdot);\,\hat{C}(z),\,\hat{\theta}(z)] \tag{9.41}$$

$$(3) \qquad \frac{1}{\rho_R\theta(t)}\,\underline{g}_R(t)\cdot\underline{g}_R(t) \ \leq \ \dot{f}(t)\,\hat{\delta}^*[f(t)] \tag{9.42}$$

Darin ist $z = f(t)$ die Zeittransformation nach (9.31), und

$$\delta(t) \quad := \quad \dot{f}(t)\,\hat{\delta}^*[f(t)] \tag{9.43}$$

die DISSIPATIONSLEISTUNG , mit

$$\hat{\delta}^*(z) \quad := \quad d_{\hat{C}_d^z}\,\hat{\psi}[\hat{C}_d^z(\cdot),\,\hat{\theta}_d^z(\cdot);\,\hat{C}(z),\,\hat{\theta}(z)\,\Big|\,\frac{d}{d\sigma}\,\hat{C}_d^z(\cdot)\,] \quad +$$

$$\qquad\qquad d_{\hat{\theta}_d^z}\,\hat{\psi}[\hat{C}_d^z(\cdot),\,\hat{\theta}_d^z(\cdot);\,\hat{C}(z),\,\hat{\theta}(z)\,\Big|\,\frac{d}{d\sigma}\,\hat{\theta}_d^z(\cdot)\,]\ . \tag{9.44}$$

Ferner gilt

$$\hat{\delta}^{*}(z) \;\geq\; 0 \;.\tag{9.45}$$

Die Ableitungen $D_{\hat{c}}\hat{\varphi}$, $D_{\hat{\theta}}\hat{\varphi}$, $d_{\hat{c}_d}^{z}\hat{\varphi}$ und $d_{\hat{\theta}_d}^{z}\hat{\varphi}$ ergeben sich durch sinngemäße Anwendung der Gleichungen (2.29, 30) bzw. (2.22).

Der Beweis des Satzes ergibt sich unmittelbar durch sinngemäße Anwendung der Kettenregel (2.28).

Zur mathematisch – physikalischen Aussage des Satzes 9.1 ist zu bemerken, daß die Beziehungen (9.40 – 45) für die Gültigkeit der CLAUSIUS – DUHEM Ungleichung lediglich hinreichend sind: In einer Theorie der thermodynamisch einfachen Stoffe mit perfektem Gedächtnis bzw. temperaturabhängigen FADING MEMORY – Eigenschaften, die auf einer Zeittransformation vom Typ (8.6) bzw. (9.31) beruht, ist es nicht möglich, auch die Notwendigkeit der thermodynamischen Beziehungen (9.40 – 45) nachzuweisen. Innerhalb der endochronen Plastizitätstheorie wären demnach prinzipiell auch andere Möglichkeiten denkbar, die Gültigkeit der CLAUSIUS – DUHEM Ungleichung durch eine geeignete Formulierung der Materialgleichungen sicherzustellen.

9.5 Thermomechanisch konsistente Materialgleichungen der endochronen Plastizität

Die physikalische Bedeutung des Satzes 9.1 ist in erster Linie unter dem Gesichtspunkt möglicher technischer Anwendungen zu sehen:

Der Satz eröffnet eine breite Skala von Möglichkeiten, Materialgleichungen der endochronen Thermoplastizität zu konstruieren, die mit dem Dissipationspostulat (1.78) verträglich sind: Insgesamt kann man die Überlegungen, die in den Kapiteln 4 bis 6 durchgeführt wurden, sinngemäß auf die endochrone Plastizität übertragen; man muß sich dazu nur alle Annahmen und Berechnungen auf den z – Bereich bezogen denken.

Dementsprechend führt die formale Anwendung von Satz 4.2 (S. 91) zu einer Approximation des Energiefunktionals durch eine Quadratische Form der Prozeßgeschichte $\hat{\Lambda}_d^{z}(\cdot)$, wobei zu beachten ist, daß sich diese formale Approximation auf die (im z – Bereich zu berechnende) Norm (9.39) bezieht: Es handelt sich hier daher nicht um eine asymptotische Approximation im Sinne der physikalischen Interpretationen des Abschnitts 4.3.

Die Gültigkeit der Inneren Dissipationsungleichung (9.45) läßt sich durch Anwendung von Satz 5.2 sicherstellen; daraus ergeben sich verschiedene Verfahren, einschränkende Bedingungen für die Materialfunktionen der endochronen Thermoplastizität abzuleiten (Sätze 5.3 bis 5.11). Die Anwendung der Darstellungssätze für isotrope Tensorfunktionen sowie die Konstruktion spezieller Approximationen im Sinne einer Theorie N - ter Ordnung (Kap. 6) gilt sinngemäß auch für die endochrone Thermoplastizität.

Die endochrone Plastizitätstheorie besitzt demnach eine Eigenschaft, die auch die allgemeine Theorie der Viskoelastizität kennzeichnet:

Eine Formulierung der Materialgleichungen ist sowohl in ganz spezieller als auch in allgemeinster Form möglich [vgl. Gl. (8.29) mit (9.40-42)]. Zwischen diesen Extremen liegen beliebig viele Möglichkeiten, die quantitative Beschreibung der Materialeigenschaften einem jeweils vorgestellten praktischen Anwendungszweck anzupassen.

LITERATUR

1 EGGERT, H.; GROTE, J.; KAUSCHKE, W.: Lager im Bauwesen, Bd. 1: Entwurf, Berechnung, Vorschriften. Berlin, München: Ernst & Sohn 1974.

2 WAHL, A.M.: Mechanical springs. New York: Mc Graw – Hill Book Comp., Inc. 1963.

3 GÖBEL, E.F.: Rubber springs design. London: Newnes – Butterworths 1974.

4 HARRIS, C.; CEDE, C.E.: Shock and vibration handbook. New York: Mc Graw – Hill Book Comp. 1961.

5 LUZ, E.: Gedämpfte Schwingungen kontinuierlicher Gebilde bei Annahme eines nichtlinearen viskoelastischen Stoffgesetzes. ZAMM 47 (1967) T 92.

6 SNOWDOWN, J.C.: Vibration and shock in damped mechanical systems. New York: John Wiley & Sons, Inc. 1968.

7 HAUPT, P.: Viskoelastizität inkompressibler isotroper Stoffe. Approximation der allgemeinen Materialgleichung und Anwendungen. Diss. TU Berlin 1971.

8 HAUPT, P.: Ein mathematisches Modell zur Beschreibung der Strukturdämpfung. Akustik und Schwingungstechnik (1972) 492.

9 KIENZLE, O.: Mechanische Umformtechnik. Berlin, Heidelberg, New York: Springer 1968.

10 LIPPMANN, H.; MAHRENHOLTZ, O.: Plastomechanik der Umformung, Bd. 1. Berlin, Heidelberg, New York: Springer 1967.

11 TRUESDELL, C.; NOLL, W.: The non-linear field theories of mechanics. Handbuch der Physik. Bd. III/3. Berlin, Heidelberg, New York: Springer 1965.

12 ODEN, J.T.: Finite elements of nonlinear continua. New York: Mc Graw – Hill Book Comp. 1972.

13 PIPKIN, C.C.: Lectures on viscoelasticity theory. Berlin, Heidelberg, New York: Springer 1972.

14   LOCKETT, F.J.: Nonlinear viscoelastic solids. New York, London: Academic Press
     Inc. 1972.

15   GURTIN, M.E.; STERNBERG, E.: On the linear theory of viscoelasticity. Arch.Rat.
     Mech.Anal. 11 (1962) 291.

16   LEITMAN, J.M.; FISHER, G.M.C.: The linear theory of viscoelasticity. Handbuch
     der Physik. Bd. VI a/3. Berlin, Heidelberg, New York: Springer 1973.

17   WARD, I.M.; ONAT, E.T.: Nonlinear mechanical behavior of oriented polypropy-
     lene. J.Mech.Phys.Sol. 11 (1963) 217.

18   LAI, J.S.Y.; FINDLEY, W.N.: Behavior of nonlinear viscoelastic material under
     simultaneous stress relaxation in tension and creep in torsion. J.Appl.Mech. 36
     (1969) 22.

19   NOLTE, K.G.; FINDLEY, W.N.: A linear compressibility assumption for the mul-
     tiple integral representation of nonlinear creep of polyurethane. J.Appl.Mech.
     37 (1970) 441.

20   PIPKIN, A.C.; RIVLIN, R.S.: The formulation of constitutive equations in continuum
     physics I. Arch.Rat.Mech.Anal. 4 (1959) 129.

21   HUANG, N.C.; LEE, E.H.: Nonlinear viscoelasticity for short time ranges. J.Appl.
     Mech. 33 (1966) 313.

22   TING, E.C.: Stress analysis for a nonlinear viscoelastic compressible cylinder.
     J.Appl.Mech. 37 (1970) 1127.

23   GREEN, A.E.; RIVLIN, R.S.: The mechanics of non − linear materials with memory.
     Arch.Rat.Mech.Anal. 1 (1957) 1.

24   DE HOFF, P.H.; LIANIS, G.; GOLDBERG, W.: An experimental program for finite
     linear viscoelasticity. Trans.Soc.Rheol. 10 (1966) 385.

25   VALANIS, K.C.; LANDEL, R.F.: Large multi − axial deformation behavior of a
     filled rubber. Trans.Soc.Rheol. 11 (1967) 243.

26   MC GUIRT, C.W.; LIANIS, G.: Experimental investigation of nonlinear viscoelasti-
     city with variable histories. 5th Int.Conc.Rheol.Kyoto, Jap. (1968) 337.

27   GOLDBERG, W.; LIANIS, G.: Stress relaxation in combined torsion − tension.
     J.Appl.Mech. 37 (1970) 53.

28   TING, E.C.; LIANIS, G.: Stress analysis for a nonlinear viscoelastic rubberlike
     material. Int.J.Sol.Struct. 8 (1972) 999.

29   YAMAMOTO, M.: Mechanical models for nonlinear viscoelasticity. 5th Int.Conc.
     Rheol.Kyoto, Jap. (1968) 293.

30 COLEMAN, B.D.; NOLL, W.: An approximation theorem for functionals with applications in continuum mechanics. Arch.Rat.Mech.Anal. 6 (1960) 355.

31 COLEMAN, B.D.; NOLL, W.: Foundations of linear viscoelasticity. Rev.Mod.Phys. 33 (1961) 239.

32 ALBRECHT, B.; FREUDENTHAL, A.M.: Second order viscoelasticity in a filled elastomer. Int.J.Sol.Struct. 2 (1966) 555.

33 TAUCHERT, T.R.; AFZAL, S.M.: Heat generated during torsional oscillations of polymethylametacrylate tubes. J.Appl.Phys. 38 (1967) 4568.

34 TAUCHERT, T.R.: The temperature generated during torsional oscillations of polyethylene rods. Int.J.Engng.Sci. 6 (1967) 353.

35 BIOT, M.A.: Linear thermodynamics and the mechanics of solids Proc. 3rd U.S.Nat. Cong.Appl.Mech. New York ASME (1958) 1.

36 ERBE, H.-H.: Ein Beitrag zur Thermoelastizität inkompressibler isotroper Festkörper (Elastomere). Diss. TU Berlin (1974).

37 GAMER, U.: Erwärmung durch thermoelastische Dämpfung. Acta Mechanica 11 (1971) 145.

38 GAMER, U.: Dämpfung von Spannungs- und Geschwindigkeitssprüngen in vorgespannten thermoelastischen Medien. Ing.Arch. 42 (1973) 116.

39 CHRISTENSEN, R.M.; NAGHDI, P.M.: Linear non - isothermal viscoelastic solids. Acta.Mechanica 3 (1967) 1.

40 MEIXNER, J.: TIP has many faces. IUTAM Symp. Wien 1966, Berlin, Heidelberg, New York: Springer 1968, 237.

41 TRUESDELL, C.A.: Thermodynamics for beginners. IUTAM Symp. Wien 1966, Berlin, Heidelberg, New York: Springer 1968, 373.

42 TRUESDELL, C.A.: Rational Thermodynamics. New York: Mc Graw - Hill Book Comp. 1969.

43 BIOT, M.A.: Theory of stress - strain relations in anisotropic viscoelasticity and relaxation phenomena. J.Appl.Phys. 25 (1954) 1385.

44 ERINGEN, A.C.: Irreversible thermodynamics and continuum mechanics. Physical Review 117 (1960) 1174.

45 SCHAPERY, R.A.: Application of thermodynamics to thermomechanical, fracture and birefringent phenomena in viscoelastic media. J.Appl.Phys. 35 (1964) 1451.

46 MEIXNER, J.: Consequences of an inequality in nonequilibrium thermodynamics. J.Appl.Phys. 33 (1966) 481.

47 MEIXNER, J.: On the theory of linear viscoelastic behavior. Rheologica Acta 4 (1965) 77.

48 VALANIS, K.C.: Thermodynamics of large viscoelastic deformations. J. Math. Phys. 45 (1966) 197.

49 VALANIS, K.C.: The viscoelastic potential and its thermodynamic foundations. J.Math.Phys. 47 (1968) 262.

50 LUBLINER, J.: On the thermodynamic foundations of non-linear solid mechanics. Int.J.Non-Lin.Mech. 7 (1972) 237.

51 MEIXNER, J.; REIK, G.: Thermodynamik der irreversiblen Prozesse. Handbuch der Physik Bd. III/2, Berlin, Heidelberg, New York: Springer 1959.

52 DE GROOT, S.R.; MAZUR , P.: Non-equilibrium thermodynamics. Amsterdam: North Holland Publishing Company 1962.

53 VALANIS, K.C.: Entropy, fading memory and Onsager´s relations. J.Appl.Phys. 46 (1967) 164.

54 COLEMAN, B.D.: Thermodynamics of materials with memory. Arch.Rat.Mech. Anal. 17 (1964) 1.

55 COLEMAN, B.D.: On thermodynamics, strain impulses, and viscoelasticity. Arch. Rat.Mech.Anal. 17 (1964) 230.

56 COLEMAN, B.D.: Thermodynamics of materials with memory. Berlin,Heidelberg, New York: (CISM) Springer 1971.

57 COLEMAN, B.D.; OWEN, D.R.: A mathematical foundation for thermodynamics. Arch.Rat.Mech.Anal. 54 (1974) 1.

58 MÜLLER, I.: On the entropy inequality. Arch.Rat.Mech.Anal. 26 (1967) 118.

59 MÜLLER, I.: Entropy, absolute temperature and coldness in thermodynamics. Berlin, Heidelberg, New York: (CISM) Springer 1971.

60 MÜLLER, I.: Thermodynamik, Grundlagen der Materialtheorie. Düsseldorf: Bertelsmann Universitätsverlag 1973.

61 DAY, W.A.: The thermodynamics of simple materials with memory. Berlin, Heidelberg, New York: Springer 1970.

62 PERZYNA, P.: Memory effects and internal changes of a material. Int.J.Non-Lin. Mech. 6 (1971) 707.

63 GURTIN, M.E.: On the thermodynamics of materials with memory. Arch.Rat.Mech. Anal. 28 (1968) 40.

64 MUSCHIK, W.: Eine Erweiterung des thermodynamischen Theorems von Coleman auf Medien vom Navier – Stokes'schen Typ. J.of Appl.Math. and Phys. (ZAMP) 24 (1973) 644.

65 VALANIS, K.C.: Irreversibility and the existence of entropy. Int.J.Non-Lin.Mech. 6 (1971) 337.

66 CHARATHEODORY, C.: Untersuchungen über die Grundlagen der Thermodynamik. Math.Annalen 67 (1909) 355.

67 TROSTEL, R.: Materialgleichungen der Kontinuumsmechanik. Vorlesungen an der TU Berlin.

68 SCHWARZL, F.; STAVERMAN, A.J.: Time – temperature dependence of linear viscoelastic behavior. J.Appl.Phys. 23 (1952) 838.

69 MORLAND, L.W.; LEE, E.H.: Stress analysis for linear viscoelastic materials with temperature variation. Trans.Soc.Rheol. 4 (1960) 233.

70 MUKI, R.; STERNBERG, E.: On transient thermal stresses in viscoelastic materials with temperature – dependent properties. J.Appl.Mech. 28 (1961) 193.

71 TAYLOR, R.L.; PISTER, K.S.; GOUDREAU, G.L.: Thermomechanical analysis of viscoelastic solids. Int.J.for num.Meth.in Engng. 2 (1970) 45.

72 COST, T.L.: A freee energy functional for thermorheologically simple materials. Acta Mechanica 17 (1973) 153.

73 SCHAPERY, R.A.: Thermomechanical behavior of viscoelastic media with variable properties subjected to cyclic loading. J.Appl.Mech. 32 (1965) 611.

74 HUANG, N.C.; LEE, E.H.: Thermomechanical coupling behavior of viscoelastic rods subjected to cyclic loading. J.Appl.Mech. 34 (1967) 127.

75 CHANG, S.-J.: Thermomechanical coupling problem for an axially symmetric region of a viscoelastic medium. J.Appl.Mech. 37 (1970) 1195.

76 TING, E.C.: A remark on the thermomechanical coupling behavior in a viscoelastic medium. J.Appl.Mech. 39 (1972) 609.

77 MUKHERJEE, S.: Variational principles in dynamic thermoviscoelasticity. Int.J.Sol. Struct. 9 (1973) 1301.

78 LIANIS, G.: Nonlinear thermorheologically simple materials. 5th Int.Cong.Rheol. Kyoto, Jap. 1968, 313.

79 MC GUIRT, C.W.; LIANIS, G.: Experimental investigation of non-linear, non-isothermal viscoelasticity. Int.J.Engng.Sci. 7 (1969) 579.

80 COLEMAN, B.D.; MIZEL, V.J.: Norms and semi – groups in the theory of fading memory. Arch.Rat.Mech.Anal. 23 (1966) 87.

81 COLEMAN, B.D.; MIZEL, V.J.: A general theory of dissipation in materials with memory. Arch.Rat.Mech.Anal. 27 (1967) 255.

82 COLEMAN, B.D.; OWEN, D.R.: On the thermodynamics of material with memory. Arch.Rat.Mech.Anal. 36 (1970) 245.

83 WANG, C.-C.: Stress relaxation and the principle of fading memory. Arch.Rat. Mech.Anal. 18 (1965) 117.

84 WANG, C.-C.: The principle of fading memory. Arch.Rat.Mech.Anal. 18 (1965) 343.

85 NOLL, W.: A new mathematical theory of simple materials. Arch.Rat.Mech.Anal. 48 (1972) 1.

86 NOLL, W.: Lectures on the foundations of continuum mechanics and thermodynamics. Arch.Rat.Mech.Anal. 52 (1973) 62.

87 OWEN, D.R.; WILLIAMS, W.O.: On the concept of rate - independence. Quart. Appl.Math. 26 (1968) 321.

88 PIPKIN, A.C.; RIVLIN, R.S.: Mechanics of rate - independent materials. Zeitschrift für angewandte Mathematik und Physik 16 (1965) 313.

89 VALANIS, K.C.: A theory of viscoplasticity without a yield surface, part I : general theory. Archive of Mechanics 23 (1971) 517.

90 VALANIS, K.C.: A theory of viscoplasticity without a yield surface, part II: Application to the mechanical behavior of metals. Archive of Mechanics 23 (1971) 535.

91 VALANIS, K.C.: Effect of prior deformation on cyclic response of metals. J.Appl. Mech. 41 (1974) 441.

92 TRUESDELL, C.A.: The elements of continuum mechanics. Berlin, Heidelberg, New York: Springer 1966.

93 LEIGH, D.C.: Nonlinear continuum mechanics. New York: Mc Graw - Hill Book Comp. 1968.

94 TRUESDELL, C.A.; TOUPIN, R.A.: The classical field theories. Handbuch der Physik Bd. III/1, Berlin, Heidelberg, New York: Springer 1960.

95 GREEN, A.E.; NAGHDI, P.M.; TRAPP, J.A.: Thermodynamics of a continuum with internal constraints. Int.J.Engng.Sci. 8 (1970) 891.

96 TRAPP, J.A.: Reinforced materials with thermomechanical constraints. Int.J.Engng. Sci. 9 (1971) 757.

97 OWEN, D.R.: Thermodynamics of materials with elastic range. Arch.Rat.Mech. Anal. 31 (1968) 91.

98   OWEN, D.R.: A mechanical theory of materials with elastic range. Arch.Rat. Mech.Anal. 37 (1970) 85.

99   TING, T.W.: Topics in the mathematical theory of plasticity. Handbuch der Physik Bd. VIa/3, Berlin, Heidelberg, New York: Springer 1973.

100 GRADOWCZYK, M.H.; SOUSSOU, J.; MOAVENZADEH, F.: Determination of the duration of memory for viscoelastic materials. J.Appl.Mech. 37 (1970) 449.

101 LIUSTERNIK, L.A.; SOBOLEW, W.I.: Elemente der Funktionalanalysis. Berlin: Akademie Verlag 1968.

102 GURTIN, M.E.; WILLIAMS, W.O.: On the inclusion of the complete symmetry group in the unimodular group. Arch.Rat.Mech.Anal. 23 (1966) 163.

103 ANDREUSSI, F.; GUIDUGLI, P.P.: Thermomechanical constraints in simple materials. Bulletin de l´Academie Polonaise des Sciences, Serie des Sciences. Techniques 21 (1973) 199.

104 GURTIN, M.E.; GUIDUGLI, P.P.: The thermodynamics of constrained materials. Arch.Rat.Mech.Anal. 51 (1973) 192.

105 BREUER, S.; ONAT, E.T.: On the determination of free energy in linear viscoelastic solids. ZAMP 15 (1964) 184.

106 MARTIN, J.B.; PONTER, A.R.S.: A note on a work inequality in linear viscoelasticity. Quart.Appl.Math. 24 (1966) 161.

107 BREUER, S.: Lower bounds on work in linear viscoelasticity. Quart.Appl.Math. 24 (1969) 139.

108 HAUPT, P.: Zur Viskoelastizität inkompressibler isotroper Stoffe. ZAMM 53 (1973) T 71.

109 BHANDARI, D.R.; ODEN, J.T.: A unified theory of thermoviscoplasticity of crystalline solids. Int.J.Non-Lin.Mech. 8 (1973) 261.

110 FOSDICK, R.L.: Dynamically possible motions of incompressible simple materials. Arch.Rat.Mech.Anal. 29 (1968).

111 CARROLL, M.M.: Controllable deformations of incompressible simple materials. Int.J.Engng.Sci. 5 (1967) 515.

112 MÜLLER, W.C.: Universal solutions for simple thermodynamic bodies. Arch.Rat. Mech.Anal.35 (1969) 220.

113 PETROSKI, H.J.; CARLSON, D.E.: Controllable states of elastic heat conductors. Arch.Rat.Mech.Anal. 31 (1968) 127.

114 KRAWIETZ, A.: A comprehensive constitutive inequality in finite elastic strain. Arch.Rat.Mech.Anal. 58 (1975) 127.

115   CROCHET, M.J.; NAGHDI, P.M.: On "thermorheologically simple" solids. Procee-
      dings of the IUTAM Symposium East Kilbride, June 25 - 28 1968, Wien, Berlin,
      Heidelberg, New York: Springer

116   CROCHET, M.J.; NAGHDI, P.M.: A class of simple solids with fading memory.
      Int.J.Engng.Sci. 7 (1969) 1173.

117   CROCHET, M.J.; NAGHDI, P.M.: A class of non - isothermal viscoelastic fluids.
      Int.J.Engng.Sci. 10 (1972) 775.

118   CROCHET, M.J.; NAGHDI, P.M.: On thermal effects in a special class of visco-
      elastic fluids. Rheol.Acta 12 (1973) 321.

119   CROCHET, M.J.; NAGHDI, P.M.: On a restricted non - isothermal theory of
      simple materials. Journal de Mecanique 13 (1974) 97.

120   BERTRAM, A.; HAUPT, P.: A note on Andreussi - Guidugli's theory of thermo-
      mechanical constraints in simple materials. Bulletin de l'Academie Polonaise des
      Sciences, Serie des Sciences. Techniques 24 (1976) 47.

121   PISTER, K.S.: Constitutive modeling and numerical solution of field problems.
      Nuclear engineering and design 28 (1974) 137.

122   IDING, R.H.; PISTER, K.S.; TAYLOR, R.L.: Identification of nonlinear elastic
      solids by a finite element method. Comp.Meth.in Appl.Mech. and Engineering
      4 (1974) 121.

123   KRALL, A.M.: Linear Methods of applied Analysis. London, Amsterdam: Addison-
      Wesley-Publishing Company 1973.

124   DUNFORD, N.; SCHWARTZ, J.T.: Linear operators part II : spectral theory.
      New York, London: Interscience Publishers 1963.

125   KRAWIETZ, A.: Materialsymmetrien bei elastisch-idealplastischen Stoffen. ZAMM
      (1977) erscheint.

126   BOCK, H.M.: Ein Beitrag zur Berechnung des ebenen Verformungszustandes von
      Elastomerlagern mit Hilfe der Methode der Finiten Elemente. Diss. TU Berlin 1976.

127   LEHMANN, D.: Anwendung der nichtlinearen Elastizitätstheorie und des
      Mehrstellen-Differenzenverfahrens zur Berechnung des ebenen Verformungszustandes
      von Elastomerlagern. Diss. TU Berlin 1976.

SACHVERZEICHNIS